음향 기술 용어 사전은 기초음향, 음향기기, 심리음향, 건축음향, 음향 시스템 설계, 방송 음향, 오디오, 음악을 중심으로 이것들과 관련된 2,000여 개의 용어 해설을 수록하였다. 또한, 많은 데이터와 그림을 삽입하여 이해하기 쉽도록 하였다.

부록에는 음향 기술에서 사용하는 음향 공식과 예제를 정리하여 나타냈다.

일러두기

이 사전의 구성과 표기 방식은 다음과 같다.
- 표제어는 한글 자모순으로 배열하였다.
- 편집 순서는 한국 표제어, 영문 표제어, 해설 순으로 나열하였다.
- 그 표제어와 관련하여 참조할 필요가 있는 표제어는 해설 뒤에 〈참조〉 기호를 표기하였다.
- ☞ 표시는 그 표제어를 참조하라는 의미이다.
- 적절한 국어 용어가 없는 경우에는 뒤 부분에 원어를 그대로 사용하였다.
- 첫머리 부분이 숫자인 용어는 제일 뒤 부분에 수록하였다.
- 하나의 표제어가 여러 의미로 사용되는 경우에는 용어 해설을 ①, ②, ③ 등으로 나누어 해설하였다.

본 음향 기술 용어는 국내에서 통일된 용어가 아님을 밝혀둔다.

Sound Engineering Glossary

음향기술 용어사전

음향공학박사 강성훈 편저

SOUND MEDIA

음향용어

ㄱ~ㅎ

● 가라 오케 karaoke
보컬을 빼고 녹음된 오케스트라 음악

● 가상 서라운드 virtual surround
음상 제어 기술을 이용하여 2채널로 5채널의 서라운드 효과를 만드는 2채널 스테레오 시스템
〈참조〉 음상 제어, 2.1 채널 서라운드, 5.1 채널 서라운드

● 가역 압축 reversible compression
압축한 데이터를 원래의 데이터로 복원 가능한 무손실 압축 방식. Wondow media lossless, Apple lossless, ATRAC advance lossless, FLAC, TAK, Dolby true HD, DTS-HD master, mp3HD 등이 있다.
〈참조〉 비가역 압축, 손실 압축

● 가청 범위 hearing range
정상적인 청력을 가진 사람이 들을 수 있는 주파수 대역 범위와 음압 레벨의 범위. 주파수의 가청 범위는 최저 가청 한계(lower limit of hearing)와 최고 가청 한계(upper limit of hearing)라고 하고, 정상인의 가청 범위는 20~20,000Hz이지만 연령과 함께 최고 가청 한계는 줄어든다. 또, 음압 레벨의 범위는 청각에 통증이 생기는 120dB는 최대 가청 한계(threshold of feeling), 들리지 않는 0dB는 최소 가청 한계(threshold of audibility)이다.

● 가청 주파수 audible frequency
인간이 들을 수 있는 20~20,000Hz의 음을 말한다. 20Hz 이하를 초저주파, 20kHz 이상은 초음파라고 하며 들리지 않은 불가청 주파수이다. 가

청 주파수 대역은 동물에 따라서 다르다.
〈참조〉불가청 주파수

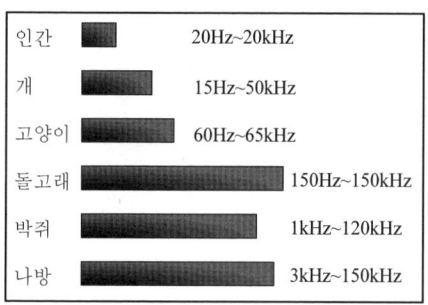

• **가청화 auralization**
실측한 임펄스 리스폰스나 시뮬레이션으로 구한 임펄스 리스폰스를 무향 음원(dry source)과 콘볼루션하여 가상의 음장을 청취하는 것. 어느 홀의 임펄스 리스폰스를 무향 음원과 콘볼루션하면, 무향 음악에 홀의 음향 특성이 더해져서 마치 그 홀에서 음악을 듣는 것 같은 느낌이 든다.
〈참조〉무향음원, 임펄스 리스폰스, 콘볼루션

• **간섭 interference**
어느 지점에 동시에 도달한 두 개 이상의 음파의 위상 차이에 따라서 음파가 강해지거나 약해지는 현상
〈참조〉위상, 콤필터 왜곡

• **갈색 잡음 brown noise**
주파수가 배로 높아지면 레벨이 −6dB씩 감쇠되는 잡음
〈참조〉백색 잡음, 핑크 잡음, blue noise, brown noise

• **감도 sensitivity** ☞ 마이크 감도, 스피커 감도

- 감쇠기 ☞ attenuator

- 갱년 변화 aging

음향 기기 사용을 시작한 후에 시간의 흐름에 따라서 특성이 변해 가는 것을 말하고, 시간 변화라고도 한다. 앰프 등의 전자 회로는 사용하면서 특성이 서서히 열화되어 가지만, 스피커와 같이 기계적인 진동계는 사용 시작 후에 어느 정도 시간이 지나면서 특성이 좋아지는 것도 있다.
〈참조〉aging

- 거리 감쇠 distance attenuation

음파는 구면파로 전달되므로 음원으로부터 멀어질수록 음압레벨이 감쇠되는 것을 거리 감쇠라고 한다. 점 음원은 음원으로부터 거리가 배가 되면 음압 레벨은 6dB 감쇠된다. 또, 거리가 멀어지면 공기의 흡음에 의해 고주파에서는 더 감쇠된다. 거리 감쇠는 음원의 종류에 따라서 달라진다.
〈참조〉공기 흡음, 선음원, 역자승 법칙, 점음원

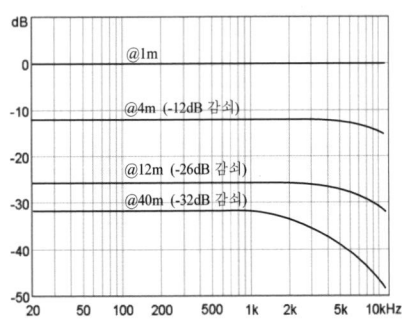

- 거리 계수 distance factor

모든 방향에서 음이 똑같은 레벨로 마이크에 도달한 경우에 마이크의 지향성에 따라서 어느 정도 잔향음을 억제할 수 있는가를 나타내는 척도이다. 즉, 같은 잔향이 허용되는 경우에 무 지향성 마이크와 비교해서 몇 배의 거리에 마이크를 두고 사용할 수 있는가를 나타낸다. 그림에는 지향성에 따른 거리 계수를 나타낸다. 지향성이 좁은 마이크일수록 멀리 놓고 픽업할 수 있는 것을 알 수 있다.

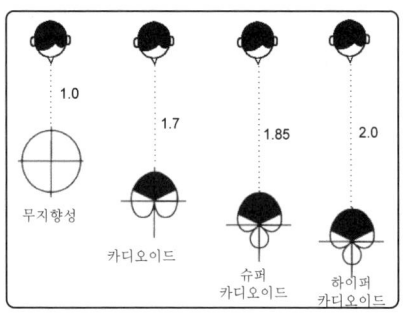

● **건 마이크 gun microphone**
직경 2cm 정도의 파이프 내면에 많은 얇은 슬릿을 만들고, 한 쪽 끝에 마이크를 부착한 것이다. 파이프의 안 쪽을 통하는 음파와 바깥 쪽을 통하는 음파와의 위상 차를 이용해서 옆 방향에서 입사하는 음은 상쇄되고, 정면에서 입사하는 음만 받아들여 좁은 지향성을 얻는다. 건 마이크는 좁은 지향성을 얻을 수 있지만, 파이프에 의한 이득이 없으므로 지향 감도는 마이크 감도로 결정된다. 따라서 가능한 한 감도가 높고, 잡음 레벨이 낮은 마이크를 사용한다. 대형 건 마이크는 무 지향성 패턴과 비교하면 거리 계수가 3.2 정도이고, 먼 거리의 음도 픽업할 수 있다.
〈참조〉 거리 계수, line microphone

● **게이트 리버브 gate reverb**
리버브(reverb; 잔향) 성분을 도중에 노이즈 게이트를 걸어서 급격하게 커트하여 타이트한 잔향감을 만드는 믹싱 수법이다. 킥, 스네어, 탐 등의 타악기에 사용하는 경우가 많다. 리버브 성분을 직접 제어 성분으로 하는 경우와 리버브에 입력된 원음을 key in 신호로서 노이즈 게이트를 컨트롤 하는 방법이 있다.
〈참조〉 노이즈 게이트

- 경사파 oblique wave ☞ 정재파

- 고속 푸리에 변환 FFT; Fast Fourier Transformation
시간 영역의 데이터를 주파수 영역으로 변환하거나 주파수 영역의 데이터를 시간 영역으로 변환하는 수학적인 기법

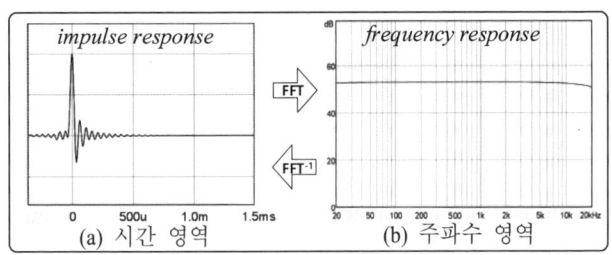

- 고스트 ghost
① 녹음 테이프에서 녹음된 음이 재생되기 전에 잡음이 들리는 것. 자성체(녹음 테이프)가 중복되어 생기는 전사에 의한 것이고, 녹음된 레벨이 높을수록 생기기 쉽다. 전사라고도 한다.
② 전파 간섭으로 TV의 영상이 2중으로 비치는 현상

- 고역 통과 필터 high pass filter
특정 주파수 이하의 저음역을 차단시키고 고역만 통과시키는 회로이다. 신호가 필터를 통과하면 위상 특성도 변하게 된다. 1차 필터당 차단 주파수에서 위상이 45도 변하게 된다. 그림에는 2차 필터 위상이 차단 주파수에서 90도 변하는 것을 나타낸다.
〈참조〉 저역 통과 필터, 필터

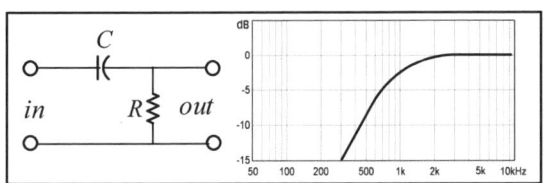

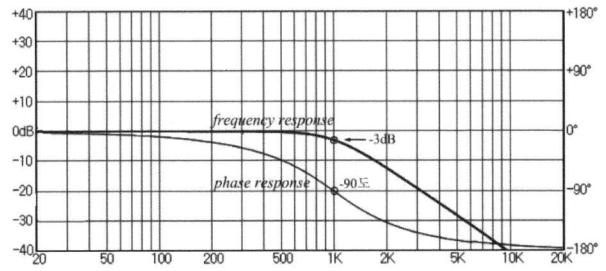

- **고정 에지 | fixed edge**

진동판과 같은 재료를 사용하여 진동판과 일체형으로된 스피커 에지. 주로 중고음 스피커에 많이 사용한다.

⟨참조⟩ 에지, 자유 에지

- **고조파 | harmonics**

복합음을 여러 개의 순음으로 분해한 경우에 기본음 이외의 음을 고조파 또는 배음(overtone)이라고 한다.

⟨참조⟩ 기본음, 배음

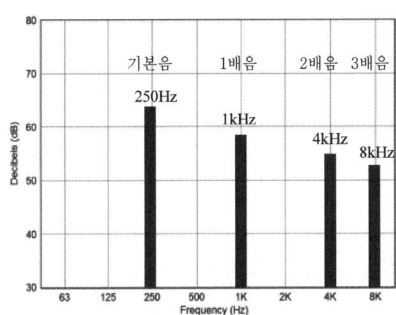

- **고조파 왜곡 | harmonic distortion**

음향 기기의 최대 입력 레벨보다 큰 신호가 입력되면 클리핑되어 입력 신호 주파수 이외에 정수 배의 신호가 발생되는 것을 말한다. 예를 들면, 앰프에 100Hz의 신호를 입력한 경우에 출력에 100Hz 이외에 200Hz와

300Hz가 출력되었다면, 이 신호를 고조파 왜곡 성분이라고 한다. 출력에서 기본파(입력의 정현파)의 진폭을 V_1, 고조파 진폭을 각각 V_2, V_3 ….라고 하면, 전체 고조파 왜곡률 THD(Total Harmonic Distortion)는 다음 식으로 계산한다.

$$THD = \frac{\sqrt{V_2^2 + V_3^2 \cdots}}{V_1} \times 100(\%)$$

〈참조〉 왜곡, 혼변조 왜곡, THD+N

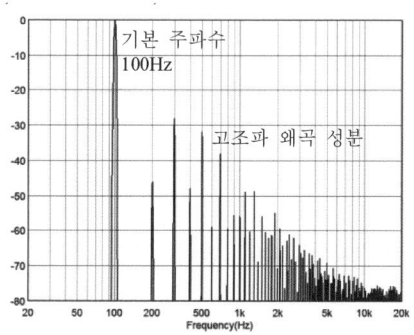

● 고충실도 ☞ Hi-Fi

● 골전도 bone conduction
음파가 두개골을 진동시켜 내이로 전달되는 것
〈참조〉 골전도 청력

● 골전도 마이크 bone conduction microphone
말하는 사람의 두개골 부분에 진동자를 접촉시켜 두개골의 진동을 픽업하는 마이크이다. 소음 레벨이 높은 환경에서 사용해도 소음은 픽업되지 않는 장점이 있지만, 감도가 낮고 음질이 좋지 않다.
〈참조〉 골전도 청력

- **골전도 청력 bone conduction hearing**

외이도와 고막을 통해서 전달된 음이(기도 청력) 아니고, 두개골을 진동시켜 직접 청각 신경을 자극하여 들리는 음

〈참조〉 기도 청력

- **공간감 spatial impression**

공간의 크기가 느껴지는 감각

- **공간 왜곡 spatial distortion**

공간 내에서 발생되는 잔향, 콤필터 왜곡, 정재파, 에코, 플러터 에코 등을 공간 왜곡이라고 한다.

- **공기 흡음 air absorption**

음파가 공기의 매질 속에서 전반될 때, 매질의 입자가 운동함으로써 에너지가 흡수되는 것을 말한다. 공기 흡음에 의한 단위 거리당 음파 세기의 감쇠 계수를 m이라고 하면, 음파 세기 I는 전반 거리 x에 따라서 $I=I_0 e^{-mx}$와 같이 감쇠된다. 주로 1kHz 이상의 음만 감쇠된다.

〈참조〉 거리 감쇠

- **공명 resonance** ☞ 공진

- **공진 resonance**

특정 진동수에서 진동하는 물체에 같은 진동수의 에너지를 외부에서 가하면 에너지가 증가하는 현상이다. 예를 들어 병의 주둥이에 입을 대고 불면 '붕' 하는 공진 음이 발생되는 것이다. 물체의 고유 진동수는 물체의 크기나 재료에 따라서 다르다. 같은 기타 줄이어도 길이가 긴 것과 짧은 것은 고유 진동수가 다르고, 길이가 같더라도 재질이나 두께에 따라서도 달라진다. 밀폐된 공간에서도 공진이 생긴다. 공간 내에서 스피커로 어

떤 주파수를 발생시키면 공진이 생긴다. 공진 주파수는 에너지를 저장하고, 감소도 느리다.
〈참조〉 정재파, 헬름홀츠 공명기

• **교류 Alternating Current; AC**
시간에 따라서 크기가 변하고 일정 시간마다 +, - 극성이 교대로 바뀌는 전류이다. 1초당 극성이 바뀌는 횟수를 주파수라고 한다. 반면에 극성이 변하지 않고 일정한 크기로 흐르는 전류는 직류(direct current)라고 한다.
〈참조〉 주파수, 직류

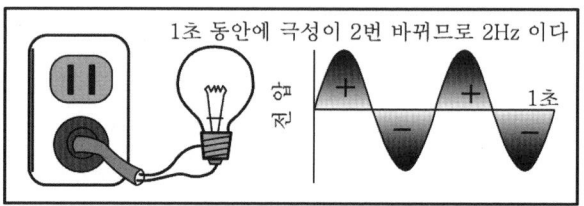

• **과도 특성 transient response**
신호의 급격한 변화에 대하여 음향 기기가 얼마나 빠르고 충실하게 응답하는가를 나타내는 특성. 측정은 음향 기기에 단음을 입력하여 출력 파형을 관측한다. 기기의 과도 특성이 좋으면 출력 파형은 입력 파형과 똑 같고, 과도 특성이 나쁘면 출력 파형이 달라진다. 주파수 특성에 피크나 딥이 있는 주파수에서는 위상 특성이 변하고 과도 특성도 좋지 않다.

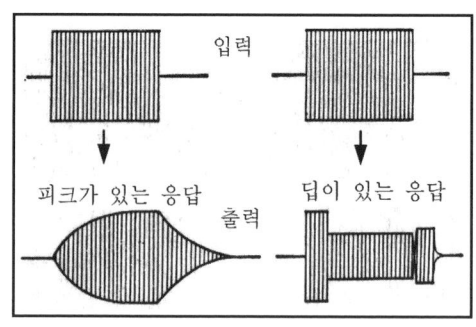

- **과도 현상** transient phenomenon
전기 회로나 기계적인 진동에서 정지 상태로부터 정상적인 동작 상태가 될 때까지의 과정

- **과부하** overload
기기의 최대 입력 레벨 이상의 신호가 입력되어 기기의 용량 이상으로 파워를 내는 것을 과부하라고 한다. 또, 기기의 출력 임피던스에 비해서 입력 임피던스가 너무 낮은 기기를 연결한 경우에도 생긴다. 과부하가 생기면 클리핑이 생기게 되고, 왜곡이나 기기 고장의 원인이 된다.
〈참조〉클리핑

- **구면파** spherical wave
스피커에서 음이 방사되면 그것을 중심으로 사방 팔방으로 음이 퍼져간다. 이와 같이 구가 점점 커지는 것과 같은 형태로 음파가 퍼져가는 것을 구면파라고 한다. 구면파는 음원으로부터 거리가 2배가 되면 음압은 1/2이 되고, 음압 레벨로 나타내면 -6dB(=20log0.5) 떨어진다.
〈참조〉역 자승 법칙, 점 음원, 평면파

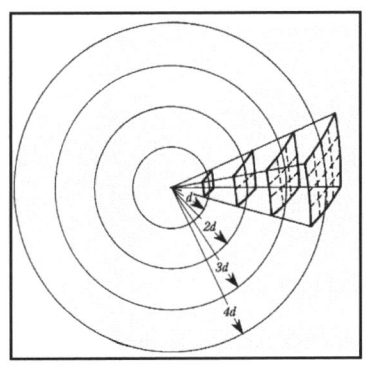

- **구형파** square wave ☞ 사각파

● 군 지연 특성 group delay response

신호가 전달될 때 지연되는 시간을 나타내는 특성으로서 위상 주파수 특성을 주파수로 미분한 값. 그림에는 두 신호가 1ms 시간 차가 있는 위상 특성을 군지연 특성으로 나타낸 것이다.

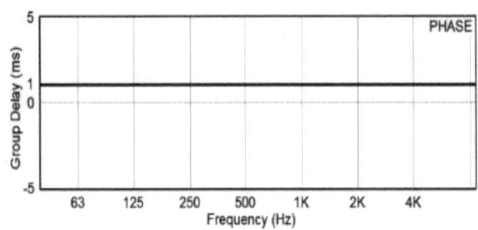

● 굴절 refraction

음파의 전반 속도가 다른 2개의 매질이 접하고 있는 면에 음파가 비스듬하게 입사하면, 음파의 진행 방향이 꺾어지는 것. 낮에는 지표면의 온도가 상공보다 온도가 높고, 밤에는 지표 면이 상공의 온도가 높다. 따라서 상공의 온도가 낮은 낮에는 음속이 상공으로 갈수록 늦어지므로 음파는 위 방향으로 굴절되고, 상공의 온도가 높은 야간에는 지표면 방향으로 굴절된다. 이것이 밤에는 음파가 멀리까지 전달되는 이유이다.

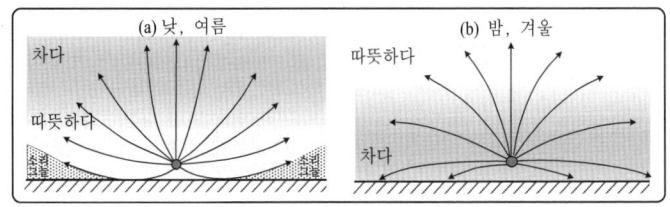

● 굴절파 refraction wave

경계면에서 입사된 각도와 다른 각도로 투과되는 파

● 귀 덮게 earmuff

소음으로부터 청각을 보호하기 위해 귀를 덮는 방음 보호구

● **귀 마개 ear plug**
소음으로부터 청각을 보호하기 위하여 외이도에 삽입하여 음을 감쇠시키는 방음 보호구

● **귀의 구조 anatomy of ear**
귀는 공기의 진동인 음파를 받아 들여 내이에서 신경 신호로 변환되어 뇌에 전달하는 기능을 가지고 있다. 보통 귀라고 하면 외부에서 보면 귓바퀴를 말하는 것이며, 이것은 소리의 입사 방향을 구별하는데 중요한 리시버 역할을 한다.
고막까지를 외이도라고 하고, 길이는 2.5~3cm 정도이다. 외이도가 3~4kHz 공명기로서 작용하므로 이 주파수에서 청각 감도가 높다. 따라서 외이도는 일종의 이퀄라이저 기능을 한다고 할 수 있다.
고막의 내부에는 망치뼈, 모루뼈, 등자뼈라는 3개의 작은 뼈로 구성되어 있고, 이것들은 일종의 지레대의 원리로 고막에 전달된 진동을 약 20배 증폭하여 내이에 전달하는 증폭기 역할을 한다. 내이에는 달팽이 관 모양으로 3회전 정도 감겨진 관이 있고, 이 속에서 진동이 신경 신호로 변환된다.

● **그라운드 ground** ☞ 어스

● **그래픽 이퀄라이저 graphic equalizer**
주파수 특성을 변경하여 음질을 보정하는 음향 효과기로서 가청 주파수 대역을 여러 대역으로 분할하여 각 대역마다 독립적으로 레벨을 가변할 수 있는 기기이고, GEQ라고 한다. 그림과 같이 조정 후의 손잡이 위치의 형상이 주파수 보정 커브가 된다. 옥타브 대역의 GEQ는 10 밴드이고, 1/3 옥타브 대역의 GEQ는 31 밴드이다.
〈참조〉 쉘빙 이퀄라이저, 파라메트릭 이퀄라이저, 피킹 이퀄라이저, 톤 컨트롤

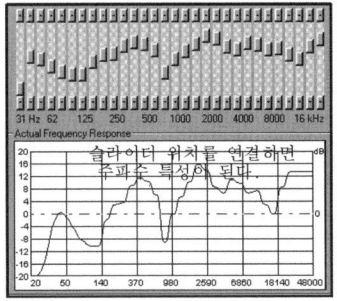

- **그랜드 피아노 grand piano**

현이 수평으로 당겨져 있는 대형 피아노

〈참조〉 업라이트 피아노, 피아노

- **그리스 기호 Greek letter**

name	letter		용도
alpa	A	α	각도
beta	B	β	각도
gamma	Γ	γ	
delta	Δ	δ	값의 미소한 변화
epsilon	E	ε	투자율
zeta	Z	z	
eta	H	η	
theta	Θ	θ	위상각
iota	I	ι	
kappa	K	κ	
lamda	Λ	λ	파장
mu	M	μ	마이크로
nu	N	ν	
xi	Ξ	ξ	
omicron	O	o	
pi	Π	π	3.14
rho	P	ρ	저항도
sigma	Σ	σ	합
tau	T	τ	지연 시간
upsilon	Y	υ	
phi	Φ	φ	자속
chi	X	χ	
psi	Ψ	φ	
omega	Ω	ω	저항, 각속도

• **극성 polarity**

전류나 전압의 +, -를 말한다. 또, 스피커에서는 입력 단자에 직류를 가하여 진동판이 앞으로 움직일 때에 접속하고 있는 단자의 +측 단자를 정극(plus), 다른 단자를 부극(minus)이라고 한다.

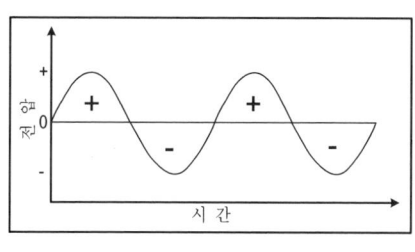

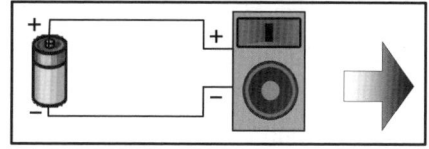

• **근거리 음장 near sound field**

점 음원으로부터 거리가 배가 되면 음압 레벨은 -6dB씩 감쇠되는 것을 역자승 법칙이라고 한다. 그런데 음원으로부터 어느 거리 이내에서는 이 법칙이 성립되지 않고, 이 영역을 근거리 음장이라고 한다. 음원의 크기를 무시할 수 없는 음원 근방에서 형성되는 음압과 입자 속도가 동위상이 아닌 음장을 말한다. 음원의 크기가 클수록, 또 주파수가 낮을수록 근거리 음장의 범위는 넓어진다. 이에 대해서 역자승 법칙이 성립되는 영역을 자유 음장 또는 원거리 음장이라고 한다.

〈참조〉 역 자승 법칙, 잔향 음장, 점음원, 직접 음장

• **근접 효과 proximity effect**

단일 지향성이나 양 지향성과 같은 지향성 마이크를 입 가까이에 대고 사용하면, 저음이 증가되는 현상을 말한다. 보컬 마이크는 이 현상을 피하

기 위해서 저역을 차단하여 설계하고 있다. 지향각이 좁을수록 저역 강조 현상이 심해진다.

〈참조〉 보컬 마이크

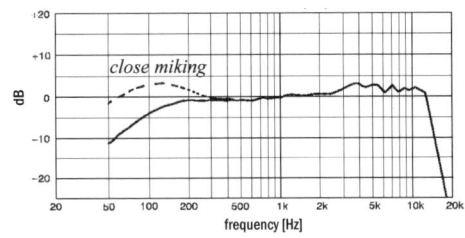

● **금관 악기** brass instrument
금속으로 만든 관악기로서 관의 한쪽 끝에 숨을 불어 넣어 연주자의 입술의 진동으로 음을 내는 악기이며, 트럼펫, 트롬본, 호른 등이 있다.

● **기도 청력** air conduction hearing
음파가 외이도로 입사되어 고막을 통해서 들리는 음을 기도 청력이라고 한다.
〈참조〉 골전도 청력

● **기본음** fundamental tone
복합음 중에서 가장 낮은 주파수를 기본 주파수라고 한다. 기본 주파수의 정수배 성분을 고조파라고 하고, 제1 고조파, 제2 고조파라고 한다.
〈참조〉 고조파, 배음

● **기압** atmosphere pressure
대기의 압력. 해면상에서의 평균치가 1atm이다. 1atm은 1013.25 mbar이다. 기압은 지구를 둘러싸고 있는 대기의 무게에 의한 압력이고, 해면에서 높아짐에 따라서 감소되고, 상온에서 높이가 10m마다 약 1.2mbar씩 감소된다.

• **기하 음향** geometry acoustics

음파의 전달 과정을 음선으로 표현하여 기하학적으로 검토하는 것을 말한다.

〈참조〉음선

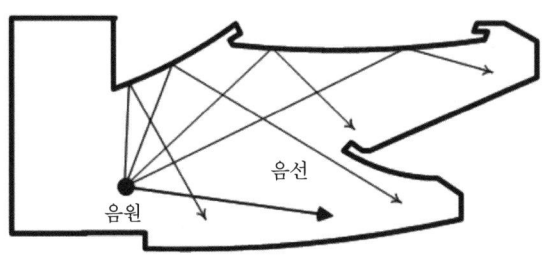

ㄴ

- **나이퀴스트 주파수 Nyquist frequency**

아날로그 신호를 일정한 시간 간격으로 샘플링할 때, 샘플링된 신호가 입력 신호와 같게 하려면 샘플링 주파수는 입력 신호의 대역 상한 주파수의 2배보다 높아야 한다. 예를 들어 20kHz까지 재생하려면 40kHz로 샘플링 한다. 이 때의 샘플링 주파수를 나이퀴스트 주파수라고 한다.
〈참조〉 샘플링, 샘플링 주파수

- **난청 hardness of hearing, hearing disorder**

정상 청력에 비해서 청력 특성이 저하된 상태를 말한다. 일반적으로는 오디오미터로 측정해서 청력 손실 값이 20dB 이상인 경우를 난청이라고 한다.
〈참조〉 소음성 난청, 영구 청력 손실, 청력 손실

- **내이** ☞ 귀의 구조

- **네트워크 필터 network filter** ☞ 크로스오버 네트워크 필터

- **노드** ☞ node

- **노이즈 게이트 noise gate**

입력 신호 중에서 어느 레벨 이상의 신호만을 통과시키는 기기이며, 신호 레벨이 낮을 때는 페이더를 내리고 있는 것과 같은 상태가 되고, 잡음이나 다른 악기 음에서의 혼입을 방지하는데 사용한다. 이 효과를 응용하여 드럼 등의 여운을 잘라내어 음의 끝맺음을 좋게 하기도 하고, 부가한 에코를 도중에 잘라내는 게이트 리버브 등에도 이용되고 있다.
〈참조〉 게이트 리버브

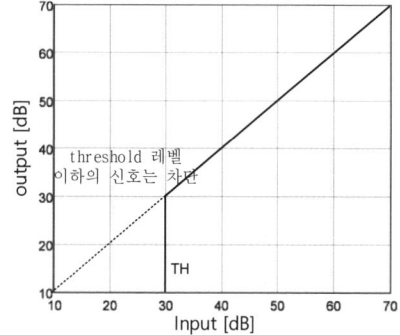

- **노이즈 쉐이핑** ☞ noise shaping

- **노치 필터 notch filter**

대역 저지 필터로서 주파수와 그 노치 (V자형의 계곡)의 깊이를 가변하는 필터이며, 노치 감쇠량이 50dB에 달하는 것도 있고, 험 잡음을 제거하는데 사용한다.

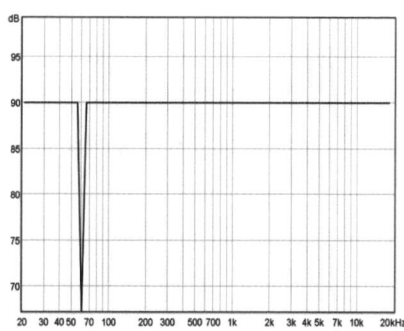

- **뇌파 electroencephalogram; EEG**

머리의 피부 또는 뇌내에 설치된 전극으로 유도되는 뇌의 전기 활동을 가로축에 시간을, 세로축에 전위차를 기록한 것을 말한다. 파의 주파수와 파형에 따라 다음과 같이 분류된다.

① α 파: 8~13Hz의 주파수를 갖고, 거의 사인파 형태로 눈을 감은 안정 시에 나타나고, 눈을 뜨면 나타나지 않는다.
② β 파: 14Hz 이상인 파형으로 눈을 뜨고 정신 활동시에 나타난다.
③ γ 파: 긴장하거나 흥분할때 나타나는 30~80Hz 파
④ δ 파: 수면의 어느 시기에 나타나는 4Hz 전후의 파
⑤ θ 파: 가벼운 수면기에 나타나는 4~7Hz 파

• 뉴트릭 커넥터 Neutrik connector
스위스의 제조업체가 생산하는 커넥터
〈참조〉 Neutrik speakon

• 능동 네트워크 필터 active network filter
능동 소자로 구성된 스피커 네트워크 필터
〈참조〉 수동 네트워크 필터, 스피커 컨트롤러

• 능동 소자 active device
전자 회로를 구성하는 부품에서 트랜지스터나 IC와 같이 외부 전원이 필요한 부품을 능동 소자라고 한다. 이에 대해서 저항, 콘덴서, 코일은 외부 전원이 없어도 동작하는 부품은 수동 소자라고 한다.
〈참조〉 수동 소자

• 능동 필터 active filter
저항, 코일, 콘덴서 등의 수동 소자와 트랜지스터와 IC의 능동 소자를 사용하여 구성한 필터
〈참조〉 수동 필터

• 능률 efficiency
기기에 가해진 입력 신호와 출력 신호의 비를 말한다. 동일한 출력을 얻기 위해서 작은 입력으로 동작하는 것을 능률이 좋다고 한다.

ㄷ

- **다공질 흡음재 porous absorption material**

가는 섬유나 기포가 있는 재료로 만들어진 흡음재로서 흐름 저항, 유공율에 따라서 흡음 특성이 달라지고, 중고음 흡음 특성을 가지고 있다.

〈참조〉흡음 기구

- **다목적 홀 multipurpose hall**

강연회, 연극, 콘서트, 오페라 등 여러 가지 용도로 사용하는 홀. 다목적으로 사용하기 위해서는 여러 가지 무대 기구가 필요하다. 공공 홀의 대부분은 다목적 홀이고, 이동형 무대 반사판과 오케스트라 피트를 갖추고 있는 것이 특징이다.

〈참조〉홀의 형상

- **다이내믹 레인지 dynamic range**

신호가 가장 큰 레벨(최대 출력 레벨)과 가장 작은 레벨(잡음레벨)과의 비. 최대 +26dB까지 왜곡되지 않고 잡음 레벨이 -106dB이면, 다이내믹 레인지는 132dB가 된다.

〈참조〉신호 대 잡음 비, 헤드룸

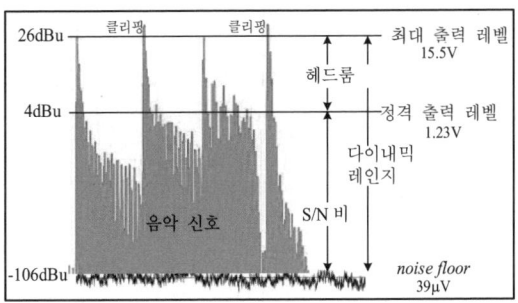

- **다이내믹 마이크 dynamic microphone**

자계 중에 놓인 도체가 음파에 의해 진동하면, 자계 유도 작용에 의하여 도체의 양단자 사이에 진동 속도에 비례하는 전압이 발생된다. 도체로서 동선이나 알루미늄 선을 코일과 같이 감은 것은 무빙 코일형이라고도 하고, 얇은 알루미늄 박을 이용한 것을 리본형이라고 한다. 무빙형을 다이내믹 마이크, 리본형을 리본 마이크라고 한다. 그림은 무빙 코일형 마이크를 나타낸다.

〈참조〉 리본 마이크, 무빙 코일형 마이크

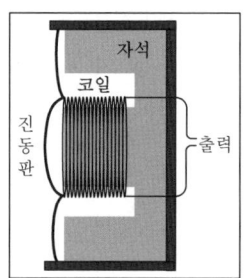

- **다이렉트 박스** ☞ direct injection box

- **다이버시티 리시버** ☞ diversity receiver

- **단일 지향성 마이크 unidirectional microphone**

정면에 비해서 측면과 후면 방향의 감도가 낮은 특성의 마이크를 말한다. 단일 지향 특성은 θ를 주축에 대한 각도라고 하면, 다음 식으로 표현할 수 있다.

$$(1+\cos\theta)/2 = 0.5 + 0.5\cos\theta$$

잔향음이나 소음 등 주변의 음을 픽업하지 않고, 원하는 음만 픽업하고자 하는 경우에 사용한다. 반면에 바람이나 진동에 의한 잡음에 약하다. 음원과 픽업 거리가 가까우면 저음이 강조되는 근접 효과도 생긴다.

〈참조〉 근접 효과, 무지향성 마이크, 양지향성 마이크, 초지향성 마이크

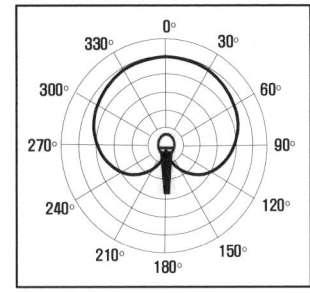

● **단음 短音 tone burst**

지속 시간이 짧은(수ms~수100ms) 음을 말하고, 보통 4~16파의 단음이 이용된다. 단음은 실내의 반사음 패턴의 측정, 음향 기기의 과도 특성 측정에 사용한다.

〈참조〉 과도 특성

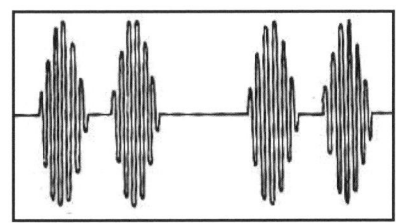

● **대수 앰프 log amplifier**

보통 앰프는 입력 레벨의 몇 배라고 하는 직선적인 비례 함수를 갖는 출력이 나온다. 반면에 대수 앰프는 입력의 대수에 비례해서 출력이 나오도록 만들어진 앰프이다. 예를 들면 일반 앰프는 1에서 100까지의 입력을 3배 이득의 앰프로 증폭하면 3에서 300까지 출력이 나온다. 그러나 대수 앰프는 10에서 1000과 같이 100배의 입력 폭이 출력에서는 10배로 축소된다. 즉, 입력 레벨에 따라서 이득이 대수적으로 변화되어 입력의 다이내믹 레인지가 압축되는 앰프로서 주로 콤팬더 방식의 잡음 저감 회로에

서 사용한다.

• 대역 저지 필터 band reject filter

어느 특정 대역의 신호만 제거시키는 필터

〈참조〉고역 통과 필터, 저역 통과 필터, 대역 통과 필터

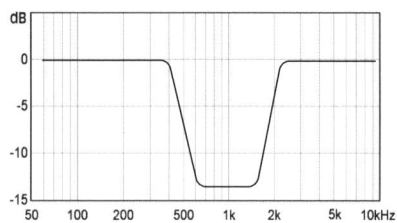

• 대역 통과 필터 band pass filter

어느 특정 대역의 신호만 통과시키는 필터

〈참조〉고역 통과 필터, 저역 통과 필터, 대역 저지 필터

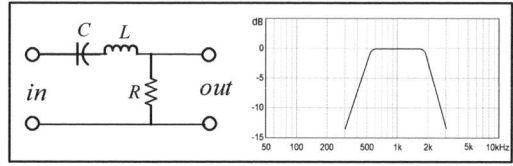

• 대역 폭 bandwidth

필터의 통과 대역 폭. 대역 필터의 경우에는 −3dB 차단 주파수 폭을 나타낸다.

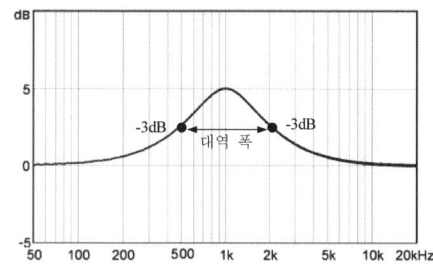

• 댐핑 팩터 damping factor

앰프의 출력 신호가 스피커로 전달될 때, 스피커는 그것을 충실히 반응하여 동작하는 것이 이상적이다. 그러나 스피커의 진동계는 관성이 있으므로 파워 앰프에서 스피커로 보내는 출력을 갑자기 중지시켜도 콘지의 진동이 즉시 멈추지 않고 아주 짧은 시간이지만 진동한다. 제동이 잘 되면 앰프에서 신호가 출력되지 않으면 진동판의 진동도 바로 멈추지만, 제동이 잘 되지 않으면 앰프로부터 신호가 출력되지 않은데도 진동판이 얼마 동안 진동한 후에 멈춘다. 댐핑 팩터는 앰프의 출력 임피던스를 스피커의 임피던스로 나누어 구한다. 앰프의 출력 임피던스가 0.2Ω이고, 스피커의 임피던스가 8Ω이면, 댐핑 팩터는 40(=8/0.2)이 된다.

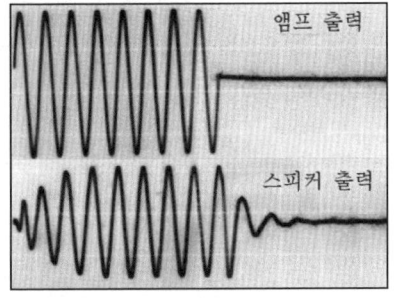

• 더미 부하 dummy load

실제로 접속되는 부하 대신에 사용하는 유사 부하를 말한다. 앰프 특성을 측정할 때 스피커 대신에 저항을 접속한다.

• 더미 헤드 dummy head

사람 머리 모형의 귀 부분에 소형 무지향성 마이크를 설치한 마이크이다. 더미헤드로 픽업한 음을 헤드폰으로 들으면, 음원의 방향감이나 거리감이 실감나게 재현되고, 스피커에 의한 스테레오 재생과는 다른 입체감이 얻어진다. 더미헤드로 녹음해서 헤드폰으로 청취하는 것을 바이노럴 녹음 재생이라고 한다.

〈참조〉 바이노럴 녹음, ball boundary microphone, head and torso simulator

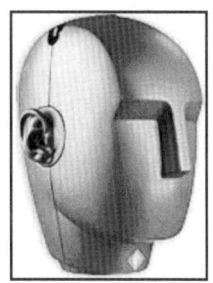

● 더빙 dubbing
녹음 테이프나 CD, 레코드 등의 음을 복사하는 것을 말한다. 영화에서는 편집시 필름에 대사, 음악, 효과음 등을 넣는 작업을 말한다.

● 더커 ☞ ducker

● 데드 dead
실내의 음향 상태를 나타내는 것으로서 잔향이 적은 경우를 '데드'하다고 한다. 즉, 실내의 잔향 시간이 짧은 경우의 표현으로 사용된다. 실내가 데드하면 음성이 명료하게 들리지만, 음악은 풍부하게 들리지 않는다.
〈참조〉 라이브

● 데드 포인트 dead point
① 무선 마이크 사용시에 송신된 전파의 직접파와 반사파가 간섭에 의하여 전파가 상쇄되어 수신 불능 상태가 되는 장소를 말한다.
② 홀과 같은 공간에서 음이 잘 들리지 않는 지점을 말한다.

● 데시벨 deciBel, dB
두 신호의 파워 비에 $10\log$를 곱한 값을 말한다. 그리고 두 신호의 전압이나 전류 비는 $20\log$를 곱한 것이다.

$$10\log \frac{P_2}{P_1}\,[\text{dB}] \qquad 20\log \frac{V_2}{V_1}\,[\text{dB}] \qquad 20\log \frac{I_2}{I_1}\,[\text{dB}]$$

〈참조〉절대 데시벨

• **데시벨의 합 sum of deciBel**

① 무상관의 음원인 경우

$L_T = 10\log(10^{L1/10} + \cdots + 10^{Ln/10})\,[\text{dB}]$

② 상관의 음원인 경우

$L_T = 20\log(10^{L1/20} + \cdots + 10^{Ln/20})\,[\text{dB}]$

음압 레벨이 60dB인 무상관의 두 음(예를 들어 바이올린 2대)이 있는 경우에 두 음의 합 레벨은 63dB가 되고, 완전 상관인 음원인(예를 들어 2대의 스피커) 경우에는 66dB가 된다. 표에는 레벨의 변화에 따른 지각 정도를 나타낸다.

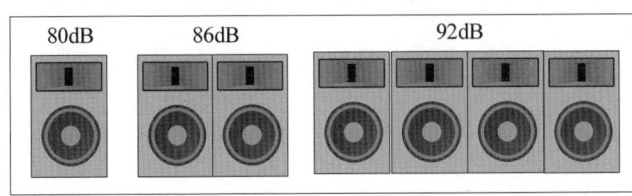

레벨 변화	지각의 정도
1dB	변화를 느끼지 못함
3dB	변화를 약간 느낌
6dB	변화를 확실하게 느낌
10dB	변화를 2배의 크기로 느낌
20dB	변화를 4배의 크기로 느낌

• 도플러 왜곡 Doppler distortion

스피커에 저음과 같이 진폭이 큰 신호로 진동하는 진동판에 고음 신호가 가해진 경우에 도플러 효과가 발생된다. 즉, 진동판이 앞으로 나올 때는 고음의 주파수가 실제 주파수보다 상승되고, 뒤로 갈 때에는 저하되는 일종의 혼변조 왜곡이 생긴다. 이 왜곡은 구경이 작은 스피커로 진폭이 큰 저음을 같이 재생하면 발생되고 둔탁한 음으로 들린다. 멀티 웨이 스피커 시스템으로 저음과 고음을 따로따로 재생하면 혼변조 왜곡이 줄어든다.
〈참조〉 혼변조 왜곡

• 도플러 효과 Doppler effect

사이렌을 울리면서 소방차 음이 자신을 향해서 다가 오면, 음은 점점 커지면서 피치가 높아진다. 반대로 자신으로부터 멀어지는 사이렌 소리는 점점 작아지고 피치도 낮아진다. 이와 같이 음원과 듣는 사람의 어느 쪽이 또는 쌍방이 운동하고 있을 때, 들리는 음의 높이가 원래 음원과는 다르게 들리는 현상을 도플러 효과라고 한다. 주파수가 f_0인 음원이 관측자를 향해서 c_1의 속도로 다가오면, 관측자가 듣는 주파수 f_1은 다음 식과 같이 같이 변한다.

$$f_1 = f_0 \frac{c}{c - c_1} [Hz]$$

반대로 음원이 관측자로부터 멀어지면, 주파수는 다음 식과 같이 변한다.

$$f_1 = f_0 \frac{c}{c + c_1} [Hz]$$

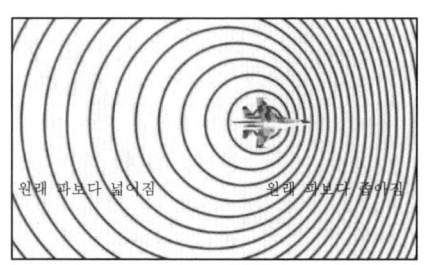

● **돌비 디지털 Dolby digital**

돌비 연구소에서 개발한 5.1 채널 서라운드 방식. 앞 방향 left, center, right 스피커와 뒤 방향 surround left, surround right 스피커 및 120Hz 이하를 재생하는 초저음 스피커를 포함하여 6채널로 구성되어 있다.
〈참조〉Dolby AC-3, 5.1 채널 서라운드

● **돌비 서라운드 프로로직 Dolby Surround Prologic**

Dolby 연구소가 개발한 영화용 아날로그 서라운드 시스템으로서 앞 방향에 3채널, 뒤 방향에 1채널로 재생하는 서라운드 방식이다. 극장에서는 공간이 크므로 뒤 방향 서라운드 스피커를 여러 개 사용하지만, 전부 모노 채널이고, 재생 대역은 7kHz이다.

● **돌비 잡음 저감 회로 Dolby noise reduction system**

1966년 돌비 연구소가 개발한 것으로서 테이프의 히스 잡음을 줄이고, 다이내믹 레인지를 넓히기 위한 회로이다.

● **돔 스피커 dome speaker**

반구상의 진동판을 갖는 스피커. 진동판의 외주가 진동 코일에 의해 구동하는 구조이고, 중음용과 고음용 스피커로 많이 활용되고 있다. 주파수 특성이 평탄하고, 지향 특성이 넓은 것이 특징이다.

● **동기 synchronization**

타이밍을 맞추는 것이고, 동기를 잡는다고 한다. 어느 두 기기를 동시에 동작시키는 것. 영상에서는 음향과 영상을 일치시키는 것

● **동상 신호 제거 비 Common Mode Rejection Ratio** ☞ 차동 앰프

● **동시 마스킹** ☞ 마스킹

• **동위상 in phase**

두 신호의 위상이 같은 신호. 두 신호를 더하면 신호 크기가 두 배가 된다.

〈참조〉 역위상, 위상

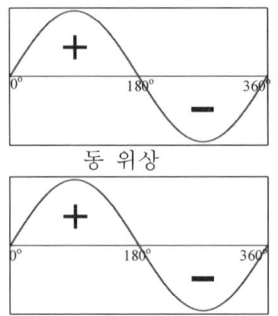

• **동 특성 dynamic characteristics**

계측기의 시간 응답 특성을 말한다. 음향 측정에서 변동음, 간헐음, 충격음 등의 비정상적인 소음을 측정하는 경우에 계측기의 동특성에 따라서 측정치가 달라진다. 사운드 레벨 미터에는 fast와 slow 2종류가 있다. 이 특성들은 정상 정현파 신호를 입력할 때의 상승 특성으로 규정되어 있고, fast의 시정수는 0.125s, slow는 1s이다.

〈참조〉 사운드 레벨 미터

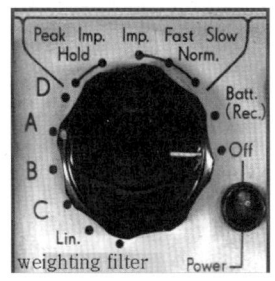

• **동축 마이크 coaxial microphone**

2개의 마이크를 지향성 주축이 직교되도록 설치한 마이크

〈참조〉 M-S stereo microphone, X-Y stereo microphone

- **동축 스피커** coaxial speaker

우퍼의 전면 동축 상에 트위터가 배치되어 있는 스피커로서 고음과 저음 스피커 위치가 동일하여 시간 차가 없으므로 재생음의 정위감이 좋다.

- **동축 케이블** coaxial cable

고주파 신호용 케이블이다. 동의 심선의 주위를 폴리에틸렌의 절연체로 둘러싸고, 그 위에 편조선의 외부 도체를 감고 폴리 염화 비닐재의 외피로 만든 선이다. 특성 임피던스는 75Ω 불평형형이고, 외부 도체가 실드 선의 역할을 하므로 잡음에 강하다. 선이 두꺼울수록 감쇠량이 적고, 가정용 TV 수신기에 사용하는 것은 5C-2V 또는 3C-2V이다.

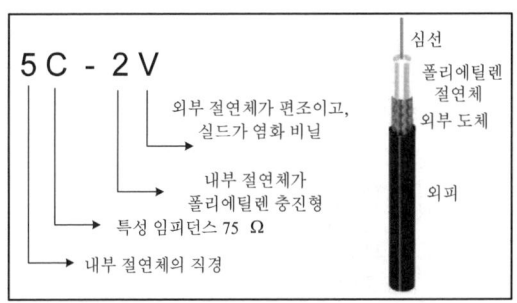

- **두 귀 간의 상관도** interaural crosscorrelation, IACC

두 귀에 입사하는 신호의 유사 정도를 나타내는 척도로서 콘서트 홀의 확산감(공간감)을 평가하는데 사용한다. 두 귀에 입사하는 신호가 완전히 같으면 IACC는 1이 되고, 완전히 다르면 0이 된다. 또, 역위상 신호가 두 귀에 입사하면 −1이 된다. IACC 값이 작을수록 확산감이 좋다.
〈참조〉확산감, LE, Room Response

● **두 귀 효과** binaural effect
한 쪽 귀로 듣는 것보다도 두 귀로 듣는 것이 음의 방향감, 원근감, 확산감, 현장감, 선택 능력(듣고자 하는 음을 선택) 등의 효과가 있는 것을 말한다.

● **드라이버 유닛** driver unit
혼형 스피커의 구동부로서 진동판, 위상 보정기, 자기 회로로 구성되어 있다. 동작 원리는 진동판에 근접되어 놓여진 이퀄라이저라고 하는 위상 등화기에 의해서 진동판의 중심부와 주변부로부터 방사된 음파의 위상이 고음역까지 정렬되도록 하고, 진동판 면적에 의해서 작은 면적의 음도(목; throat)로 음파가 유도된다. 이것에 의해서 진동판과 공기를 매칭시켜 음향 변환 효율을 높인다. 진동판은 돔형이 많고, 구경은 500Hz 이상을 재생하는 중고음역 유닛은 40~100mm 정도, 5,000Hz 이상을 재생하는 고음용 유닛은 25mm 전후이다.
〈참조〉혼

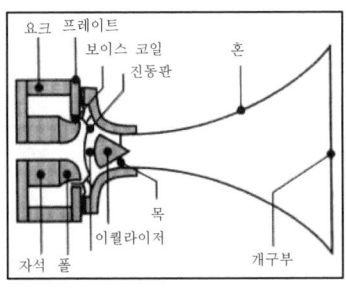

● **드라이** ☞ dry

● **드라이 소스** ☞ dry source

- **등가 음압 레벨** equivalent pressure level, Leq

모든 음파의 음압 레벨은 시간에 따라서 계속 변하므로 어느 시간 동안 평균 레벨을 구하는 등가 음압 레벨(L_{eq})로 나타내는 경우도 있다. 여기에서 p(t)는 시각 t에서의 순시 음압, T(=t_2-t_1)는 측정 시간을 나타낸다.

$$L_{eq} = 10\log\left(\frac{1}{T}\int_{t_1}^{t_2} p^2(t)dt\right) [dB]$$

- **등가 흡음 면적** equivalent absorption area

어느 면의 면적과 그 면의 흡음률의 곱이며, 단위는 m²이다. 면적이 100m²이고, 흡음률이 0.5이면 등가 흡음 면적은 50m²이다.

〈참조〉흡음력, Sabine

- **등가 회로** equivalent circuit

일정한 조건 하에서 어떤 회로와 같은 특성을 갖는다고 간주되는 회로. 전기 회로에 있어서 전기적 특성은 실제의 회로와 같고, 계산이 편리하도록 간략화한 회로를 말한다.

- **등 라우드니스 곡선** equal loudness contour

같은 크기로 들리는 순음의 음압 레벨을 주파수 함수로 나타낸 곡선이고, 등 청감 곡선이라고도 한다. 그림에서 곡선상의 음압 레벨은 전부 같은 phon 값으로서 같은 크기로 들리는 음이다. 1,000Hz의 음압 레벨을 phon이라고 한다. 예를 들면 1,000Hz의 70dB와 100Hz의 78dB는 70phon이고, 같은 크기로 들린다.

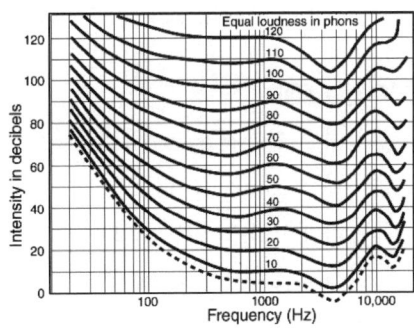

〈참조〉라우드니스, 라우드니스 미터, phon

• **등화** equalization

목적에 맞도록 주파수 특성을 보정하는 것. 보통 그래픽 이퀄라이저나 파라메트릭 이퀄라이저를 이용하여 주파수 특성을 보정한다.

〈참조〉 그래픽 이퀄라이저, 룸 튜닝, 파라메트릭 이퀄라이저

• **디더** ☞ dither

• **디에서** ☞ de-esser

• **디 엠퍼시스** de-emphasis

주파수 변조(FM)에서 변조 주파수가 높은 쪽에서는 S/N 비(신호 대 잡음 비)가 작으므로 주파수가 높은 쪽의 변조를 강하게 하여 송신하는 것을 프리 엠퍼시스(pre-emphasis)라고 한다. 그리고 수신기에서는 강조한 고역을 검파한 후 저하시켜서 원래의 변조 파형으로 되돌리는 것을 디엠퍼시스라고 한다.

〈참조〉 프리 엠퍼시스

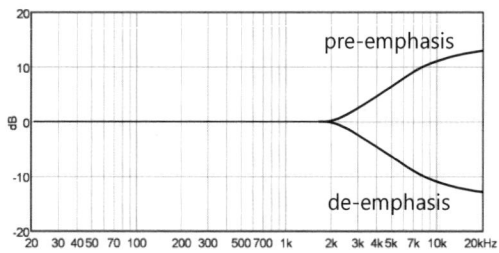

• **디지털** digital

수치나 양이 단계적으로 변화하는 것. 이에 대해서 연속적으로 변화하는 것을 아날로그(analog)라고 한다. 예를 들면, 시간의 경과를 문자판의 수치로 나타내는 것이 아날로그 방식이고, 문자로 스텝 동작으로 표시하는 것을 디지털 방식이라고 한다.

〈참조〉 아날로그

● **디지털 녹음** digital recording

아날로그 신호를 디지털 신호로 변환하여 자기 테이프 등에 기록하는 방식. 디지털 신호로 녹음된 음을 아날로그로 복원해도 테이프에 부호로 기록되므로 테이프나 자기 회로 등에 의한 왜곡이나 잡음이 없다. 아날로그 녹음과 비교하면 다음과 같은 장점이 있다.

① 다이내믹 레인지가 넓다.
② 와우 플러터가 없다.
③ 크로스토크가 없다.
④ 주파수 대역이 넓고 평탄하다.
⑤ 테이프를 장시간 보관해도 열화가 없다.
⑥ 변조 왜곡이 없다.
⑦ 고스트가 생기지 않는다.

〈참조〉 고스트, 다이내믹 레인지, 와우 플러터, 크로스토크

● **디지털 믹서** digital mixer

디지털 신호를 믹싱하는 믹서. 믹서는 기본적으로 음량을 조정하는 페이더와 음색을 조정하는 디지털 필터로 구성되어 있다. 페이더는 2진수로 각 비트를 조작하여 레벨 조정을 한다. 신호 처리의 과정에서 아날로그 신호를 경유하지 않으므로 음질 열화가 없다.

● **디지털 필터** digital filter

이산화된 디지털 데이터를 연산 처리하여 이산적인 신호를 출력하는 디지털 회로 또는 처리 알고리즘을 말한다. 디지털 필터는 FIR 필터와 IIR 필터가 있다. 디지털 필터의 특징은 코일이나 콘덴서를 사용하지 않으므로 시간적인 변화나 온도 변화가 없다. 또한, 프로그램을 변경하여 필터 특성을 자유자재로 가변할 수 있다.

〈참조〉 FIR, IIR

● **디지털 클리핑 digital clipping**
디지털 신호 처리를 할 때, 신호 처리 결과가 최대 레벨 이상이 될 때 발생되는 것
〈참조〉 아날로그 클리핑, 클리핑

● **디지트 digit**
원래 사람의 손가락을 가르키고, 그 폭(약 1인치)을 길이의 단위로 한 것이다. 10진법에서는 0에서 9까지의 숫자를 말하지만, 2진법은 0과 1의 수자이므로 바이너리 디지트(bianary digit)라고 한다.

● **디케이 decay** ☞ 엔벌로프

● **딥** ☞ dip

● **딜레이 delay**
오디오 신호를 일정 시간 동안 지연시키는 것
〈참조〉 지연기

ㄹ

• 라디오 radio

원래 무선 통신(radio telegraph)의 약자이지만, 방송이 보급되면서 무선 방송의 의미로 사용되고 있다.

• 라우드니스 loudness

주관적인 음의 크기를 의미하며, 같은 레벨의 음이라도 주파수가 다르면, 귀에는 같은 크기로는 들리지 않는다. 일반적으로 청각은 음량이 작으면 저음과 고음이 잘 들리지 않는 특성을 가지고 있다. 음압 레벨에 따라서도 청각 주파수 특성이 달라진다.

〈참조〉 등 라우드니스 곡선, phon

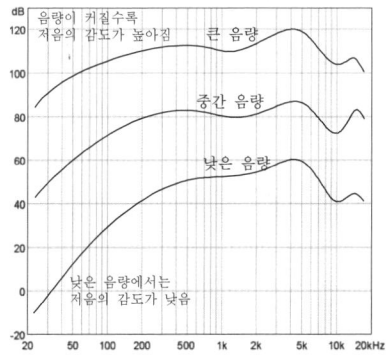

• 라우드니스 미터 loudness meter

청각 특성은 재생 음량에 따라서도 다르고, 저음은 잘 들리지 않고 중고음은 잘 들리는 특성을 가지고 있다. 이러한 청각 특성을 고려하여 음의 크기를 평균 라우드니스 값으로 구한다. 평균 라우드니스 값은 측정 구간에서 등가 음압 레벨을 구하고, 청각 특성을 고려한 필터를 적용하여 라우드니스를 수치화한 것이다. 라우드니스 값의 단위는 ITU-R에서는 LKFS (Loudness K-Weighting Full Scale)로 정의하고, EBU에서는 VU

미터와 유사하게 LUFS(Loudness Unit Full Scale)로 정의하고 있다. 1dB 레벨 증감은 1LK(또는 1LU)의 라우드니스 증감치와 같다. 방송 프로그램이나 광고 음의 라우드니스 기준치는 -24LK이다.

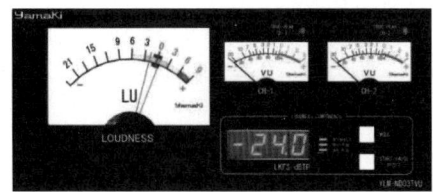

- **라이브 live**

① 녹음이나 녹화를 하지 않고, 실제로 스튜디오에서 방송하거나 현장에서 직접 방송하는 것
② 리코더에 의한 재생이 아니고, 실제로 연주를 하거나 의음 기구를 이용하여 효과음을 내는 것
③ 실내 울림이 많을 때 라이브하다는 용어를 사용한다. 반대어로는 dry 하다는 용어를 사용한다.
〈참조〉데드, dry
④ '살아 있다'는 의미로서 극장이나 홀, 라이브 하우스에서의 생 연주를 말한다.
⑤ 음향 시스템을 사용하지 않는 연주 형태를 말한다.
⑥ 한번도 녹음되지 않은 테이프나 디스크 등의 상태를 말한다.

- **라인 레벨 line level**

신호 레벨이 -20dB ~+4dB인 신호

- **라인 마이크** ☞ 건 마이크, line microphone

- **라인 어레이 스피커 line array speaker**

여러 개의 스피커를 수직으로 가깝게 배열하여 수직 지향성을 제어하는 스피커 시스템이다. 라인 어레이는 천이 거리($d_t=L^2f/2c$, L; 길이, f; 주파수, c; 음속)까지는 선음원과 같이 -3dB/DD로 감쇠되고, 이 이상의 거리에서는 -6dB/DD로 감쇠된다. 어레이의 길이가 음의 파장에 비하여 짧으면 라인 어레이는 실질적으로 지향성을 가지지 않는다. 근거리에서 고역 주파수는 도달 거리의 차에 의해 생긴 딜레이 때문에 간섭이 생기게 된다.

〈참조〉천이 거리

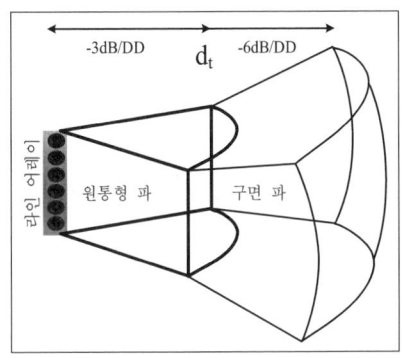 

● 라펠 마이크 lapel microphone

lapel은 '접은 옷깃'을 의미하며, 의복의 옷깃이나 넥타이 등에 부착하여 사용하는 마이크이며, 핀 마이크라고도 한다. 마이크를 눈에 띄지 않게 할 때나 두 손을 자유롭게 사용하고자 하는 경우에 이용한다.

● 레벨 매칭 level matching

음향 기기를 연결할 때, 기기가 최상의 상태에서 동작되도록 그 기기의 정격 입력 레벨로 조정하는 것. 레벨 매칭이 되지 않으면 잡음도 많아지고, 왜곡되거나 다이내믹 레인지가 줄어든다.

● 레이디얼 혼 Radial Horn

혼의 좌우 면을 직선으로 만든 혼이며, 주파수에 따라서 지향성이 변하는 것이 단점이다.
〈참조〉 정지향성 혼

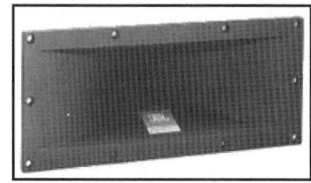

• **롤 오프 roll off**

앰프나 스피커의 주파수 특성에서 재생 주파수 대역을 넘어 가면, 저역과 고역이 감쇠되는 현상이다. 필터에서는 차단 주파수 이상에서 이득이 감쇠되어 가는 것을 롤 오프라고 한다.

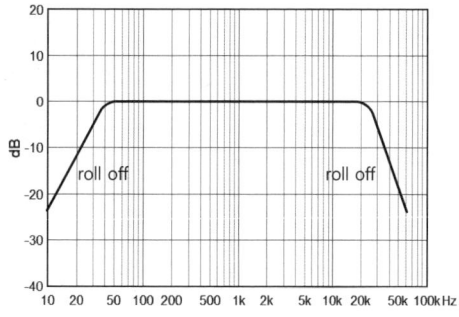

• **룸 커브** ☞ room curve

• **룸 튜닝 room tuning**

성능이 좋은 음향 기기들로 구성된 음향 시스템이더라도 공간의 음향 특성에 의해서 음질이 열화되어 좋은 음질이 재생되지 않는다. 이것은 스피커 시스템의 주파수 특성이 실내 공진에 의해서 저음에서 피크 딥이 생기고, 또 반사음에 의한 콤필터 왜곡 때문에 주파수 특성이 불규칙해지기 때문이다. 룸 튜닝은 실내 음향 특성에 의해서 변형된 주파수 특성을 평탄하게 보정하여 자연스럽고 명료한 음이 재생되도록 하는 것이다.

정재파와 콤필터 왜곡이 최소가 되는 위치에 스피커와 청취 위치를 설정하거나 베이스 트랩(bass trap)을 설치하여 정재파가 최소가 되도록 하는 것을 음향적인 룸 튜닝이라고 한다. 또, 이퀄라이저로 주파수 특성을 보정하는 것을 전기적인 룸 튜닝이라고 한다.

〈참조〉 bass trap

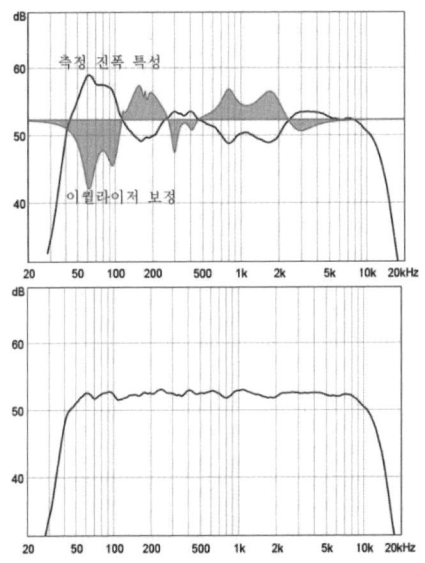

• **리드** ☞ reed

• **리미터 limiter**

컴프레서의 ratio를 10:1 이상으로 설정한 경우를 리미터라고한다. 오디오 신호의 최대 레벨은 threshold 레벨로 제한된다.

〈참조〉 컴프레서, threshold

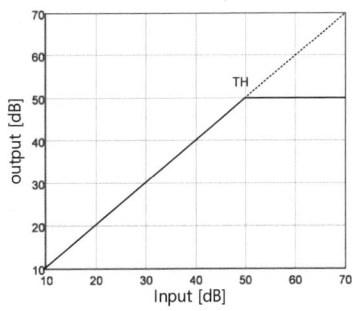

45

• **리버브 reverb**

reverberation의 약자로서 잔향을 의미한다.
〈참조〉 잔향

• **리본 마이크 ribbon microphone**

2개의 말굽 자석의 극 사이에 리본 형태의 도체(알루미늄 박)를 붙인 형태의 마이크이다. 음파에 의해 이 리본 형태의 진동판이 전후로 움직이면, 요크 사이에 형성된 자장을 직각으로 가르게 되므로 리본의 양끝에는 Faraday의 電磁효과에 의한 기전압이 발생되고, 이 기전압을 신호로서 이용하는 것이다. 진동체로서 알루미늄 박의 리본형을 사용하고 있기 때문에 리본 마이크라고 한다. 음색이 부드럽지만 기계적으로 강도가 약한 것이 단점이다.

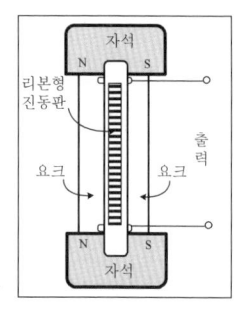

• **리사주 패턴 Lissajous pattern**

두 신호를 오실로스코프의 수직과 수평 단자에 입력하면, 두 신호의 위상에 따라서 그림과 같은 리사주 패턴을 관측할 수 있다.

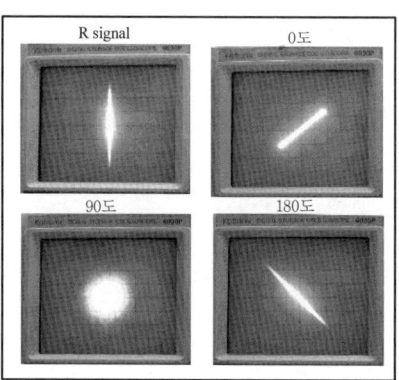

- **리액턴스** ☞ reactance

- **리플 ripple**

교류를 직류로 정류하였을 때, 남은 교류 성분을 말한다.

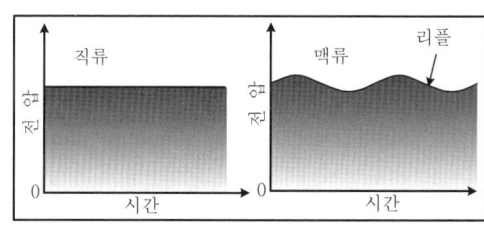

- **릴리즈 타임** ☞ release time

- **마이크 microphone**

음향 신호를 전기 신호로 변환하는 기기. 음압의 변화에 따른 진동판의 기계적인 진동이 여러 가지 방법으로 전기 신호로 변환된다.

방법	명칭
전자 유도 작용을 이용	무빙 코일형, 리본형
정전 용량의 변화를 이용	콘덴서형, 일렉트릿형

- **마이크 감도 microphone sensitivity**

마이크에 일정한 크기의 음압이 입사될 때, 얼마의 출력 전압이 나오는지를 나타내는 것이 감도이다. 감도는 마이크에 1,000Hz의 정현파 $1\mu bar(74dB=0.1N/m^2)$를 인가하여 출력 단자에 나타나는 전압을 $dB(0dB=1V/\mu bar)$로 나타낸다. 마이크의 출력이 1V이면, 이 마이크의 감도는 0dB이다. $1\mu bar$의 음압은 마이크와 입술이 20cm 정도 떨어져 이야기 할 때의 음압 레벨이다. 사양에 따라서는 1Pa(94dB)을 입력하여 측정하는 경우도 있다.

- **마이크 과도 특성 transient response of mic**

마이크에 레벨이 급격하게 변하는 신호를 입력했을 때, 입력 신호의 레벨 변화를 추종하는 능력을 말한다.

- **마이크 레벨 mic level** ☞ 신호 레벨

- **마스터링** ☞ mastering

- **마스커 masker** ☞ 마스킹

- **마스키 maskee** ☞ 마스킹

- **마스킹 masking**

어느 음의 최소 가청 한계가 다른 음에 의해 상승하는 현상이다. 마스킹하는 음과 마스킹되는 음이 시간적으로 동시에 일어나는 마스킹을 동시 마스킹(simultaneous masking)이라고 한다. 이 경우에 마스킹하는 음을 masker(마스커), 마스킹 되는 음을 maskee(마스키)라고 한다. 그림에는 A음이 존재하고 있는 상태에서 다른 순음이 어떻게 들리는가를 나타낸 것이다. A음이 존재할 때 2, 3, 4음이 들리지 않는다. 이것을 주파수 마스킹(frequency masking)이라고도 한다. 마스킹의 일반적인 경향은 다음과 같다.

① 저음은 고음을 마스킹하지만, 고음은 저음을 마스킹하지 않는다.
② 주파수가 비슷한 순음일수록 마스킹하기 쉽지만, 두 개의 주파수가 아주 가까우면 비트가 생겨서 마스킹은 감소된다.
③ 마스킹 음의 레벨이 높으면 마스킹하는 범위가 넓어진다.
그리고 시간적으로 먼저 들리는 음이 뒤에 오는 음을 마스킹하는 시간 마스킹(temporal masking)도 있다.

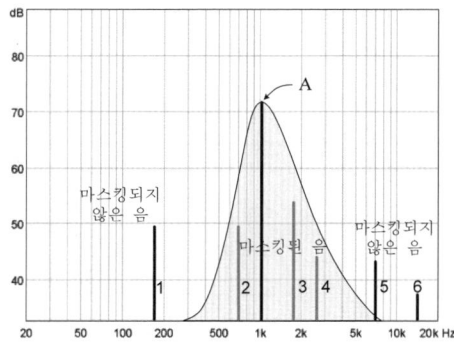

- **마스킹 노이즈 시스템 masking noise system**

이웃하는 사무실 간의 speech privacy를 보장하기 위하여 마스킹 잡음을 실내에서 발생시키는 음향 시스템이다. 마스킹 잡음은 -5dB/oct 특성 잡음이 바람직하며, 마스킹 잡음의 음압 레벨은 48dB(A) 이하, 또는 NC-40 이하이어야 한다.

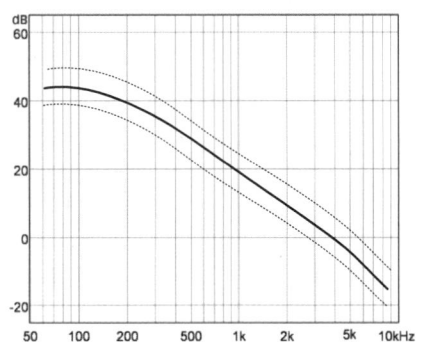

● **매칭 matching**

두 기기를 연결할 때, 전송 손실이 최소가 되도록 상호 단자로부터 내부를 본 임피던스나 상호 레벨이 가장 적절한 조건이 되도록 하는 것
〈참조〉 레벨 매칭, 임피던스 매칭

● **맥놀이 beat**

주파수가 약간 다른 두 음파가 중첩될 때 생기는 합성파 진폭의 주기적인 변화. 맥놀이 주파수는 두 주파수 차이이다.

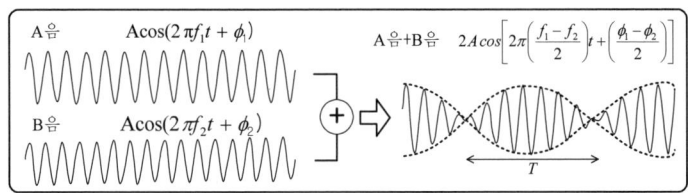

● **맥류** ☞ 리플

• **머리전달함수 Head Related Transfer Function**

음원으로부터 머리 형상의 영향을 포함한 고막까지의 전달 함수를 말한다. 그림은 정중앙면에서 방향에 따른 머리전달함수를 나타낸다.

〈참조〉 음상 제어

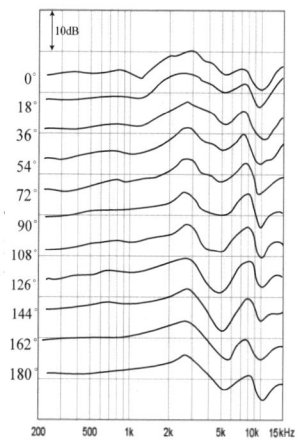

• **멀티 마이크 녹음 multi microphone recording**

많은 악기를 연주하는 경우에 각각의 악기에 마이크를 설치하여 픽업하는 방식을 말한다. 이 방법은 각각의 악기 음을 명료하게 픽업하는 것이 목적이고, 믹싱 단계에서 각 악기의 음량 밸런스, 음상 정위, 확산감 등을 조정할 수 있다.

〈참조〉 원 포인트 녹음

• **멀티 앰프 시스템 multi-amplifier system**

신호의 주파수 대역을 2개나 3개 대역으로 분할하여 각각의 대역용 앰프를 사용하고, 그 대역 전용의 스피커를 구동하는 방식을 말한다. 앰프의 채널 수에 따라서 바이 앰프 시스템, 트라이 앰프 시스템이 있다.

〈참조〉 바이 앰프 시스템, 트라이 앰프 시스템

- 멀티 웨이 스피커 multi-way speaker ☞ 복합형 스피커

- 멀티 트랙 리코더 multi track recorder

여러 개의 녹음 트랙이 있고, 각각 독립으로 녹음 재생이 가능한 기능을 갖는 테이프 리코더. 2트랙, 4트랙, 8트랙, 16트랙, 24트랙, 48트랙 등이 있다.

- 멜 척도 mel scale

심리적인 음의 높이(pitch)를 나타내는 감각 척도이다. 40dB 1,000Hz의 정현파 음의 높이를 1,000mel로 정의한다. Mel이 두 배가 되면, 예를 들어 1000mel(1kHz)이 2000mel(3kHz)이 되면 두 배 높이로 들린다.

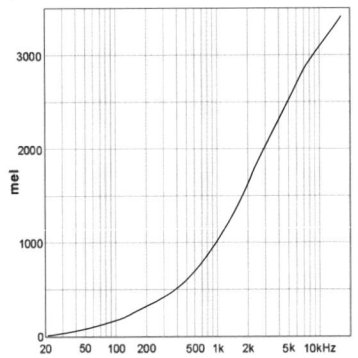

- 면 음원 plain source

스피커 시스템을 여러 대 쌓은 경우에 시스템 전체에서 방사된 음원을 평면파로 간주할 수 있을 때, 이것을 면 음원이라고 한다. 음원의 높이(a)의 1/3 지점까지는 거리 감쇠가 없고, 음원의 폭(b)의 1/3 지점까지는 거리가 배가 되면 3dB씩 감쇠된다.

〈참조〉 선음원, 점음원

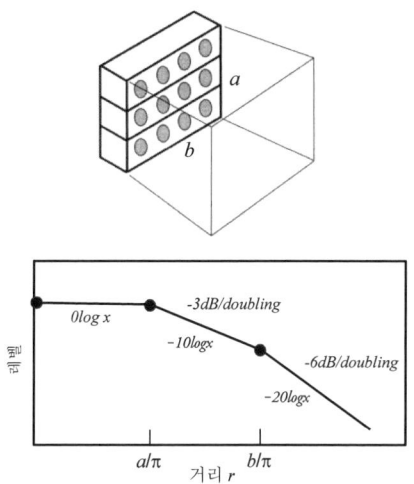

- **면적 효과 edge effect**

잔향실법 흡음률을 측정하는 경우에 시료의 두께가 두꺼울수록 흡음률이 커지는 경향이 있다. 시료의 치수가 음의 파장 정도 이하의 경우나 흡음률이 큰 재료일수록 현저하다.

〈참조〉 잔향실법 흡음률

- **명료도 articulation**

강당과 같은 공간에서 음성을 발성했을 때, 음성을 잘 알아 들을 수 있는 정도를 말한다. 무대에서 주어진 음절을 발성시키고, 객석에서 들린 대로 받아 쓴 다음에 바르게 받아 쓴 점수 비율을 명료도라고 한다. 이와 같은 측정 방법을 주관 평가 방법이라고 하고, 객관 평가 방법은 STI가 있다. 음향 시스템의 음성 명료도를 결정하는 요인들은 다음과 같다.
- 주파수 대역과 특성
- 확성 음성 레벨
- 음성 신호 레벨과 잡음 레벨의 비
- 잔향 시간, 에코

- 주위 소음 레벨
- 직접음 대 잔향음의 레벨 비
- 음향 시스템의 왜곡
- 스피커의 커버리지
- 스피커의 설치 위치 및 배치 방식
- 청취자의 청각 특성 및 이해도
- 발성자의 발성 정확도와 속도

〈참조〉 이해도, STI

냐	엔	쩔	벙	린	쑤	뀌	넛	펼	맘
려	켜	젤	믹	럽	히	작	쫏	텐	껏
롱	얀	숭	컴	혐	탄	뇌	봅	련	뒷
닐	녈	킬	옹	뉴	닙	몬	서	푼	선
겐	쉬	튀	꺼	며	엉	년	씬	딩	딴

• 명료도 대역 articulation band

음성의 옥타브 대역별로 명료도에 기여하는 비율은 1~4kHz 대역이 75%로서 가장 높다.

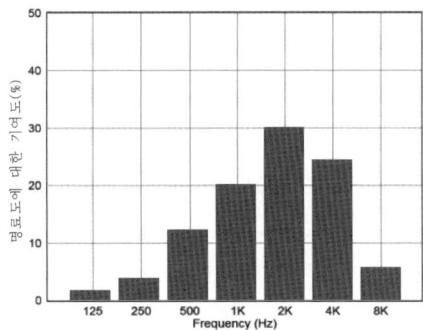

• 모니터 monitor

① 스피커 또는 헤드폰을 사용하여 음악의 음질과 내용을 감시하는 것
② 또는 이를 위하여 음향 재생 기기의 감시를 위해 듣는 엔지니어를 말

한다.

• 모니터 스피커 monitor speaker
① 무대에 설치하여 가수나 연기자가 모니터할 수 있도록 하는 스피커 시스템. foot monitor라고도 한다.
② 녹음실에서 녹음되는 음을 모니터하는 스튜디오 모니터용 고품질 스피커 시스템

• 모노 ☞ 모노럴

• 모노럴 monaural
한 채널로 전송된 신호를 한쪽 귀의 이어폰으로 듣는 것을 가르킨다. 스피커를 이용하여 음을 공간에 방사하여 듣는 것은 모노포닉(monophonic)이라고 한다. 반면에 두 개의 독립된 전송계에서의 음을 헤드폰으로 각각 따로 따로 좌우의 귀로 청취하는 것을 binaural, 스피커로 청취하는 것을 stereophonic이라고 한다. 모노포닉(약해서 모노)이라는 말은 스테레오포닉(약해서 스테레오)에 대비하여 사용되는 경우가 많다.
〈참조〉 바이노럴, 스테레오포니

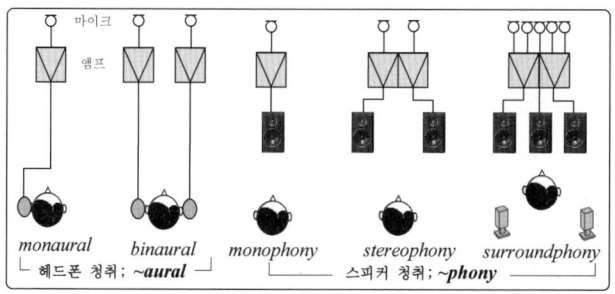

• 모노포닉 monophonic ☞ 모노럴

• 모듈레이션 ☞ 변조

● 목관 악기 woodwind instruments

피리 계통의 관악기. 당초에는 파이프의 재료로서 나무를 사용하였지만, 최근에는 금속이나 플라스틱을 사용하고 있다. 플루트, 오보에, 클라리넷, 색소폰, 파곳 등이 있다. 진동원은 air reed, single reed, double reed로 분류되고, 파이프의 측면에 구멍을 뚫어서 관의 길이를 변화시켜 음정을 얻는다.

〈참조〉 reed

● 무빙 코일형 마이크 moving coil microphone

음파의 진동에 대해서 코일의 양단에 발생되는 전기 신호를 끄집어 내는 방식의 마이크. 영구 자석의 자계 속에 음파로 진동하는 코일이 삽입되어 있다.

〈참조〉 다이내믹 마이크

● 무산소 동 Oxigen Free Copper

전기동을 재료로 하고, 용해 공정 과정에서 침투되는 탄소를 1/100 이하로 한 것이다.

● 무상관 음원 uncorrelated signals

여러 개의 음원들이 전혀 상관이 없는 것. 두 신호의 위상 차는 90도이다. 두 음원의 레벨이 같고 무상관인 경우에는 음압 레벨의 합은 3dB 증가된다.

〈참조〉 데시벨의 합

● 무선 마이크 wireless microphone

무선 방식의 마이크로서 마이크 케이블 대신에 전파를 사용하는 것이다. 송신기에서 발사된 전파는 수신기로 수신되어 음향 신호로 변환된다. 여러 개의 무선 마이크들을 동일 시스템에서 사용하는 경우에는 각각의 송신기는 서로 다른 주파수 대역을 사용해야 한다. 마이크 케이블이 없으므로 설치가 곤란한 장소에서의 픽업이나 움직이는 음원의 픽업에 편리하다. 무선 마이크는 케이블이 없으므로 무대를 자유롭게 이동할 수 있고, 행동 반경이 넓은 장점이 있다.

〈참조〉 diversity receiver

● **무손실 압축 lossless compression** ☞ 가역 압축

● **무지향성 마이크 omnidirectional microphone**
모든 방향으로부터의 음에 대해서 같은 감도를 갖는 마이크. 앰비언스 픽업용이나 음향 측정용에 사용한다.

〈참조〉 단일 지향성 마이크, 양지향성 마이크, 초지향성 마이크

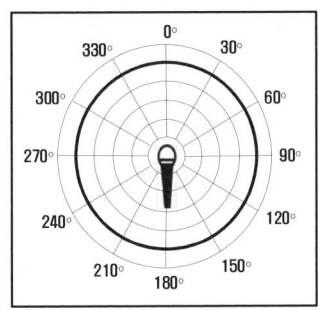

● **무지향성 스피커 omnidirectional speaker**
소형 풀 레인지 스피커를 6면체나 12면체로 조합하여 무지향성으로 만든 스피커이다. 실내 음향 측정에서 음원으로 사용한다.

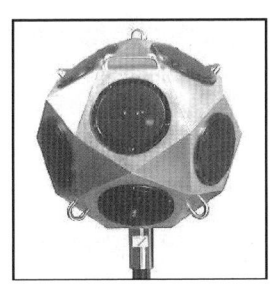

● **무향실 anechoic chamber**

실내에서 반사음을 없애기 위하여 바닥, 마루, 천장을 흡음 쐐기를 이용하여 완전하게 흡음 처리한 실내. 마이크나 스피커의 주파수 특성 및 지향 특성을 측정하는 실험실

〈참조〉 반무향실, 잔향실, 흡음 쐐기

● **무향 음원 dry source**

무향실에서 녹음하여 잔향 등의 음향 효과 처리를 하지 않은 상태의 음성이나 음악. 무향 음원은 여러 가지 음향 효과 처리하여 듣기 평가로 적절한 효과를 찾는데 사용한다. 또, 공간의 임펄스 리스폰스와 콘볼루션하여 공간의 음향 효과가 부가된 음악을 들으면서 공간 음향 특성을 평가하는 데도 활용한다.

〈참조〉 가청화, 콘볼루션

● **뮤직 파워 music power**

1/10초와 같이 아주 짧은 시간에 낼 수 있는 앰프의 파워를 나타낸다. 연속 파워에 대응되는 표시법이다.

〈참조〉 연속 파워

● **뮤트 mute**

뮤트는 음을 차단한다는 의미이며, 믹서나 앰프의 내부 또는 출력에 감

쉬기나 차단 회로를 삽입하여 음을 작게 하거나 차단하는 것. 일시적으로 음을 차단하는 경우에 편리한 기능이다.

● **미디 MIDI; Musical Instrument Digital Interface**
신시사이저, 리듬 머신, 시퀀서, 컴퓨터 등의 연주 정보를 상호 전달하기 위해 정해진 국제 규격이다. 접속에는 5핀의 DIN 커넥터를 사용하고, MIDI 규격의 기기에는 MIDI in, MIDI out, MIDI through의 3개의 단자가 구비되어 있다. MIDI 케이블의 길이는 15m 이내로 규정되어 있다.
〈참조〉 DIN plug

● **믹서 mixer**
여러 신호원을 하나의 혼합된 신호로 믹싱하도록 구성된 회로를 말한다.
〈참조〉 스플릿 콘솔, 인 라인 콘솔

● **믹싱 mixing**
여러 개의 마이크 신호를 전기적으로 혼합하여 음악을 제작하는 것을 말하고, 음악 제작에 필요한 마이크의 배치, 레벨 조정, 음질 조정 등 일련의 작업을 총칭하여 믹싱이라고 한다.

● **믹스 다운 mix down**
멀티 채널 녹음기에 악기 음들을 파트 별로 녹음하고, 재생하면서 2채널의 프로그램으로 제작하는 작업
〈참조〉 트랙 다운

● **밀폐형 헤드폰 circumaural headphone**
밀폐형 헤드폰은 소형 스피커를 유닛으로 사용하고, 외부를 차음 처리한 케이스로 덮고 있다. 이 타입의 헤드폰은 밀폐도가 나빠지면 저역의 감도가 저하되므로 좌우 유닛을 스프링성이 있는 헤드 밴드로 연결하여 적당한 압력이 얻어지도록 하고 있다. 장점은 대형 유닛을 사용할 수 있으므

로 감도가 높고, 큰 음압 레벨을 재생할 수 있으며, 차음 성능이 좋으므로 소음이 많은 곳에서도 사용할 수 있다.

〈참조〉삽입형 헤드폰, 오픈 에어 헤드폰

ㅂ

• 바닥 충격음 impact sound of floor
보행이나 가구 등을 이동하면서 수반되는 구조체에 가해진 충격 음이 아래 층으로 전달되는 소음

• 바운더리 마이크 boundary microphone
콤필터 왜곡을 방지하기 위한 구조의 마이크로서 duralumin 등의 반사판에 마이크 유닛을 설치한 것이다. 구조적으로는 pressure zone microphone (PZM)과 비슷하며, 마이크 주변의 반사음이 픽업되지 않도록 설계되어 있다.
〈참조〉 콤필터 왜곡, PZM

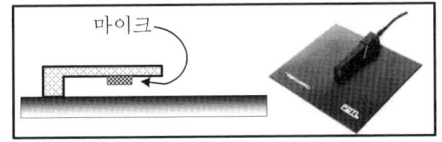

• 바이노럴 binaural
2채널의 신호를 2개의 이어폰으로 청취하는 것. 또는 더미헤드로 녹음하여 헤드폰으로 청취하는 것
〈참조〉 더미 헤드, 모노럴

• 바이노럴 녹음 binaural recording
더미헤드로 녹음하여 헤드폰으로 재생하는 녹음 방식으로서 사람이 음을 듣는 방법과 비슷하게 픽업하는 방식으로서 현장감이 아주 좋다.
〈참조〉 더미 헤드, 모노럴

• 바이 앰프 시스템 bi-amplifier system
오디오 신호를 스피커 컨트롤러로 저음과 고음으로 분리하여 2채널 앰프

로 저음과 고음 스피커에 연결하여 재생하는 방식이다.
〈참조〉 멀티 앰프 시스템, 트라이 앰프 시스템

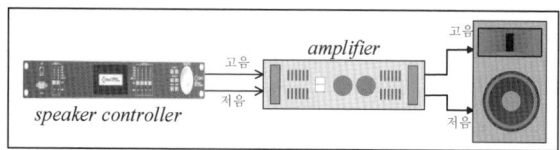

● **바이어스** ☞ bias

● **바이트 byte**
컴퓨터에서 취급하는 정보량은 8 비트(bit) 단위로 표시되고, 이것을 1 바이트라고 한다. 메모리의 용량을 나타내는 단위로서 1Mbyte 또는 1Gbyte를 사용한다.

● **바이패스** ☞ bypass

● **반고정 저항 semi-fixed resister**
가변 저항과 같이 항상 변화시키는 것이 아니고, 회로를 조정할 때 필요에 따라서 저항 값을 가변할 수 있는 저항기

● **반도체 semi conductor**
전기 저항의 값이 절연체와 양도체의 중간이고, 온도를 낮게 하면 절연체가 되고, 높게 하면 금속에 가까운 전도체가 된다. 실리콘과 게르마늄이 대표적인 반도체 소자이다.

● **반 무향실 semi anechoic chamber**
무향실의 바닥면이 반사성으로 처리되어 있는 무향실. 주로 자동차나 냉장고 등 기계적인 음향 특성을 측정하는데 사용한다.
〈참조〉 무향실

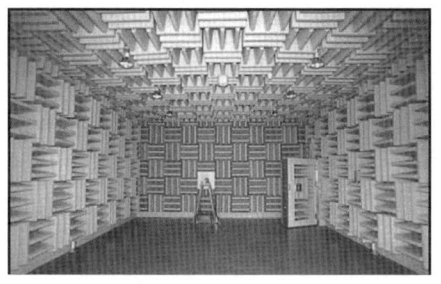

● 반사 reflection

매질 속을 진행하던 음파가 다른 매질과의 경계면에 도달하면 일부 또는 전체 음파의 진행 방향이 입사하던 매질 쪽으로 바뀌는 현상

● 반사음 reflection sound

실내에서 음이 전반될 때, 음이 벽이나 천장 등에 반사되어 전반되는 음. 벽에 1번 반사되는 것을 1차 반사음, 2번 반사된 음을 2차 반사음이라고 한다.

〈참조〉직접음

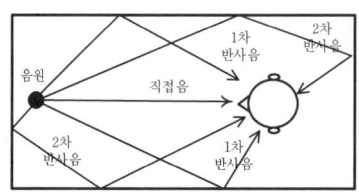

● 반사음 패턴 reflection pattern

피스톨과 같은 단음을 실내에서 방사하고, 객석에서 무지향성 마이크로 픽업하여 그 시간 경과에 따른 레벨의 변화를 관측한 패턴. 이 패턴으로 부터 직접음, 초기 반사음, 잔향음 레벨을 파악할 수 있고, 음향 장해가 되는 에코도 확인할 수 있다.

〈참조〉에코, 잔향, 초기 반사음

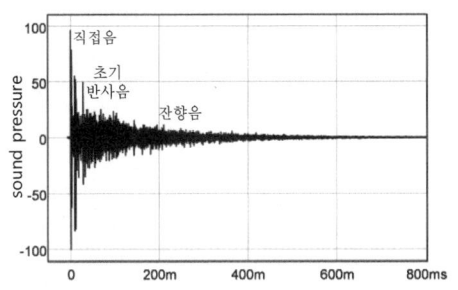

● 반음 semi tone

1 옥타브를 12 등분한 것으로서 음계의 최소 단위이다. 주파수 비는 $1 : \sqrt[12]{2}$ 이다.

〈참조〉 온음, cent

● 반 자유 음장 semi-free field

무한한 넓이를 갖는 음향적으로 완전 반사의 평면상과 그 면 이외에는 경계의 영향이 없는 등방성이고, 균질한 매질로 찬 음장. 반무향실이나 지면이 반사성이고 주변이 막혀 있지 않는 야외에서의 음장을 말한다.

〈참조〉 반 무향실, 자유 음장

● 반향 ☞ 에코

● 발진 oscillation

증폭 회로에 어느 크기 이상의 정궤환을 걸면, 그 회로의 공진 주파수와 일치하는 주파수 신호가 점점 커진다. 보통 증폭기에서는 피할 수 없는 것이지만, 일정 주파수의 정현파를 발생시켜 신호 발생기로서 활용한다.

● 발진기 oscillator

전기적으로 일정한 신호를 발생시키는 기기이다. 파형은 정현파와 여러 가지 파형을 발생시킬 수 있다.

〈참조〉 파형

• **발현 악기** plucked string instrument
손이나 피크 등으로 현을 튕겨 발음하도록 만든 악기. 기타, 만돌린, 하프 등이 있다.

• **방사 임피던스** radiation impedance
부채를 들고 손을 움직이지 않으면, 손에 걸리는 부하는 부채의 무게 뿐이지만, 손을 움직이면 공기의 영향 때문에 부채 무게 이상의 부하가 손에 걸린다. 공기 중에서 스피커 진동판이 진동할 때 공기가 진동판의 운동을 방해하는 작용을 하고, 이 공기의 부하를 방사 임피던스라고 한다.

• **방자형(防磁形) 스피커** antimagnetic speaker
스피커의 누설 자속에 의해 TV나 테이프에 영향을 미치는 것을 방지하기 위하여 스피커에 자기 상쇄 자석을 부착하여 외부로 자계 누출을 방지한 스피커이다.

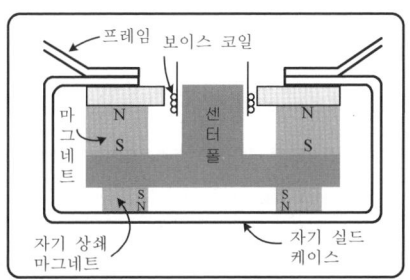

• **배경 소음** background noise
연주와 녹음, 재생 대상이 되는 목적음 이외의 음을 말한다. 예를 들면 홀의 공조 음, 기계음, 사람의 숨소리 등 소음의 집합 음이다. 일반적으로 dB(A)와 NC로 나타낸다.
〈참조〉 floor noise, NC curve

• **배경 음악** Background Music; BGM
분위기를 연출하는 목적으로 만들어진 음악을 말한다. 영화나 드라마에서는 장면의 분위기를 묘사하는데 사용된다. 또, 배경 음악은 작업 현장에서는 생산성을 올리는데도 활용하고 있다.

● 배음 harmonics, overtone

어떤 기본 주파수의 n배의 주파수를 가진 성분을 말하고, 고조파라고도 한다. 배음이 많을수록 음이 풍부하게 들린다.
〈참조〉고조파

● 배플 ☞ baffle

● 백색 잡음 white noise

모든 주파수의 음이 똑같은 크기로 섞여 있는 음을 백색 잡음이라고 한다. 백색 잡음을 스펙트럼으로 나타낼 때, 주파수 축의 표기와 분석 방법에 따라서 그 형태가 달라진다. 왼쪽 그림은 주파수 축을 1Hz 단위로 분석한 것이고, 오른쪽 그림은 1 옥타브 대역으로 분석한 것이다. 옥타브 대역으로 분석한 경우에는 1 옥타브 증가(주파수가 2배 증가) 할 때마다 대역 폭이 2배씩 넓어지므로 3dB/oct씩 증가하는 형태로 나타난다.
〈참조〉핑크 잡음

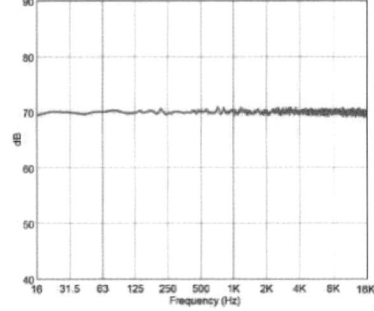
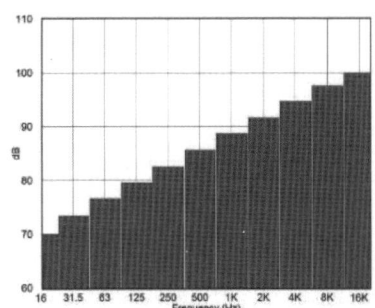

● 밴드 레벨 band level

주파수별로 음압 레벨을 측정하고자 하는 경우에 1 옥타브 대역이나 1/3 옥타브 대역으로 측정하고, 이것을 밴드 레벨이라고 한다.

〈참조〉 1 옥타브 대역 분석, 전대역 레벨

- **밴드 패스 필터 band pass filter** ☞ 대역 통과 필터

- **베이스 트랩** ☞ bass trap

- **벽 스피커 wall speaker**

벽에 부착하여 사용하는 스피커. 극장의 측벽이나 후벽에 부착하여 연극 시에 효과음을 재생하거나 PA 시스템에서 잔향음을 부가할 때 보조 스피커로 사용한다.

- **변압기** ☞ 트랜스

- **변조 modulation**

오디오 신호를 반송파에 싣는 것을 변조라고 하고, AM과 FM 방식이 있다.
〈참조〉 복조, AM, FM

- **변환기 transducer**

어떤 에너지를 다른 에너지로 변환하는 장치. 공기 진동을 전기 신호로 변환하는 것은 마이크이고, 전기 신호를 음향 신호로 변환하는 것은 스피커이다.

- **병렬 접속 parallel connection**

저항이나 스피커를 서로 연결할 때, +는 +끼리, -는 -끼리 연결하는 방식. 합성 저항 값은 다음 식으로 구한다.

$$\frac{1}{Z_T} = \frac{1}{Z_1} + \frac{1}{Z_2} + \frac{1}{Z_3} + \cdots + \frac{1}{Z_n} \ (\Omega)$$

〈참조〉 직렬 접속

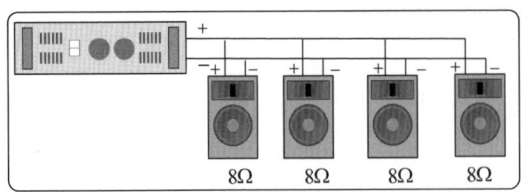

● 보이스 코일 voice coil
코일을 자기 갭속에 설치하고 신호 전류를 흘리면 구동력이 발생되는 스피커의 구동원이다.

● 보조 단자 auxiliary terminal
믹서나 앰프에 부착되어 있는 단자로서 어떠한 라인 레벨 신호도 입력이 가능한 단자이고, aux라고도 한다.
〈참조〉 aux

● 보청기 hearing aid
전기적으로 음을 확성해서 귀에 들려주는 소형 음향 기기이다. 보청기는 마이크-증폭기-이어폰 및 전원 전지로 구성되어 있다. 마이크 대신에 유도 코일이나 FM 수신기를 이용하는 것도 있다.

● 보컬 vocal
가수의 음성, 악곡의 성악부 등의 총칭이다. 또, 밴드 그룹의 가수를 가르키는 경우도 있다.

● 보컬 마이크 vocal microphone
가수나 강연자가 입 가까이에 대고 사용하는 목적으로 만든 마이크이다. 주로 입 가까이 대고 사용하므로 큰 입력에도 왜곡되지 않도록 되어 있고, 근접 효과에 의한 저음 상승 때문에 저역을 roll off 시켜 명료도가 떨어지지 않도록 되어 있다. 그리고 3~5kHz를 부스트하여 명료도를 향상시키고, 고역은 필요하지 않으므로 15kHz 이상부터 roll off 시키고 있다. 발성 시에 바람 잡음의 영향이 적도록 되어 있고, 손에 잡고 사용하므로 기계적인 진동에 의한 잡음(touch noise)이 생기지 않도록 설계되어 있다.

〈참조〉 근접 효과, touch noise

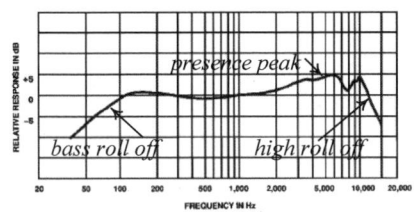

• 보호 회로 protection circuit

앰프의 과부하로 스피커의 파손을 방지하기 위한 회로이다.

• 복조 demodulation

오디오 신호와 반송파로 구성된 전파에서 반송파를 제거하고 오디오 신호만을 추출하는 것

〈참조〉 변조, AM, FM

• 복합음 complex tone

두 개 이상의 순음이 더해진 음을 복합음이라고 한다. 순음 이외의 소리는 전부 복합음이고, 파형은 사인파가 아니고 찌그러진 형태이다.

〈참조〉 순음

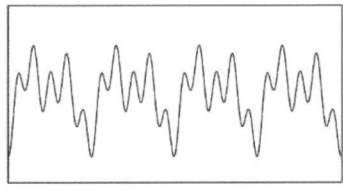

• 복합형 스피커 multi-way speaker

스피커 시스템에서 구경이 큰 스피커는 저음을 재생하고 우퍼(woofer)라고 하며, 중음을 재생하는 스피커는 스쿼커(squawker)라고 하고, 고음

을 재생하는 스피커는 트위터(tweeter)라고 한다. 대부분의 스피커 시스템은 2~3개의 유닛으로 구성된 복합형 스피커이다.

〈참조〉스쿼커, 우퍼, 트위터, squawker, three way speaker, tweeter, two way speaker, woofer

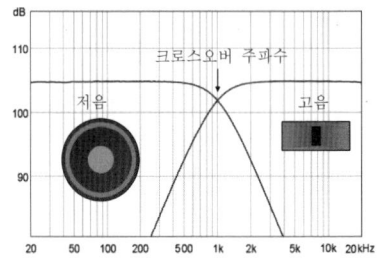 

- **복호** decode

부호화된 데이터를 원래 데이터로 변환하는 것

- **부밍** ☞ booming

- **부스트** ☞ boost

- **부 조정실** sub control room

스튜디오에서 프로그램 수록을 위해 A/V 기기가 설비된 실내로서 프로그램을 제작하는 공간이다.

〈참조〉주 조정실

- **부하** load

전원에 연결하여 어느 기기를 동작시키는 것을 부하라고 한다. 예를 들면 전지는 소스이고, 전지에 연결된 전구는 부하가 된다. 또, 파워 앰프에 연결된 스피커는 앰프의 부하가 된다.

〈참조〉소스

● **부하 임피던스 load impedance**
앰프에 스피커를 접속한 경우에 스피커의 임피던스는 주파수에 따라서 변하고, 부하 임피던스라고 한다.

● **분할 진동 partial vibration**
콘 스피커의 재생 주파수가 높아지면 피스톤의 운동 영역을 넘어가며, 진동판은 일체로 진동하지 않고 콘의 각 부가 따로따로 분할 진동하게 된다. 분할 진동역에서는 응답 특성에 피크와 딥이 많이 발생되며, 왜곡도 증가되고 지향성이 생기게 된다. 콘 스피커에서 분할 진동은 좋은 현상이 아니다.

● **불가청 주파수 inaudible frequency**
귀에 들리지 않는 20Hz 이하의 음파와 20kHz 이상의 음파
〈참조〉 가청 주파수, 초음파, 초저음파

● **불평형형 회로 unbalanced circuit**
신호 회로의 마이너스(-, cold) 측을 어스(earth)와 공통으로 이용하는 회로 방식이다. 외부의 유도 잡음이나 험 등의 영향을 받기 쉽다. 음향 기기나 악기 등에서는 가격이 저렴하므로 불평형형을 사용하는 경우가 많다.
〈참조〉 평형형 회로

● **불평형형 케이블 unbalanced cable**
신호선과 접지선의 2가닥으로 만들어진 케이블
〈참조〉 평형형 케이블

● **불협화음 dissonance**
여러 개의 음이 동시에 울릴 때 조화되지 않은 음의 관계. 장2도, 단2도, 장7도, 단7도, 모든 증음정, 모든 감음정이 불협화음 음정이고, 이것들을 포함한 음정을 불협화음이라고 한다.

• 브리지 접속 bridged connection

2채널 앰프를 모노 앰프로 사용하는 방법이며, 한 채널을 역위상으로 만들어 앰프의 좌우 채널의 단자를 스피커에 접속한다. PA용 파워 앰프의 대부분은 브리지 접속하면 큰 파워를 얻을 수 있다. 브리지 접속하면 이론상으로 1채널 파워의 4배가 되는 파워가 얻어지지만, 실제로는 트랜스의 용량이나 회로의 관계로 2~3배 정도가 된다. 브리지 접속하면 파워가 증가될 뿐만 아니라 힘이 있고 굵은 음이 재생된다.

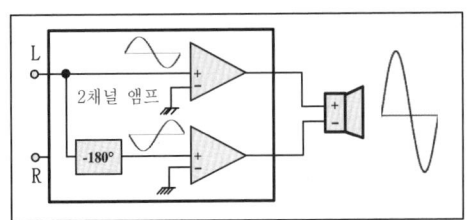

• 블라인드 테스트 ☞ blindfold test

• 블록 다이어그램 block diagram

음향 기기의 복잡한 회로를 각각의 기능이 다른 부분마다 블록화하여 도식화한 것

• 비가역 압축 irreversible compresssion

디지털 신호를 압축한 후에 원래 데이터로 복원할 수 없는 압축 방식. 가역 압축 방식보다 데이터 크기가 작은 것이 장점이다. WMA, AAC, MP3, Dolby digital, DTS digital surround, Dolby digital plus, DTS-HD high resolution 등이 있다.

〈참조〉 가역 압축, 손실 압축, 지각 부호화, AAC, MP3

• 비교 판단 comparative judgment

피험자에게 두 자극을 제시하여 자극 상호 간의 감각적 또는 심리적 속성 상에서의 대소 관계를 비교시키는 판단을 말한다. 일반적으로 20회 테스트하여 15회 이상 정답을 맞추면 일관성있는 판단이라고 인정한다.
⟨참조⟩ 절대 판단

● **비브라토 vibrato**
악기음이나 보컬 음의 음정을 수 Hz 정도의 규칙적인 주파수 변동을 주는 것으로서 일종의 주파수 변조이다. 예를 들면 바이올린에서는 손 끝으로 현의 일정 위치를 누르면서 그 곳을 지점으로 하여 손을 미소하게 진동시켜 주파수를 가변하는 것이다. 보통 기타, 바이올린, 보컬 등에서 사용하는 음악적인 기법이다. 트레몰로가 진폭 변조인 것과 대응된다.
⟨참조⟩ 트레몰로

● **비선형 nonlinear**
출력 신호가 입력 신호에 비례하지 않는 관계
⟨참조⟩ 선형성

● **비선형 양자화 nonlinear quantization**
오디오 신호의 진폭은 시간과 함께 크게 변화되며, 최대 진폭이 장시간 계속되는 파형은 별로 존재하지 않으므로 진폭이 큰 부분은 양자화 폭(양자화 스텝)을 크

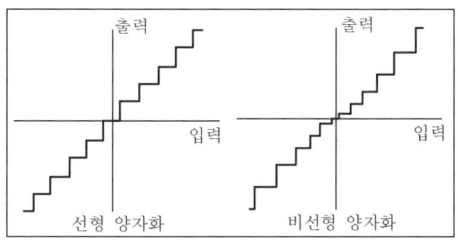

게 해도 사람의 귀에는 부자연스럽게 들리지 않는다. 따라서 진폭의 대소에 따라서 양자화의 폭을 변화시키면, 같은 비트 수로 큰 다이내믹 레인지를 얻을 수 있다. 이것을 비직선 양자화라고 하고, 약간의 왜곡이 허용되는 분야에서는 비트 수를 줄이기 위해서 이용되고 있다. 이것에 대해서 양자화 스텝이 고정되어 있는 양자화를 선형(또는 직선) 양자화라고 한다.

● 비음 nasal sound
입술 또는 구강의 일부를 닫고, 호흡이 비강을 통해서 발음된 소리

● 비트 beat ☞ 맥놀이

● 비트 bit
2진 기수법 표기의 기본 단위이다. 2진 기수법에서는 모든 수를 0과 1로만 표기하는데 0 또는 1을 비트라고 한다. binary digit의 약자이다. CD의 양자화는 16 비트(0이나 1이 16개)이다.
〈참조〉 양자화

● 비트 스트림 bit stream
디지털 신호대로 전송하거나 기록하는 것

ㅅ

● 사각파 square wave

사각형 형태의 파이고, 배음 성분은 홀수 배의 주파수로 구성되어 있다. 배음의 크기는 배음 차수의 역수로 감소된다. 구형파라고도 한다.

〈참조〉 파형

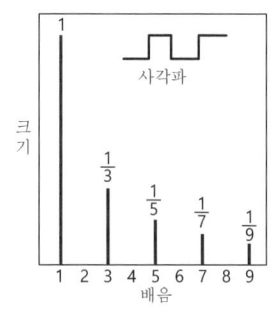

● 사운드 레벨 미터 sound level meter

음압 레벨을 측정하는 기기. 보통 마이크와 측정치 표시기가 일체형으로 되어 있고, 청감 보정 회로가 내장되어 있으며, dB(A), dB(C)를 측정할 수 있다.

〈참조〉 동특성, 청감 보정, dB(A), dB(C)

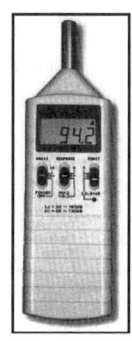 

● 사운드 트랙 sound track
영화의 필름에 음을 기록하는 부분

● 사이드 로브 ☞ side lobe

● 사이드 스피커 side speaker system
홀에서 프로시니엄 좌우 측벽에 설치한 스피커를 말한다.
〈참조〉 스피커 종류

● 사이드 필 스피커 side fill speaker
무대 전체에 소리가 잘 들리도록 무대 가장 자리에 설치하는 모니터 스피커. 연주자의 발 밑에 설치한 스피커를 foot monitor라고 한다.
〈참조〉 스피커 종류

● 사이클 ☞ cycle

● 사인파 sine wave ☞ 순음, 정현파

● 산란 scattering
음파가 입사하는 면이 불규칙하여 한 방향으로 반사되지 않고, 여러 방향으로 흩어져 반사되는 것
〈참조〉 반사

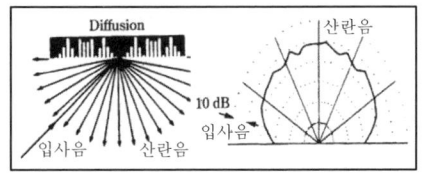

● 삼각파 triangle wave
파형의 형태가 삼각형인 파이고, 배음은 홀수 배의 주파수로 구성되어 있

고, 배음의 크기는 1/9, 1/25, 1/49…로 감소된다.

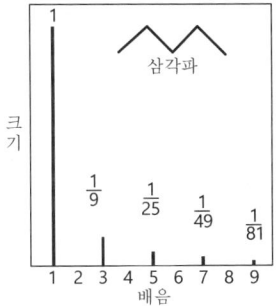

- **삽입형 헤드폰 insert type headphone**

외이도에 삽입하여 듣는 헤드폰이다. 외경 17mm 정도의 초소형 동전형(動電形) 유닛을 사용하고 있다. 구조적으로는 오픈 에어 타입의 헤드폰을 그대로 소형화한 것이다. 직경을 10mm 정도로 하기 위해서는 자기회로도 성능이 좋은 마그네트를 사용한다. 진동판 면적은 작지만 진동판 전면의 공간은 외이도 뿐이므로 높은 음압 레벨을 얻을 수 있다.

〈참조〉 밀폐형 헤드폰, 오픈 에어 헤드폰

- **상관 음원 correlated signals**

여러 개의 음원들이 완전히 같은 파형을 가지고 있는 것. 두 신호의 위상차는 0도이다. 두 음원의 레벨이 같고 상관인 경우에는 음압 레벨의 합은 6dB 증가된다.

〈참조〉 데시벨의 합

● 상관 함수 correlation function

한 신호 또는 두 신호의 시간 영역에서의 상관성을 나타내는 함수로서 자기 상관 함수와 상호 상관 함수의 두 종류가 있다. 자기 상관 함수(auto correlation function)는 파형의 주기성을 알기 위한 것이고, 다음 식으로 정의된다. τ는 지연 시간을 나타내는 lag이다.

$$C_{xx}(\tau) = \int_{-\infty}^{+\infty} x(t)x(t+\tau)dt$$

상호 상관 함수(cross correlation function)는 두 신호의 시간 지연의 측정이나 잡음 중에서 신호를 검출하는데 이용된다. 상호 상관 함수는 다음 식으로 정의된다.

$$G_{xy}(\tau) = \int_{-\infty}^{+\infty} x(t)y(t+\tau)dt$$

만약 두 신호가 완전히 다른 경우에 시간 지연이 생기면 상호 상관 함수는 0이 된다. 또, 피크 값으로 두 신호의 동일성 정도나 한 쪽의 신호가 다른 신호보다 어느 정도 늦은가 빠른가도 알 수 있다.

● 상대 음감 comparative hearing

기준 음과 비교하면서 음의 높이나 길이 등을 식별하는 능력

〈참조〉 절대 음감

● 상수 Q constant Q

이퀄라이저로 어느 특정 주파수를 중심으로 부스트하거나 커트한 경우에 대역 폭이 변하지 않은 것을 말한다. 일반 그래픽 이퀄라이저(non constant Q)는 부스트 정도가 바뀌면 대역 폭도 바뀌지만(variable Q), 상수 Q 이퀄라이저는 일정하다.

〈참조〉 품질 팩터

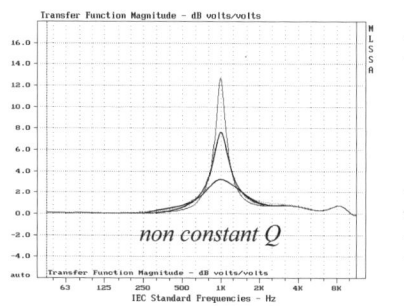 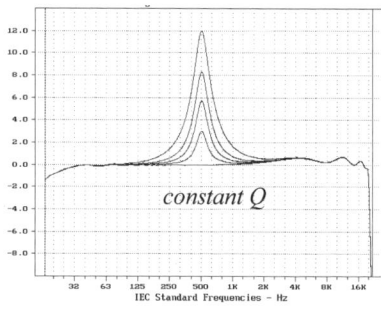

● 상승 rise

① 테이프 리코더나 레코드 플레이어를 시작하여 정상적인 속도가 될 때까지의 과정을 말한다.
② 소리가 나오기 시작하여 일정 레벨에 도달하기까지의 과정. 이 시간을 상승 시간이라고 하고, 짧을수록 상승 특성이 좋다고 표현한다.

● 상승 시간 rise time

① 시스템에 스텝(step) 신호를 입력하고 나서 시스템의 출력이 최대 값의 10%에서 90%까지 도달하는데 걸리는 시간을 의미한다.

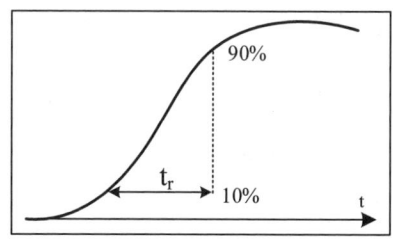

② 악기 음이 발생되고 나서 최대 음량이 되는데까지 걸리는 시간
〈참조〉 attack

● 상호 상관 함수 crosscorrelation function ☞ 상관 함수

● 색청 coloured hearing
음 자극에 대해서 색각 반응이 생기는 현상. 음 자극에 대해서 색청이 생기는 경우는 드물지만, 눈을 감고 음악을 들으면 보통 사람들에게도 색청 현상이 나타나는 경우가 있다.

● 샘플링 sampling
연속적인 아날로그 신호를 디지털 신호로 변환하기 위해서 일정 시간 간격으로 데이터를 추출하는 것. 샘플링 개수가 많을수록 원래 아날로그 신호와 유사하다.
〈참조〉 샘플링 주파수, PCM

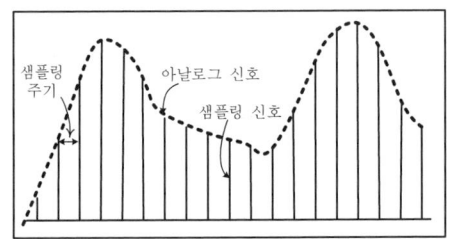

● 샘플링 이론 sampling theorem
아날로그 신호를 디지털 신호로 변환할 때, 원래의 아날로그 신호 정보가 손실되지 않고 완전히 변환되도록 하기 위한 조건을 나타내는 이론이다. 아날로그 신호에 포함된 최고 주파수의 2배 이상의 주파수로 샘플링하면, 원래의 신호는 완전하게 복원할 수 있는 것을 말한다. 40kHz로 샘플링하면 20kHz까지 재생된다.

● 샘플링 주파수 sampling frequency
아날로그 신호를 디지털화 하기 위해서 아날로그 신호에서 1초 동안에 샘플링하는 개수를 말한다. 샘플링 주파수가 48kHz라는 것은 1초 동안에 48,000개 데이터를 추출하는 것을 말한다. 샘플링이 많을수록 아날로그 파형과 비슷해진다. 이론적으로 샘플링 주파수의 1/2까지 아날로그 신호가 완전하게 재생된다. Nyquist frequency라고도 한다.

● **생음** live sound
녹음된 테이프 등에 의한 재생음이 아니고, 실제로 효과음 도구를 이용하여 효과음을 만들어 내는 것을 말한다. 또, 배우의 대사나 가수의 노래를 확성하지 않은 경우도 생음이라고 한다.

● **서라운드 마이크** surround microphone
5.1 채널 서라운드 신호를 한 지점에서 픽업하는 마이크 방식

● **서라운드 시스템** surround system
서라운드는 '포위하다', '둘러싸다' 라는 의미이다. 영화의 음향 방식으로 객석을 둘러싸도록 벽면에 설치한 스피커에서 효과음 등을 재생하는 시스템을 말한다.
〈참조〉 5.1 채널 서라운드

● **서브소닉 필터** subsonic filter
서브소닉이란 들리지 않는 낮은 음을 말하고, 20Hz 이하의 신호를 차단하는 필터이다.

● **서브우퍼** subwoofer
30~120Hz의 초저음 대역을 재생하는 스피커
〈참조〉 subwoofer

● **서스테인** sustain
음이 발생되어 어택 부분에 이어서 레벨이 일정하게 유지되는 구간. 서스테인 이후에는 음이 감쇠되는 과정으로 이어진다.
〈참조〉 엔벌로프

- **서스펜션 마이크** ☞ suspension microphone

- **선 스펙트럼 line spectrum**

지속적인 사인파는 하나의 선 스펙트럼으로 나타나지만, 시간창(윈도우)을 곱하여 단시간 파형으로 만들면 폭을 가지는 스펙트럼이 되고, 사이드 로브가 생긴다.

〈참조〉 스펙트럼, 시간 창, side lobe

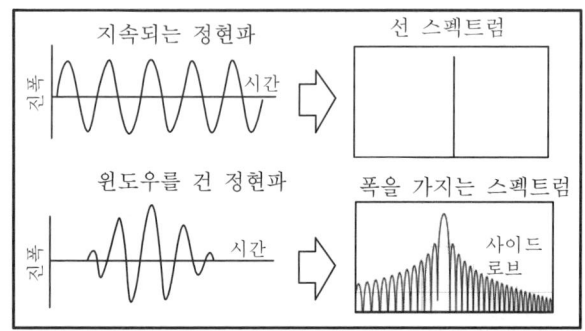

- **선율 melody**

음악을 구성하는 요소 중의 하나. 음의 움직임을 담당하고, 리듬과 불가분의 관계가 있으며, 선율=음의 움직임(motion)+리듬이라고 생각할 수 있다. 음악 작품은 하나의 선율만으로 구성된 단선율(monophony) 음악과 2개 이상의 선율로 구성된 폴리포니(polyphony) 음악, 화성을 붙인 호모포니(homophony)의 3장르로 구분할 수 있다.

- **선 음원 line sound source**

일직선상에 음향 파워가 같은 무수한 점 음원이 틈이 없이 늘어서 있는 음원이다. 많은 자동차가 정상 주행하고 있는 고속 도로나 궤도 가까이에서 본 열차 등은 근사적으로 선 음원으로 간주한다. 선음원에서 방사된 음은 원통형으로 확산되어 전파되므로 음압 레벨은 음원부터 거리에 반비례하여 감쇠된다. 즉, 선 음원의 음압 레벨은 선음원 길이의 1/3까지는 거리가 배가 될 때마다 3dB씩 감쇠되고, 그 이상의 거리에서는 6dB 씩 감쇠된다.

〈참조〉 면음원, 점음원

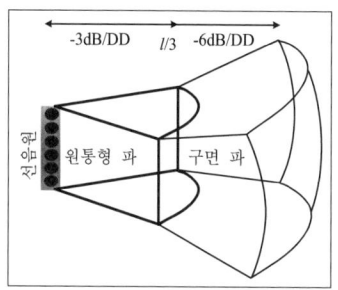

- **선행음 효과 precedent effect**

여러 개의 음이 도달할 때, 귀에 가장 먼저 도달한 음 쪽에 음상이 정위되는 현상을 말한다. 이 효과는 10~20ms 지연된 음이 직접 음보다 10dB 정도 높아도 성립된다. 그림에는 반사음의 지연 시간에 따라 선행음 효과가 성립되는 레벨을 나타낸다. 이 현상의 발견자의 이름을 따서 하스(Haas) 효과라고도 한다.

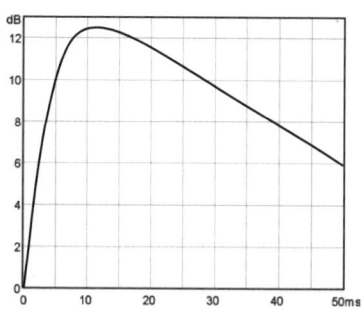

- **선형성 linearity**

회로 소자의 입력 전압과 출력 전압 사이에 완전한 비례 관계가 있는 것을 선형성이라고 한다. 이 관계를 식으로 나타내면 직선 방정식이 되므로 명명된 이름이다. 입력과 출력이 비례 관계라고 하는 것은 입력 파형과 출력 파형이 완전히 같고, 왜곡이 없다. 이 관계가 성립되지 않은 경우에는 비선형(nonlinear)이라고 한다.

〈참조〉 비선형

● **선형 시불변 linear time-invariant**
입출력 관계가 선형이고, 시간에 따라서 특성이 변하지 않은 시스템

● **선형 양자화** ☞ 비선형 양자화

● **선형 왜곡 linear distortion**
선형 시스템에서 전달 함수의 크기나 위상이 주파수에 따라서 일정하지 않을 때 생기는 왜곡

● **선형 위상 특성 linear phase response**
모든 주파수에서 위상 차가 0도인 특성

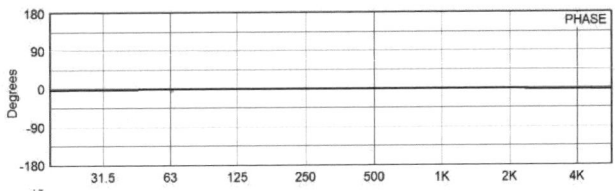

● **센트** ☞ cent

● **성문 voice print**
음성의 스펙트로그램을 나타내는 방법으로서 세기의 등고선으로 나타내는 음성의 스펙트럼 변화 패턴

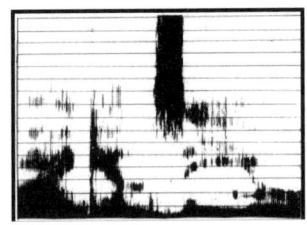

- **성악가 포먼트 singer's formant**

남자 오페라 가수 중에서 2500~3000Hz 주파수 대역이 강하게 나타나는 포먼트. 귀에 민감한 대역이므로 다른 악기 음에 마스킹되지 않고, 청취자에게 잘 전달된다.

- **소나 SONAR**

sound navigation and ranging의 약자이며, 수중을 전반하는 음파를 이용하여 깊이, 거리, 위치 측정이나 통신 항해 및 물체를 탐지하는 것

- **소스 source**

두 개의 기기가 연결되어 있을 때 신호를 공급하는 쪽을 소스라고 하고, 소스에 연결되어 있는 기기를 부하라고 한다.

〈참조〉부하

- **소음 noise**

원하지 않은 음(unwanted sound)의 총칭으로서 아주 주관적인 것이다. 어느 음에 집중하여 들을 때, 그 음 이외의 소리는 전부 소음이 된다. 예를 들면, 아무리 아름다운 음악이더라도 관심이 없는 사람에게는 소음이 된다.

〈참조〉배경 소음, 잡음

- **소음성 난청 noise deafness**

음향 자극에 의해 생기는 난청의 총칭이다. 단시간의 강한 소음에 노출되어 돌발적으로 발생되는 음향 외상, 장시간 소음 폭로에 의해서 발생되는 돌발 소음성 난청, 장시간 소음 폭로 중에 서서히 진행되는 만성 소음성 난청으로 구별된다.

〈참조〉난청, 영구 청력 손실

● 속도 velocity
물체가 단위 시간당 움직인 거리 및 방향을 의미하며, 벡터(vector) 양이다. 단위는 m/sec를 사용한다.
〈참조〉 속력

● 속력 speed
물체가 단위 시간당 움직인 거리를 나타내며, 방향을 포함하지 않은 스칼라(scalar) 양이다. 단위는 m/sec를 사용한다.
〈참조〉 속도

● 손실 압축 lossy compression
청각으로 지각되지 않은 신호를 삭제하여 음원의 음질을 손상시키지 않고 데이터 크기를 줄이는 것이다. 압축한 신호는 원래 신호로 복원할 수 없다.
〈참조〉 비가역 압축, 지각 부호화

● 솔로 ☞ solo

● 수동 네트워크 필터 passive network filter
저항 R, 인덕턴스 L, 콘덴서 C로 구성된 스피커 네트워크 필터
〈참조〉 능동 네트워크 필터

● 수동 소자 passive device
전자 회로를 구성하는 부품 중에서 저항, 콘덴서, 코일과 같이 외부 전원이 없어도 동작하는 부품이다. 이에 대해서 트랜지스터나 IC와 같이 외부 전원이 필요한 부품을 능동 소자라고 한다.
〈참조〉 능동 소자

- **수동 이퀄라이저 passive equalizer**

트랜지스터나 연산 증폭기를 사용하지 않고 수동 소자로 구성된 이퀄라이저. 전원은 필요없지만, 이것을 삽입하면 2~3dB의 손실이 생기고 출력 레벨이 낮아진다.

- **수동 필터 passive filter**

저항 R, 인덕턴스 L, 콘덴서 C의 조합으로 구성된 필터이고, 전원이 없이 동작된다. RLC 필터라고도 한다.
〈참조〉능동 필터

- **수중 마이크 hydrophone**

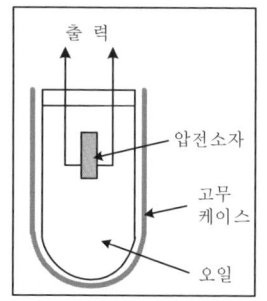

수중 마이크는 공기 중의 진동이 아니고, 액체의 진동 에너지를 전기 에너지로 변환하는 것이다. 구조는 여러 가지 제한 조건으로부터 압전형이 많다. 압전형이라고 해도 일반적인 마이크에서 사용되고 있는 로셀염은 방수 문제로 사용되지 않으며, 티탄산바륨 등이 변환 소자로서 사용되고 있다. 공기 중에서 사용하는 마이크는 직접 진동체가 공기에 닿고 있지만, 수중 마이크는 고무나 유기 플라스틱계 재료, 기름 등이 진동 매체로서 사용되고 있다. 수중 픽업은 음속이 공기 중에서보다도 약 4배 정도 빠르고, 수심이 깊어지면 수압이 강해지므로 음색이 변하는 경우도 있다. 또, 수중에는 배경 소음이 공기 중에서 보다 약 20dB 정도 더 높아서 수중의 독특한 잡음이 들리므로 픽업 후에는 이퀄라이저를 사용하여 보정해야 한다. 수중 마이크는 주로 어군 탐지나 군사용 등으로 사용된다.

- **순음 pure tone**

하나의 주파수를 갖는 진폭이 일정한 음으로서 한 개의 선 스펙트럼으로 표시되며, 파형은 정현파이다.
〈참조〉 복합음, 정현파

● **슈퍼 카디오이드 super-cardioid** ☞ 초지향성 마이크

● **소리 그늘 sound shadow**
음파의 전반중에 큰 물체의 뒤에서는 음이 감쇠되어 들리지 않은 부분을 말하고, 장해물보다 짧은 파장의 음은 소리 그늘이 생긴다.

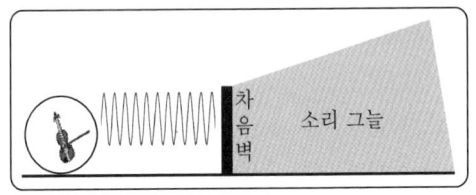

● **쉘빙 이퀄라이저 shelving equalizer**
이퀄라이저의 레벨을 변화시키는 방법으로 어느 주파수를 경계로 그 이상 또는 이하의 대역을 조정하는 형태이다. 부스트된 주파수 특성의 곡선이 선반과 같은 형태인 이퀄라이저이다. 보통 저음과 고음의 주파수를 변화시키는데 사용한다.
〈참조〉 피킹 이퀄라이저, 톤 컨트롤, tone control

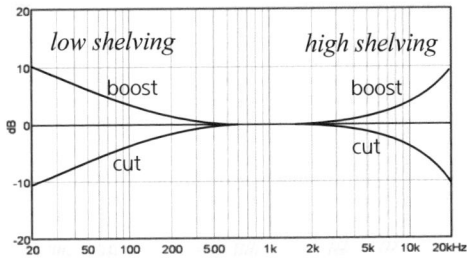

● **스펙트럼 spectrum**
복합음은 여러 개의 순음이 더해진 음이고, 각각의 순음의 주파수와 크기를 가로 축에는 주파수를 나타내고, 세로 축에는 음압 레벨[dB]을 나타낸

것을 말한다.

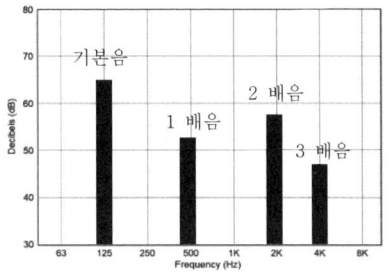

- **스플릿 콘솔 split console**

입력, 출력, 모니터 계통의 각 섹션을 분리한 형식의 믹서. 각 모듈이 단순하므로 조작이나 신호 경로가 이해하기 쉽고, 신호 경로가 단순하므로 SR용으로 적합하다. 그러나 다 채널화 하는데는 크기가 커지고 비용이 많이 들므로 확장성은 좋지 않다.

〈참조〉 인라인 콘솔

- **스피커 speaker**

Loudspeaker 약자로서 확성기를 의미한다. 전기 신호를 음향 신호로 변환하는 음향 기기이다. 일반적으로 재생 주파수 대역, 왜곡, 지향 특성, 정격 입력, 능률, 과도 특성 등으로 성능을 평가한다.

〈참조〉 복합형 스피커, 인클로저

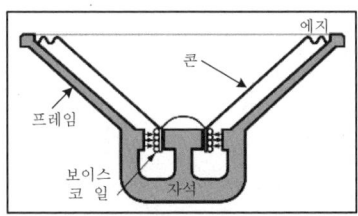

- **스피커 감도 speaker sensitivity**

스피커에 일정한 전기 신호를 인가할 때, 어느 정도 음압 레벨이 재생되는가를 나타내는 것이 감도이다. 무향실 내에서 1W의 신호를 스피커에 인가하고, 스피커의 정면 축상 1m 떨어진 장소에서의 음압 레벨을 측정하여 표기한다. 감도 표시는 90dB/W・m와 같이 표기한다.

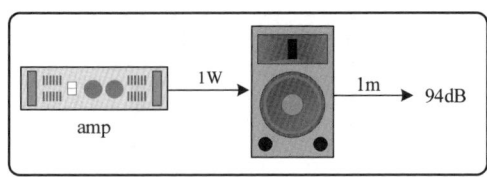

- **스피커 레벨 speaker level** ☞ 신호 레벨

- **스피커 분산 배치 방식 distributed loudspeaker system**
천장이 낮은 실내에서 균일한 음압 레벨을 얻기 위하여 천장이나 벽에 스피커를 분산시켜 배치하는 방식
〈참조〉 스피커 집중 방식, 스피커 혼합 방식

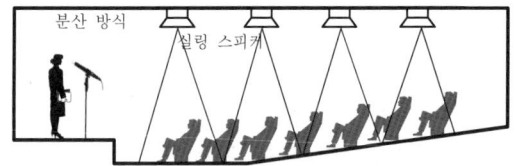

- **스피커 임피던스 speaker impedance**
스피커가 가지고 있는 전기 저항이며, 단위는 Ω(Ohm)이다. 임피던스는 전류 흐름의 어려운 정도를 나타내는 수치이며, 숫자가 클수록 전류가 흐르기 어렵고, 적을수록 전류가 흐르기 쉬워진다. 임피던스는 주파수에 따라서 그 값이 연속적으

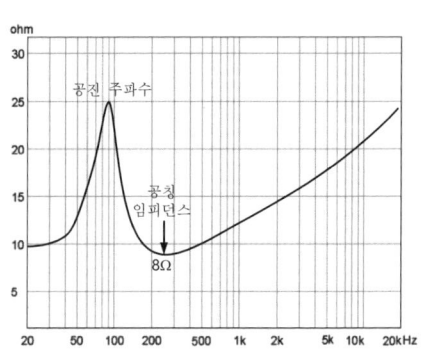

로 변한다. 임피던스 값이 가장 높은 주파수를 공진 주파수라고 하고, 스피커의 저음 재생 한계 주파수이며, 진동판을 손으로 가볍게 두드릴 때 나는 '붕붕' 하고 울리는 주파수 음이다. 공진 주파수를 지나 임피던스가 가장 낮아지는 주파수에서 값을 공칭 임피던스(norminal impedance)라고 한다. 그림의 예에서는 8Ω이 공칭 임피던스이다.

● 스피커 정격 입력 레벨 rating input level
연속적으로 스피커에 신호를 입력해도 이상음이 발생되지 않거나 파손되지 않는 입력 레벨을 말한다. 백색 잡음 신호를 규정된 필터를 통해서 스피커에 96시간 가하여 이상이 생기지 않을 때의 레벨을 최대 입력 레벨이라고 한다.

● 스피커 종류
홀에서 스피커의 부착 위치에 따른 명칭은 그림과 같다.

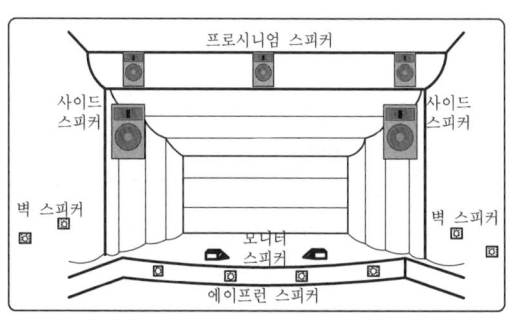

● 스피커 지향각 loudspeaker beam width
스피커 정면 축의 음압 레벨보다 -6dB 작아지는 양방향의 벌어진 각도를 지향각이라고 한다. 그림의 지향 특성의 예에서 지향각은 99도이다. 지향각이 좁은 것은 원거리용으로 사용하고, 넓은 것은 근거리용으로 사용한다.
〈참조〉 지향 주파수 특성

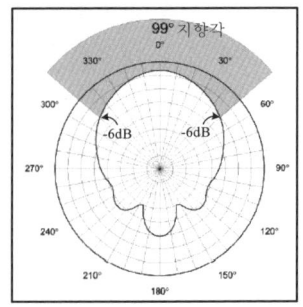

- **스피커 집중 배치 방식 concentrated loudspeaker system**

무대 좌우에 스피커를 배치하는 방식

〈참조〉 스피커 분산 방식, 스피커 혼합 방식

- **스피커 컨트롤러 speaker controller**

스피커 컨트롤러는 능동 소자로 구성된 필터이다. 기능에는 크로스오버 주파수 설정 기능, 저음과 고음 필터 기능, 위상 반전 기능, 유닛의 레벨 조정 기능 등이 있다.

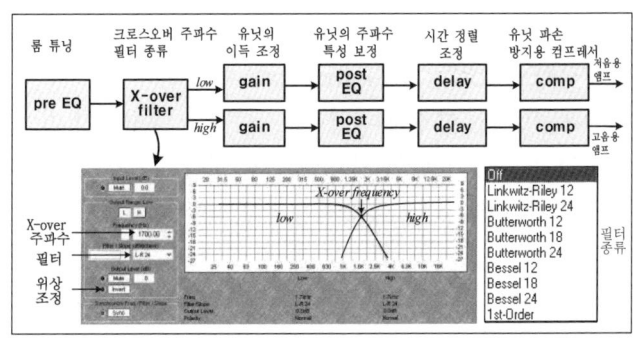

• **스피커 혼합 배치 방식 hybrid loudspeaker system**
실내의 잔향 시간이 길어서 명료하지 않은 원거리에 보조 스피커를 설치하거나 발코니 아래와 같이 메인 스피커가 커버되지 않은 좌석에 보조 스피커를 설치하는 방식
〈참조〉 스피커 집중 배치 방식, 스피커 분산 배치 방식

• **스쿼커 squawker**
복합형 스피커에서 중음 재생용 스피커 유닛
〈참조〉 우퍼, 트위터

• **스테레오** ☞ 스테레오포니

• **스테레오 마이크 stereo microphone**
한 지점에서 2채널 스테레오를 픽업하기 위해서 구성된 마이크
〈참조〉 A-B stereo mic, M-S stereo mic, X-Y stereo mic

• **스테레오포니 stereophony**
약해서 스테레오라고 하고, 입체 음향을 말한다. 본래 연주회장의 음향 분위기를 그대로 재현하기 위한 시스템이다. 여러 개의 채널로 녹음하여 멀티 채널로 재생하는 것이고, 잔향감과 방향감의 효과가 얻어지며, 다이내믹 레인지가 넓어진다. 또, 깊이감, 확산감, 이동감, 음상이 정위되는 효과가 있다. 2채널 스테레오와 5.1 채널 스테레오가 표준화되어 있다.
〈참조〉 모노럴, 입체 음향, 5.1 채널 서라운드

• **스텝 신호 step signal**
어느 순간 이후에서 1이 되는 신호

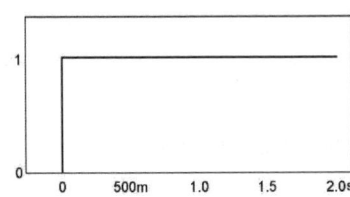

● **스텝 리스폰스 step response**

스텝 신호를 입력하여 관측한 특성으로서 유닛 간의 시간 정렬 상태 (time coherence)를 알 수 있다. 유닛 간의 시간 정렬이 된 스피커 시스템의 스텝 리스폰스는 삼각파 형태가 된다.

〈참조〉 step response

● **슬루율 slew rate**

앰프가 입력 신호의 변화에 얼마나 빠르게 반응하는가의 속도를 나타내는 척도이다. 슬루율은 100만분의 1초에 달하는 전압을 측정한다. 앰프의 슬루율은 고출력 레벨에서 과도음의 추종 속도를 나타낸다. 급격히 상승하는 악기음의 과도음은 피크에서 발생되고, 여기에서 전력 소모가 가장 크므로 앰프의 중요한 특성이

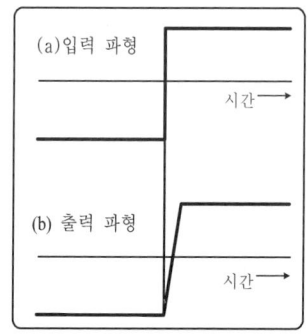

다. 예를 들어 앰프에 신호의 변화가 급격한 계단파가 입력되는 경우에 앰프는 이 급격한 신호 변화에 추종하려고 하지만, 실제로는 회로 고유 특성 때문에 앰프는 입력 신호보다 늦게 출력된다. 그 결과 출력 파형은 그림과 같이 기울기가 있는 경사파 파형(ramp wave)이 나타나게 된다. 경사파 출력 전압의 기울기가 앰프의 슬루율(V/μs)이다.

● **시간 마스킹** ☞ 마스킹

● **시간 정렬 time alignment**

멀티 웨이 스피커에서 각 스피커 유닛의 음향 중심을 일치시키는 것

〈참조〉 스텝 리스폰스, 얼라인먼트, step response

● **시간 중심 center time**

실내의 음향 상태를 나타내는 지표의 하나로서 반사음 패턴의 모멘트에

착목한 것이다. 주관적인 울림의 양과 상관이 높다.

$$t_s = \int_0^\infty t \cdot p^2(t)dt / \int_0^\infty p^2(t)dt$$

• 시간 창 time window

음향 신호를 FFT 분석할 경우에 FFT 연산에 필요한 데이터 수는 유한 개이므로 시간 축 신호를 어느 구간 T만 잘라내어 그 부분만을 연산하는 방식을 취하고, 이것을 시간 창(또는 윈도우)이라고 한다. 구형 윈도우(rectangular window)는 윈도우 시간 T 범위 내에서 주기화 신호는 완전하게 감쇠되므로 과도 신호에 대해서 최적이다. 그러나 일반적으로 신호는 완전한 주기 신호는 아니므로 적절한 창 함수를 이용하여 처리해야 한다. 시간 창의 종류는 Blackman 윈도우, Hamming 윈도우, Hanning 윈도우, Kaiser 윈도우, Triangular 윈도우가 있다. 표에는 각 시간 창의 특징을 나타낸다.

⟨참조⟩ side lobe

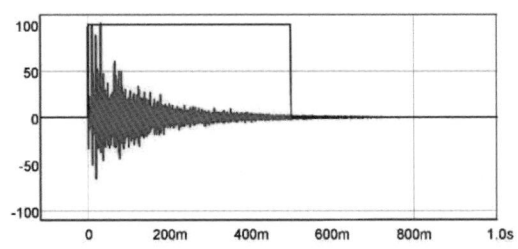

윈도우	주파수 해상도	진 폭 해상도	사이드 로브	특징 및 응용
Blackman	fair	good	excellent	사이드로브가 가장 적다. 왜곡 측정에 활용
Hamming	fair	fair	fair	오디오 데이터 측정
Hanning	fair	excellent	excellent	왜곡 및 잡음 측정
triangular	fair	fair	poor	rectangular보다 사이드로브가 적다.
rectangular	fair	poor	poor	피크는 샤프하지만, 사이드 로브가 많다. 고해상도 주파수 특성 측정에 활용

- **시정수 time constant**

초기 전류가 정상 상태의 63%에 도달하는 시간을 의미한다. 저항(R)과 콘덴서(C)로 구성된 회로의 시정수는 RC(s)이며, 저항(R)과 코일(L)로 구성된 회로의 시정수는 L/R(s)이다.

- **신시사이저 synthesizer**

음의 파형(진폭 엔벌로프), 스펙트럼, 주파수 등을 자유롭게 제어하여 다양한 음색의 음을 발생시키는 기기

- **신장기 expander**

낮은 레벨의 신호를 더 낮추어 다이내믹 레인지를 넓히는 효과기
〈참조〉 익스팬더

- **신호 대 잡음 비 signal to noise ratio**

정격 출력 레벨과 잡음 레벨과의 대수 비이다.

$$SNR = 20 \log \frac{\text{정격 출력 레벨}}{\text{잡음 레벨}} \ [dB]$$

이 값이 클수록 잡음이 적고, 좋은 성능을 나타낸다. 카세트나 아날로그 음향 기기의 S/N 비는 50~60dB 정도이지만, CD, DAT 등 디지털 기기의 S/N 비는 96dB이다.
〈참조〉 다이내믹 레인지

● **신호 레벨 signal level**

신호 레벨은 마이크 레벨, 라인 레벨, 스피커 레벨로 나누어진다.

volt	dBV	dBu	
100	+40.0	+42.2	··········
10	+20.0	+22.2	speaker level
1	0	+2.2	··········
0.1	-20	-17.8	line level
0.01	-40	-37.8	··········
0.001	-60	-57.8	mic level
0.0001	-80	-77.8	··········
0.00001	-100	-97.8	analog noise
0.0000001	-120	-117.8	··········
0.00000001	-140	-137.8	digital noise

● **실내 정수 room constant**

실내 울림의 정도를 나타내는 척도이다. 실내 정수가 작으면 live 음장이며, 실내 정수가 크면 dead 음장이다. R=∞는 완전 흡음 상태이며, 자유 음장에 해당된다. 여기에서 S는 실내 표면적, $\bar{a}$는 평균 흡음률이다.

$$R = \frac{S\bar{a}}{1 - \bar{a}}$$

● **실드 선 shield cable**

신호를 전송하는 절연 케이블 심선의 외측에 망을 피복한 선으로 외부 유도 잡음을 차폐하거나 외부로 신호가 누설되지 않도록 하기 위한 케이블이다. 마이크와 같이 임피던스가 높고 낮은 레벨의 신호를 전송하는데 사용한다. 신호선과 피복 도선 간의 선간 용량에 의해 고역 차단 회로가 되는 특성이 되므로 임피던스가 낮은 스피커 케이블로는 사용하지 않는다. 단심 실드 선과 2심 실드 선이 있다.

〈참조〉차폐

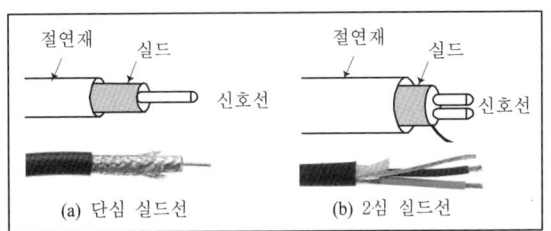
(a) 단심 실드선   (b) 2심 실드선

● **실시간 분석기** ☞ real time analyzer

● **실효 값 root mean square**

교류 신호의 실질적인 에너지를 표현하기 위해 사용되며, 교류의 실효 값은 직류 전압과 같은 파워를 내는 값을 말한다. 예를 들어 최대치가 141V인 교류는 직류 100V와 같은 파워를 내는 것이다. rms(root mean square)라고 하고, 사인파 신호의 제곱의 시간 평균치의 평방근으로 구한다. 사인파의 실효값는 최대값의 0.707배이다. 사인파 이외의 신호의 rms는 실측하여 구해야 한다.

$$V_{rms} = \sqrt{\frac{1}{T}\int_0^T (V_p \sin t)^2 dt} = \frac{V_p}{\sqrt{2}} = 0.707 V_p [V]$$

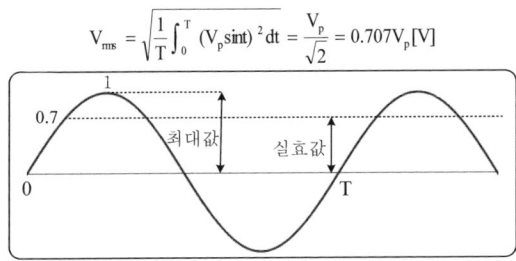

● **실효 출력 rms output**

파워 앰프 출력에 스피커를 연결하여 연속적으로 공급할 수 있는 파워를 말하고, rms(root mean square) 출력이라고도 한다.

● **심벌 symbol**

전자 소자를 기호로 나타낸 것

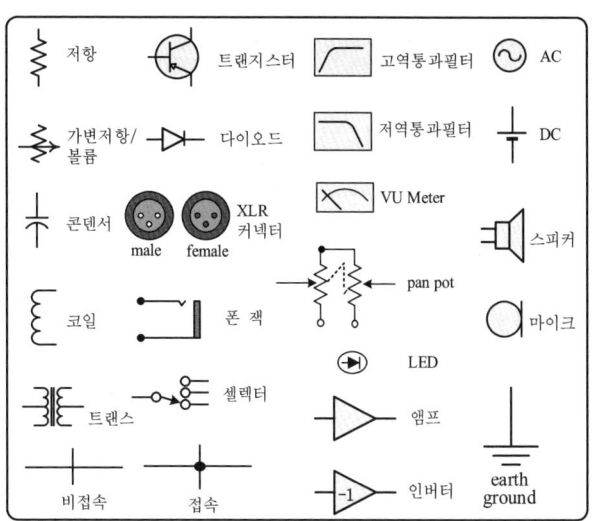

- **아날로그 analog**

시간에 따라 연속적으로 변하는 신호이다.

〈참조〉 디지털

- **아날로그 클리핑 analog clipping**

음향 기기의 최대 입력 레벨보다 큰 신호가 입력될 때, 신호의 최대치가 잘리는 상태를 말한다.

〈참조〉 고조파 왜곡, 디지털 클리핑, 왜곡, 클리핑

- **아카펠라** ☞ a capella

- **안전 확성 이득 stable acoustic gain**

음향 시스템을 하울링이 생기는 레벨보다 6dB 낮게 레벨을 설정한 상태에서 마이크 앞 50cm 지점에서 핑크 잡음을 재생하여 마이크 앞에서 측정한 음압 레벨과 객석 중앙에서 측정한 음압 레벨과의 차이이다. 보통 마이크 앞에서 음압 레벨이 80dB가 되도록 측정한다. 예를 들어 마이크 위치에서 음압 레벨이 80dB이고, 객석에서의 음압 레벨이 75dB이면 안전 확성 이득은 -5dB이다. 안전 확성 이득의 목표치는 -10dB 정도이다.

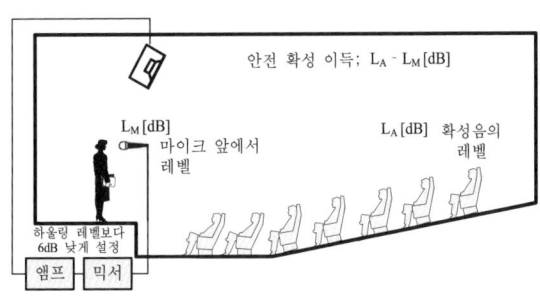

● 알토 Alto
① 여성의 소프라노에 비해 낮은 음역. 음역은 보통 G^3 음에서 F^5 음까지이다.
② 클라리넷과 색소폰에서 위에서 제3~4 번째 음역을 맡은 악기. 4도를 전후로 해서 소프라노 악기보다 낮거나 테너 악기보다 높은 것을 말한다.

● 앙상블 ensemble
악기에서 소 인원으로 구성된 중창이나 중주를 말하고, 또는 그 그룹을 말한다. 넓은 의미로는 연주의 균형이 잡혀 있는 경우에 앙상블이 좋다고 하기도 한다.

● 앙코르 encore
'다시'라는 의미이다. 음악회에서 모든 연주가 끝난 뒤에 박수로 불러 내어 다시 연주를 요청하는 것이다.

● 약음기 mute
나무, 목재 등으로 만들어진 3개의 다리를 가진 형상의 기구. 바이올린 족의 브리지에 부착하면 질량이 가해져서 울림통으로 진동의 전달이 어려워지므로 음량이 작아진다.

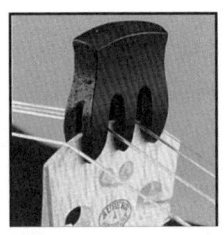

● 양립성 compatible
호환성이 있다는 의미로서 두 가지의 조건을 동시에 만족하는 것을 말한다. 예를 들면, FM 스테레오 방송에서는 스테레오 수신기와 모노 수신기가 동시에 수신 가능하므로 양립성 방송이라고 한다.

● 양자화 quantization
샘플링은 일정 시간마다 아날로그 신호를 추출하는 과정이고, 양자화는 샘플링된 음의 크기를 잘게 나누어 수치화 하는 것을 말한다. CD는 16 비트로 양자화 한다. 16 비트는 0과 1의 숫자가 16개이며, 가장 작은 값은 [0000000000000000]이고, 가장 큰 값은 [1111111111111111]이 된다.
〈참조〉 샘플링

● **양자화 잡음** quantization noise

아날로그는 연속적인 신호이지만, 디지털화 할 때에 수치로 변환하는 과정에서 계단 모양의 파형이 되고, 이 계단 모양의 형상과 원래의 아날로그 신호와의 차이가 양자화 잡음이다. 양자화 비트 수가 많을수록 양자화 잡음이 적어진다.

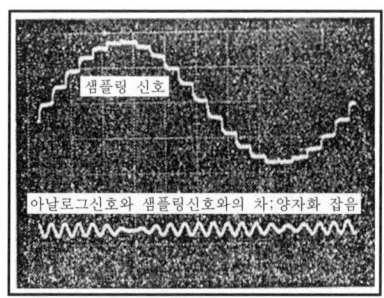

● **양 지향성 마이크** bi-directional mic

마이크의 정면과 후면의 음을 동일하게 픽업하고, 측면의 감도가 낮은 지향성을 말한다. 8자형(figure of eight)의 지향성을 갖는다.
〈참조〉 단일 지향성 마이크

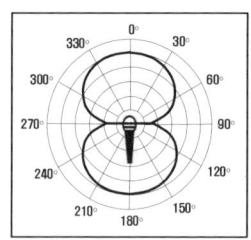

● **앰비언스** ambience

음에 둘러 쌓여 있는 듯한 현장감을 말한다.

- **앰프 amplifier**
작은 신호를 크게 하는 증폭기. 프리 앰프와 파워 앰프가 있다.
〈참조〉 파워 앰프, 프리 앰프

- **어드미턴스 admittance**
임피던스의 역수, $Y=1/Z$
〈참조〉 임피던스

- **어레이 array**
배열, 정렬의 의미이다. 넓은 청취 영역을 커버하거나 높은 음압 레벨을 얻기 위하여 여러 개의 스피커를 조합하여 배열한 스피커 시스템을 말한다.

- **어스 earth**
영국에서는 earth, 미국에서는 ground라고 한다. 지구 또는 지면을 의미하며, 전기 분야에서는 지면을 기준 전위로 보고, 전기 회로의 기준 전위부를 지면에 접속하여 지표면의 전위와 같게 하는 것을 어스한다고 한다. 음향 기기에서는 앰프의 새시를 대지(기준 전위)로 간주한다. 음향 시스템의 어스가 불완전하면 험이 발생되고, 이 경우에는 앰프의 새시를 대지에 접속하면 된다. 음향 시스템의 험 잡음의 대부분은 어스 처리가 부적절한 것이 원인이다. 각 기기는 어스에 대해서 같은 전위이어야 하고, 어스 포인트로부터 각 기기에 개별로 어스 선을 연결하는 것이 원칙이다.
〈참조〉 험 잡음

- **어택** ☞ attack

- **어택 타임** ☞ attack time

- **얼라인먼트 alignment**
복합형 스피커에서 각 유닛으로부터 방사된 음이 청취 지점에 도달하는 시간 차가 나면, 콤필터 왜곡에 의해 주파수 특성에 피크와 딥이 생기게 된다. 따라서 도달 거리가 가장 짧은 스피커를 지연시켜 모든 유닛의 음이 동시에 도달하도록 맞추는 것을 말한다.
〈참조〉시간 정렬

● 업라이트 피아노 upright piano
피아노 현이 수직으로 늘어져 있는 소형 피아노
〈참조〉그랜드 피아노

● 에어 모니터 air monitor
① 홀에서 객석 공간의 음향 상태를 체크하기 위한 시스템이다. 일반적으로 객석 천장에 마이크를 매달아 픽업한다.
② 방송 전파를 모니터하여 실제로 방송되고 있는 프로그램을 감시하는 것을 말한다.

● 에이프런 스피커 ☞ apron speaker

● 에지 edge
스피커의 진동판을 지지하는 주변 부를 말한다. 진동판의 전후 운동을 보조하고, 상하 좌우 방향의 유해한 진동을 억제하는 기능을 가지고 있으므로 움직이기 쉬운 재료와 형상으로 만든다. 진동판과 같은 재료로 일체형으로 되어 있는 것을 고정 에지(fixed edge), 우레탄이나 고무와 같이 별도의 재료로 만들어진 에지를 자유 에지(free edge)라고 한다.
〈참조〉고정 에지, 자유 에지

• 에코 echo

반사음 패턴에서 시간이 경과하면, 일반적으로 반사음 레벨이 점점 줄어들지만, 그림과 같이 어느 시점에서 반사음이 크게 나타나서 직접음과 분리되어 들리는 반사음을 에코라고 한다. 에코는 음성 청취에 방해되고 명료도를 저하시키는 원인이 된다. 직접음과 반사음의 시간 차가 50ms (1/20초) 이상이면 에코로 지각된다. 따라서 직접음과 반사음의 경로차가 17m 이상이 되면, 도달 시간차도 50ms 이상이 되고 에코로 지각된다. 그러나 시간 차만으로 에코 여부를 판정할 수 없고, 반사음의 레벨에 따라서도 에코의 지각 정도가 달라진다.

〈참조〉 잔향, long path echo

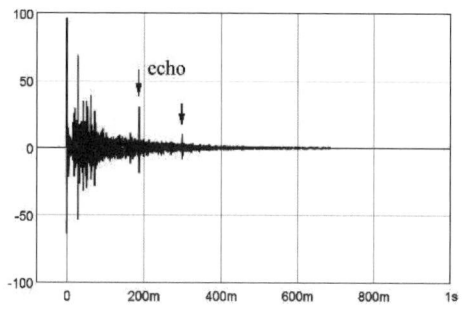

• 에코 타임 패턴 echo time pattern ☞ 반사음 패턴

• 엔벌로프 envelop

시간 축을 따라 음파의 파형의 진폭 값을 연결한 선을 말하고, 어택(attack), 디케이(decay), 서스테인(sustain), 릴리즈(release)의 4부분으로 분류된다. 이것들의 첫 글자를 따서 ADSR이라고도 한다.
피아노 음에서 어택은 건반을 두드리고 나서 최대 레벨이 될 때까지 걸리는 시간, 디케이는 최대 레벨에서 일정한 레벨로 유지되는데까지 걸리는 부분, 서스테인은 디케이 후에 레벨이 일정한 부분, 릴리즈는 건반에서 손 뗀 다음에 음이 사라지는 과정을 말한다.

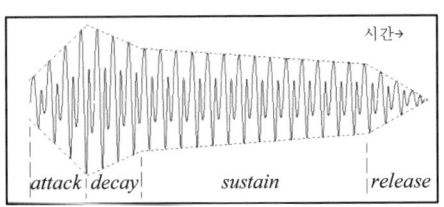

- **역위상 out of phase**

두 신호의 위상이 180도 차가 있는 것. 두 신호를 더하면 상쇄된다.

〈참조〉 동위상, 위상

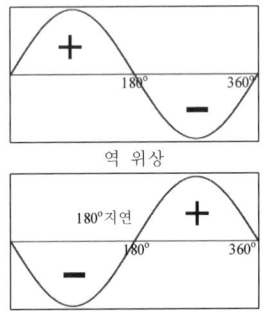

역 위상

- **역 자승 법칙 inverse square law**

자유 음장의 점 음원으로부터 거리가 배가 되면, 거리의 제곱에 반비례하여 음압 레벨이 감소되는 법칙이다. 음압 레벨은 거리가 배가 될 때마다 6dB씩 감쇠된다.

$$10\log \frac{1}{r^2} = 20\log \frac{1}{r} = -20\log r [dB]$$

〈참조〉 구면파

- **연산 증폭기** ☞ OP amp

- **연속 파워 continuous power**

장시간 연속해서 낼 수 있는 앰프의 출력. 앰프는 수 십분의 1초에서 정격 출력 이상의 출력을 내더라도 연속적으로 그 출력이 나오지 않으므로 이 표시를 사용한다. 짧은 시간에 한정된 출력인 뮤직 파워에 대응되는 출력 표시이다.

〈참조〉 뮤직 파워

● 열 잡음 thermal noise

어떠한 도체에서도 전류가 흐르면 많든 적든 열이 발생된다. 이 열에 의해서 자연 발생적으로 도체에서 발생되는 잡음

● 영구 청력 손실 permanent threshold shift

영구적으로 회복되지 않은 청력 손실

〈참조〉 난청, 일시성 역치 변동

● 오디오 미터 audio meter

순음 청력 검사에 사용하는 기기. 순음의 주파수는 125, 250, 500, 1000, 2000, 4000, 8000Hz의 7종류가 이용된다.

〈참조〉 청력도

● 오디션 audition

가수나 배우를 채용하는 테스트를 말한다.

● 오버 더빙 over dubbing

멀티 트랙 녹음의 음을 들으면서 그것에 맞추어 노래하거나 연주하면서 같은 테이프의 비어 있는 트랙에 녹음하는 것을 말한다. 이 방식은 혼자서 얼마든지 악기를 연주하여 중복 녹음할 수 있다. 녹음 시에 연주자들이 한꺼번에 모여서 연주하지 않아도 되는 장점이 있다.

● 오토 팬 auto pan

좌우 스피커 사이에 음상을 정위 시키기 위한 팬폿을 주기적으로 좌우로

이동시키는 효과기이다. 단순하게 같은 레벨로 주기적으로 좌우로 이동시키는 것이 아니고, 센터 성분을 많게 하기도 하고, 적게 하기도 하여 음의 거리감을 가변하기도 한다.
〈참조〉 pan pot

- **오프** ☞ off

- **오프 마이크** off mic

음원에서 마이크를 떨어뜨려 픽업하는 것 또는 그 상태를 나타낸다.

- **오픈 스테이지** open stage

무대와 객석이 동일 공간에 있는 형식이고, 무대가 객석의 중앙에 있는 것을 center stage, 세 방향으로 객석에 둘러 싸인 무대를 three side stage라고 한다.
〈참조〉 홀의 형상

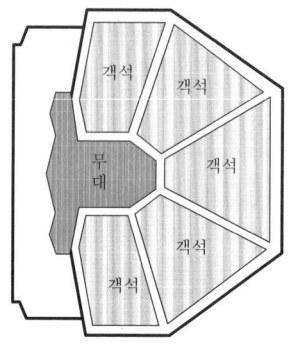

- **오픈 에어 헤드폰** open air headphone

진동판의 후면이 개방된 구조의 헤드폰을 말한다. 밀폐형 헤드폰에 비해서 압박감이 적고, 저음 공진 주파수가 낮은 유닛을 사용하여 저음감이 좋다. 외부 소음이 많은 장소나 외부에 소리가 새어 나가는 단점이 있지만, 경량이므로 사용하기 편리하다.

〈참조〉 밀폐형 헤드폰

● **오케스트라 피트 orchestra pit**
피트는 구멍이라는 의미이고, 무대와 객석 사이에 있는 오케스트라가 연주하기 위한 장소로서 오케스트라 박스라고도 한다. 보통 뮤지컬이나 발레, 오페라에서 오케스트라가 연주하는 장소로서 사용된다.

● **옥타브 octave**
음악적으로는 완전 8도 음정 (도.레.미.파.솔.라.시.도)이며, 주파수의 비가 2배가 되는 음정을 말한다. 예를 들면 '라'에서 다음 '라'까지의 음정이고, '라'가 440Hz이면 1 옥타브 위의 '라'는 880Hz이며, 1 옥타브 아래의 '라'는 220Hz가 된다.

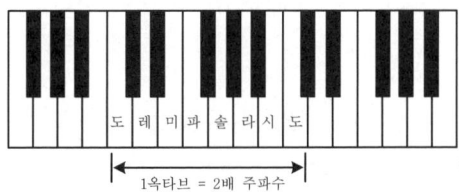

● **옥타브 대역 octave band**
하한 주파수(f_l)와 상한 주파수(f_h)의 비가 2가 되도록 분할한 주파수 대역이고, 중심 주파수는 $\sqrt{f_1 \times f_2}$이 된다.
〈참조〉 1 옥타브 대역 분석, 1/3 옥타브 대역 분석

● **온** ☞ on

• **온 마이크 on mic**

마이크를 음원과 가깝게 배치하여 픽업하는 것

• **온음 whole tone**

2개의 반음 음정 간격을 온음이라고 한다. 기본 주파수의 비가 2의 1/6 승근인 두 음의 대수 주파수 간격. 1 옥타브는 6 온음이다.

〈참조〉 반음, cent

• **옴** ☞ Ohm

• **용량성 capacitive**

회로에 가한 전압에 대해서 전류의 위상이 90도 빨라지는 성질. 또, 콘덴서와 유사한 성질을 갖을 때 용량성이라고 한다.

〈참조〉 유도성, 콘덴서

• **용량성 리액턴스 capacitive reactance**

콘덴서의 용량성 리액턴스는 다음 식으로 구한다. f는 주파수이고, C는 콘덴서의 용량[F]이다. 주파수가 높아지면 용량성 리액턴스는 높아지고 전류가 잘 흐르므로 고역 통과 필터 소자로 사용한다.

〈참조〉 콘덴서

$$X_c = \frac{1}{2\pi fC} [\Omega]$$

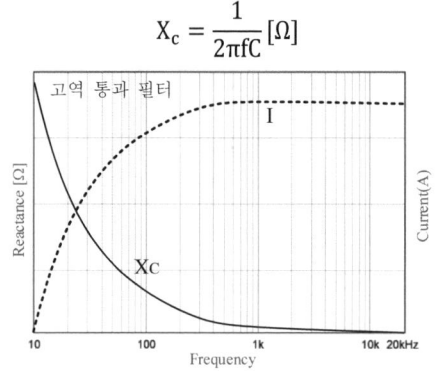

- **와우 플러터** ☞ wow flutter

- **왜곡 distortion**
입력에 없는 신호가 출력에 나타나는 현상으로서 기기의 최대 입력 레벨보다 큰 신호가 입력되면, 클리핑되어 왜곡된다.
〈참조〉 고조파 왜곡, 클리핑, 혼변조 왜곡

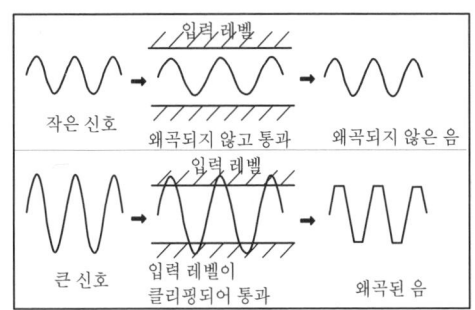

- **외이** ☞ 귀의 구조

- **우퍼 woofer**
저음 재생용 스피커 유닛
〈참조〉 스쿼커, 트위터

- **운지법 fingering**
악기를 연주할 때 손가락을 사용하는 방법

- **유공 흡음판 perforated absorption board**
음파가 다공성 판상 재료에 입사될 때, 음파 에너지가 열 에너지로 변환되어 흡음되는 재료
〈참조〉 흡음 기구

● 유도성 inductive

회로에 가한 전류에 대해서 전압의 위상이 90도 빨라지는 성질. 또, 코일과 유사한 성질을 갖을 때 유도성이라고 한다.

〈참조〉 용량성, 코일

● 유도성 리액턴스 inductive reactance

코일의 유도성 리액턴스는 다음 식으로 구한다. f는 주파수이고, L은 코일의 용량[H]이다. 주파수가 높아지면 유도성 리액턴스는 작아지고 전류가 잘 흐르지 않으므로 저역 통과 필터 소자로 사용한다.

〈참조〉 코일

$$X_L = 2\pi fL [\Omega]$$

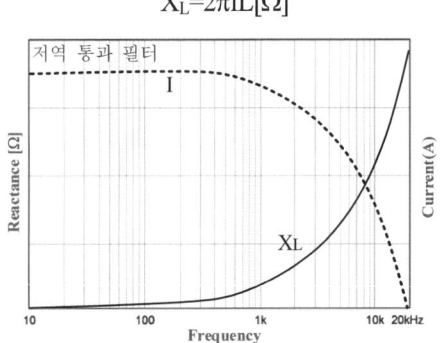

● 유도 잡음 induction noise

모터나 AC 전원, SCR 조광기 등에서 자기 유도에 의해 생기는 잡음이다.

● 유성음 voiced sound

발성할 때 성대의 진동이 수반되는 음. 모음과 'b', 'd', 'v', 'g', 'z' 등의 자음이 여기에 해당한다.

● 워터폴 특성 waterfall response

주파수 특성은 어느 한 순간에서의 특성이고, 음원이 정지된 후에 감쇠

과정을 같이 나타낸 것이 워터폴 특성이다. 그림에서 저음은 감쇠가 느린 것을 볼 수 있다.

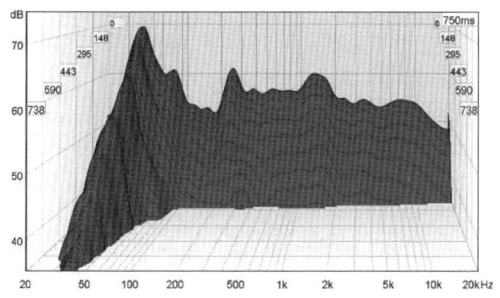

- **원 음장** original sound field

재생한 음장에 대해서 음을 픽업한 원래의 음장을 말한다.

- **원 포인트 녹음** one point recording

한 개의 마이크 또는 한 쌍의 스테레오 마이크로 픽업하는 방법
〈참조〉 멀티 마이크 녹음

- **위상** phase

음파의 1 주기는 원의 궤적의 1 회전과 같은 것이고, 1 주기를 위상 각으로 나타내면 360도가 된다. 따라서 음파의 1/4 주기는 90도, 1/2 주기는 180도가 된다. 진폭의 크기는 위상 각에 따라서 달라지고 0도에서 0이고, 90도에서 플러스 최대가 된다. 그리고 180도에서는 0이 되고, 270도에서 마이너스 최대가 되며, 360도에서는 0이 된다. 두 신호의 위상이 같으면 동 위상(in phase), 180도 차이가 있으면 역 위상(out of phase)이라고 한다.
〈참조〉 동위상, 역위상, unwrapped phase, wrapped phase

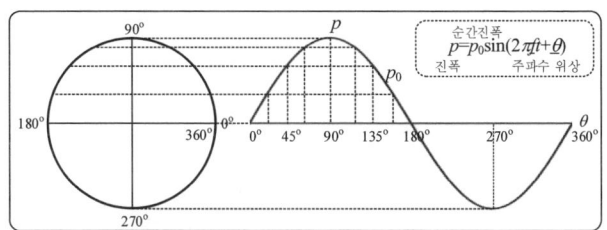

그림에는 두 신호가 1ms 지연된 경우의 위상 주파수 특성을 나타낸다. 500Hz에서의 위상 차가 180도이므로 지연 시간은 1ms{=180/(360도×500Hz)}이다. 위상 특성으로부터 지연 시간은 다음 식으로 구할 수 있다.

$$t = \frac{\theta}{360} \times \frac{1}{f}, \quad \theta = 360 \cdot t \cdot f$$

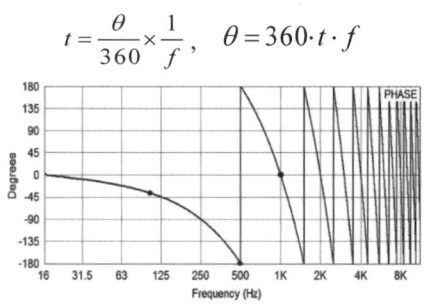

- **위상도** ☞ phase diagram

- **위상 반전기** phase inverter
신호의 위상을 180도 변환시키는 회로

- **위상 변조** phase modulation
오디오 신호에 따라서 반송파의 위상을 변조시키는 방식

- **위상 왜곡** phase distortion
전송 회로의 위상 특성이 주파수에 비례하지 않아서 생기는 왜곡
〈참조〉 선형 위상

- **위상 이동기 phase shifter**

악기 음의 위상을 변화시켜 음이 이동하는 느낌이나 회전하는 느낌을 만드는 효과기를 말한다. 위상을 변화시킨 음을 원래 음과 합성하면, 합성음이 강조되거나 상쇄되는 현상이 생긴다.

- **윈도우 window** ☞ 시간 창

- **윈드 스크린** ☞ wind screen

- **원거리 음장 far sound field**

음원으로부터 충분히 먼 거리의 음장을 말하고, 순시 음압과 순시 입자 속도가 동위상이다. 이 음장에서는 역자승 법칙이 성립한다.
〈참조〉근거리 음장, 역자승 법칙

- **음 sound**

음파에 의해서 생긴 청각적 감각. 모든 음파에 의해서 청각적 감각이 생기는 것은 아니다. 예를 들면 20Hz 이하의 초저주파수와 20kHz 이상의 초음파와 같이 지각되지 않는 음파는 음이 아니다.

- **음감 교육 education of musical hearing**

선천적으로 가지고 있는 음 감각을 교육시켜 음악의 학습이나 감상의 기초를 만드는 것. 음감은 음의 높이, 세기, 길이, 음색의 식별과 기억의 능력이고, 절대 음감과 상대 음감이 있다. 절대 음감은 어느 하나의 음만 듣고 음명을 식별하는 능력이고, 상대 음감은 기준 음과 비교하면서 높이나 길이 등을 식별하는 능력을 말한다. 일반적으로 상대 음감은 음악에 불가결한 것이지만, 절대 음감은 반드시 필요한 것은 아니다.

- **음계 scale**

주파수가 상승 또는 하강하도록 주파수 간격을 지정된 방법으로 배열한 음의 계열. 서양 음악에서는 주파수 간격의 배열에 따라서 장음계와 단음계로 구분된다.

● **음고(音高) pitch**
음의 높낮이를 말한다. 발음체가 1초 동안 진동한 회수로 음고가 결정되고, 단위는 Hz이다. 악기 음의 기준 음고는 피아노의 중앙 A음이고, 440Hz로 규정되어 있다.
〈참조〉 피치

● **음상 sound image**
스피커가 없는 곳에서 음이 지각될 때, 음원과 구별하여 지각되는 음을 음상이라고 한다. 두 스피커를 같은 레벨로 재생하면 두 스피커 가운데 음상이 정위된다. 녹음에서 음상 정위는 믹서의 pan pot으로 조정한다.
〈참조〉 pan pot

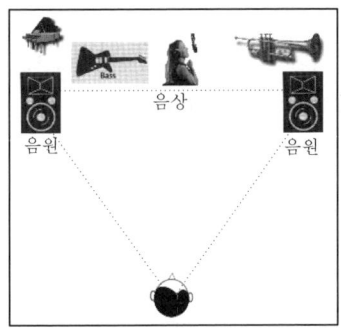

● **음상 정위 sound localization**
음을 듣고 방향을 특정할 수 있을 때 음상의 방향이 정위되었다고 한다.
〈참조〉 음상, lateralization

● **음상 제어 sound image control**
스피커가 없는 임의의 방향에 음상을 정위시키는 것. 이것은 음원으로부터 두 귀까지의 머리 전달 함수를 음원과 콘볼루션하여 헤드폰으로 청취하면 된다. H_{ll}, H_{rr}은 음원에서 좌우 귀까지의 각각의 머리 전달 함수이다.
〈참조〉가상 서라운드, 머리 전달 함수, 음상

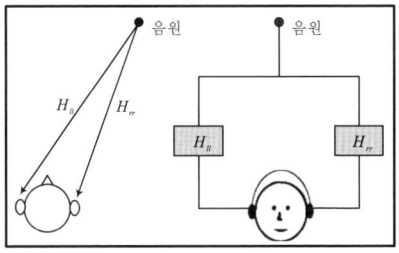

● **음색** timbre, tone color

음의 속성 중의 하나이며, 음의 크기와 높이가 같아도 음이 다르게 들릴 때, 그 차이의 요인이 되는 속성을 음색이라고 한다. 음색은 파형, 스펙트럼, 음압 및 엔벌로프에 따라서 달라진다. 음의 크기, 높낮이와 함께 음의 3요소이다.

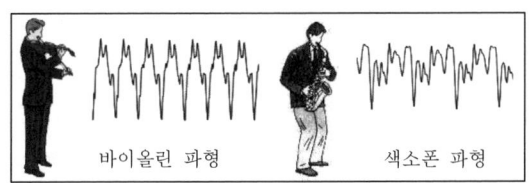

● **음선** sound ray

음의 전달 방법을 파면에 수직한 직선으로 표시한 것이다. 광학에서 광선에 해당되는 단어이다.

〈참조〉파면

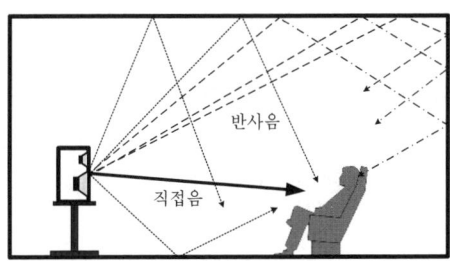

- **음속 sound speed**

음파가 공기 등의 매질 속에서 전달되어 가는 속도이다. 공기 중에서의 음속은 온도에 따라서 달라지고, 1기압에서 음속은 다음 식으로 구한다. t는 온도를 나타낸다.

$$c = 331.5 + 0.6t$$

15도에서 약 340m/s이다. 매질에 따라서도 음속이 달라지고, 공기보다 가벼운 헬리움에서는 970m/s, 수중에서는 1,500m/s 정도, 콘크리트에서는 3,000~4,000m/s이다.

- **음악 치료 music therapy**

환자에게 음악 감상, 노래, 연주 등을 시켜서 치료하는 심리 요법

- **음압 sound pressure**

대기압은 평균 약 1,013hPa (헥토 파스칼)이고, 음파에 의해 대기압이 변동했다고 하면, 그 변동분이 음압이 된다. 이 음압 변동 분의 폭이 클수록 소리가 커진다.

〈참조〉 음압 레벨

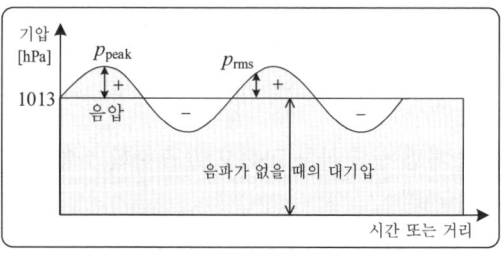

- **음압 경도 마이크 sound pressure gradient microphone**

진동판의 양면을 개방하여 진동판 앞 뒤의 음압 차에 의해 진동판을 동작시켜 출력 신호를 얻는 마이크이다. 이러한 구조로 만들어진 것이 리본 마이크이다.

• **음압 마이크** sound pressure microphone
음압에 비례하는 전기 신호를 얻는 마이크. 진동판의 뒤면을 밀폐하여 한 방향에 음압이 가해지도록 만든 구조이고, 무지향성이 된다.

• **음압 레벨** sound pressure level
음압의 크기를 데시벨 (dB) 단위로 나타낸 것을 말한다. 정상 청력을 가진 사람이 음으로서 느끼는 최소 음압을 기준으로 하여, 그것을 0dB로 규정한 것이다. 음압 레벨 SPL은 다음 식으로 정의된다.

$$SPL = 10\log\frac{p^2}{p_0^2} = 20\log\frac{p}{p_0} \text{[dB]}$$

여기에서 p_0는 기준 음압 20μPa이고, p는 순간 음압이다.
〈참조〉 음압

• **음역** sound range
악기나 목소리로 낼 수 있는 음의 범위

• **음원** sound source
음파를 발생시키는 물체

• **음원의 지향 계수** directivity factor of source
스피커를 벽 가까이에 설치하면 벽면의 경상에 의해 스피커의 방사 능률이 증가되어 음압 레벨은 자유 공간에서보다 높아진다. 스피커를 벽의 어느 부분에 설치하였는가에 따라서 음압 레벨의 상승 정도가 달라진다. 실음원과 허음원과의 합을 음원의 지향 계수(Q)라고 한다. DI=10logQ이다.
〈참조〉 지향 계수, 지향 지수

설치 방법	• 실제 음원 ◦ 허 음원	Q DI	음압레벨의 상승
free field	•	Q = 1 DI = 0 dB	SPL [dB]
half space		Q = 2 DI = 3 dB	SPL+3 [dB]
quarter space		Q = 4 DI = 6 dB	SPL+6 [dB]
eighth space		Q = 8 DI = 9 dB	SPL+9 [dB]

● **음의 크기 | loudness**

음의 세기에 관계되는 청각상의 성질로 음의 높낮이와 음색과 같이 음의 지각의 기본적인 성질의 하나이며, 라우드니스라고 한다.

〈참조〉 라우드니스, phon, sone scale

● **음의 3요소**

음의 속성을 결정하는 가장 기본적인 것으로서 음의 크기, 높낮이, 음색을 3요소라고 한다. 이것은 심리적인 양이고, 이것들에 대응되는 물리적인 양과의 관계는 그림과 같다.

음파는 공기의 진동이므로 크기는 공기가 진동하는 진폭에 비례하고, 진동의 진폭이 크면 음이 크게 들린다. 음의 진동이 1초 동안에 반복되는 회수를 주파수라고 하고, 주파수가 높아지면 높은 음으로 들리고, 주파수

심리량	물리량	파형	
크기	음압 레벨[dB]	큰 소리	작은 소리
높낮이	주파수[Hz]	낮은 소리	높은 소리
음색	.파형 .스펙트럼	사인파 삼각파	스펙트럼

가 낮아지면 낮은 음으로 들린다. 또, 피아노와 바이올린으로 같은 음정을 연주해도 두 악기의 차이를 나타내는 것이 음색이다.

● **음장 sound field**
공기가 있는 공간에서 음파가 방사되면, 음파는 공기를 압축시키기도 하고, 팽창시키기도 하면서 소밀파로서 사방으로 퍼져간다. 실내외를 막론하고 음파가 존재하는 곳을 음장(音場)이라고 한다.

● **음장 보정** ☞ 룸 튜닝

● **음장 제어 sound field control**
공간 내에 가변 흡음체를 설치하여 잔향감, 음량감, 공간감을 가변하는 것을 말한다. 또, 초기 반사음이나 잔향음을 전기적으로 부가하여 음장을 가변시키는 능동 음장 제어 시스템(active sound field control system)이 있다. 그림 a에는 음장 가변 시스템 구성도를 나타내고, 그림 b에는 음장 가변 시스템으로 잔향을 부가한 경우의 반사음 패턴 변화를 나타낸다.

〈참조〉 최적 잔향 시간

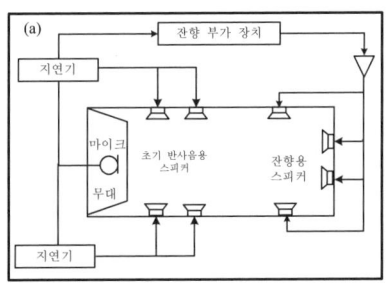

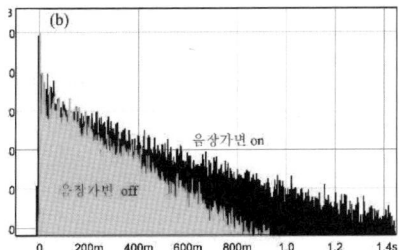

● 음질 tone quality
음색은 주로 여러 음들의 차이를 표현하고, 음질은 음향 기기나 악기의 청각적 인상 차이를 표현하는 것이다.

● 음차 tuning fork
음의 표준 주파수를 확인하기 위해서 사용되는 것으로서 440Hz와 442Hz의 것이 있다. 형상은 가늘고 긴 균질한 쇠봉을 U자로 구부려서 그 중앙에 막대가 부착되어 있다. 망치로 가볍게 두드리면 주파수가 안정된 순음이 발생된다. 악기의 조율에 사용된다.

● 음향 acoustic
① '음향학의'라는 의미이며, 일반적으로는 전기 신호로 변환되기 전의 음에 대한 전반적인 것을 의미한다.
② 음향 기기를 사용하지 않고 음을 내는 악기 음을 말하기도 한다.

● 음향 디자이너 sound designer
무대에서 음의 모든 것을 연출하는 사람으로서 작가의 메시지와 연출가의 의도에 따라서 음의 이미지를 구체적인 음으로 만드는 음향 감독, SR이나 녹음된 음악의 효과음의 재생, 효과음의 제작 등을 총체적으로 감독한다. 배우, 연기자, 출연자의 음향상의 조언자이고, 음향 업무가 원활하게 진행되도록 다른 무대 기술 부분과의 조정 역할도 한다.

● 음향 렌즈 acoustic lens
음을 굴절시켜 확산 또는 집속시키는 장치. 광학 렌즈와 같은 원리이고, 스피커 지향성을 개선하기 위하여 스피커 전면에 부착하여 사용한다.

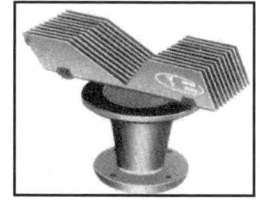

- **음향 반사판** acoustic reflector

프로시니엄 극장에서 실내악이나 오케스트라를 연주할 때 설치하는 무대 장치. 무대의 뒤면, 측면과 천장을 둘러싸서 무대와 관객석이 동일 음향 상태가 되도록 하기 위한 반사판이다.

- **음향 스펙트럼** sound spectrum

음을 주파수별로 분해하여 각 주파수별로 음압 레벨을 나타낸 것이다.
〈참조〉 스펙트럼

- **음향 임피던스** acoustic impedance

음파의 음압과 전반 속도와의 비이고, 공기 중에서 임피던스는 415ralys 이다.

- **음향 장해** acoustic defect

에코, 플러터 에코, 음향 초점 등을 음향 장해 현상이라고 하며, 명료도를 저하시키는 원인이 되는 좋지 않은 실내 음향 현상이다.
〈참조〉 에코, 음향 초점, 플러터 에코

- **음향 중심** acoustic center

음원으로부터 충분히 떨어진 지점에서 방사된 음파를 구면파라고 간주할 수 있을 때, 그 구면파의 중심을 말한다.

- **음향 초점** sound focus

오목 곡면에서 빛의 반사 현상과 같이 음의 경우에도 파장보다 긴 오목 곡면에서 반사되면, 음이 어느 장소에 집중되어 음압 레벨이 상승되는 현상이 생기는 것을 음향 초점이라고 하고, 실내 음향 효과 중에서 좋지 않은 현상 중의

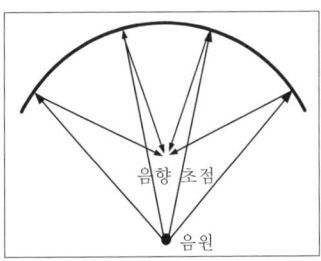

하나이다.

● 음향 파워 sound power

1초 동안에 음원이 방사하는 음향 에너지이고, 단위는 와트(W)로 나타낸다. 스피커의 음향 파워는 [입력 파워]×[스피커의 능률]로 계산한다.

● 음향 파워 레벨 sound power level

$$PWL=10\log(W/W_0)\ [dB]$$

여기에서 기준치는 $W_0 = 10^{-12}$ (W)이다.

● 음향 효과 sound effect

① 연극, 영화, 드라마 등에서 효과음이나 음악을 사용하여 극의 연출 효과를 높이는 것. 시각 효과에 대한 단어이다.
② 극장이나 홀의 건축적인 특성이 음향에 미치는 영향. 홀의 음향 특성이 연주에 좋은 영향을 미치는 경우에 음향 효과가 좋다고 표현한다.
〈참조〉 hall tone

● 음향 효과기 sound effector

녹음한 신호에 잔향이나 지연을 주어 어느 특정 공간의 음향 효과를 내기 위한 지연기나 잔향기와 같은 기기이고, 컴프레서 리미터, 이퀄라이저와 같은 효과기도 있다.

● 의사 스테레오 ☞ pseudo stereo

- **의사 음성 artificial voice**
사람의 평균 음성 스펙트럼과 유사한 특성의 잡음

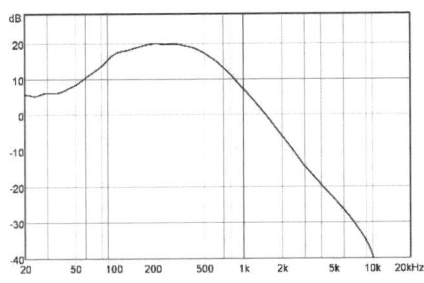

- **의사 음악 artificial music**
평균 음악 스펙트럼과 유사한 특성의 잡음

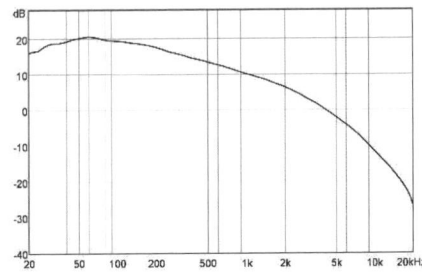

- **이득 gain**
앰프의 입력과 출력의 전압 또는 전류 비. 앰프의 증폭 특성을 나타내는 것이고, dB로 표시한다.

- **이해도 intelligibility**
의미가 없는 단음절을 재생하여 정확하게 받아쓴 비율을 명료도라고 하고, 음절 대신에 단어나 문장을 이용하여 듣기 평가한 것을 이해도라고 한다.
〈참조〉 명료도

● **이퀄라이저 equalizer** ☞ 그래픽 이퀄라이저, 쉘빙 이퀄라이저, 파라메트릭 이퀄라이저, 피킹 이퀄라이저

● **익사이터 exciter**
신호의 배음 성분을 변화시키는 것은 이퀄라이저와 비슷하지만, 이퀄라이저는 원래 음에 포함되어 있는 배음의 크기를 변화시키는 것이고, 익사이터는 원래 음에 없는 새로운 배음을 만들어서 원음에 더하여 음색을 변화시키는 것이며, enhancer라고도 한다. 악기 음에 마스킹 되기 쉬운 보컬의 명료성을 높이기 위한 음향 효과기이다.

● **익스팬더 expander**
신호의 낮은 레벨을 더 낮추어 다이내믹 레인지 (신호 레벨이 가장 낮은 음과 가장 큰 음과의 폭)를 확대하는 음향 효과기

● **인 라인 콘솔 in-line console**
스플릿 콘솔(split console)은 입력/출력/모니터 각 섹션이 분리되어 있고, 감각적으로도 이해하기 쉽다. 그러나 채널이 많아지면 모니터 모듈의 수가 옆방향으로 추가되므로 대형화된다. 예를 들면, 48채널을 모니터하려면 48개의 모니터 모듈이 필요하고, 논 패치를 전제로 하면 입력 모듈도 그 이상의 수가 필요하고, 합계 96개 이상의 모듈과 마스터 모듈이라고 하는 거대한 믹서가 된다. 이러한 대형화를 방지하기 위하여 입력, 출력, 모니터 계통을 한 개의 모듈에 들어 가도록 만든 믹서를 인 라인 콘솔이라고 한다. 인 라인 콘솔은 스플릿 콘솔과 비교하면 크기도 작아지고, 가격도 싸진다. 그러나 패널 면에서 신호의 흐름을 따라 가는 것이 이해하기 어렵고, 익숙해지는데 시간이 걸린다.
〈참조〉 스플릿 콘솔

● **인서트** ☞ insert

- **인클로저 enclosure**

스피커 박스를 말하고, 음질을 결정하는 중요한 요소이다. 스피커 진동판이 진동하면 전면과 후면은 위상 차가 180도가 되어 음이 상쇄되게 된다 (그림 a). 이 간섭을 방지하기 위해서 전면과 후면을 차단하는 인클로저가 필요한 것이다 (그림 b). 인클로저에 구멍이 없는 것을 밀폐형이라고 하고, 포트가 있는 것을 저음 반사형 인클로저라고 한다.

〈참조〉 저음 반사형 인클로저

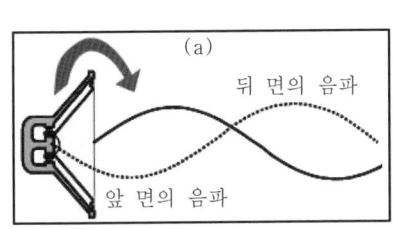 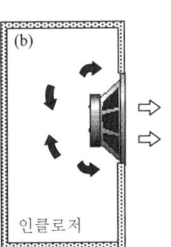

- **인터컴 intercom**

공연 중에 각 파트에 지시를 하거나 상호 연락하기 위하여 이용하는 통화 장치이다.

- **인터페이스 interface**

신호 레벨이나 타이밍 등 형식이 다른 회로나 장치를 연결시키는 것이며, 장치와 장치 사이에서 통역과 같은 일을 하는 회로이다.

- **일렉트릿 콘덴서 마이크 Electret condenser microphone**

콘덴서 마이크와 같은 구조이지만, 전계 효과를 응용한 마이크이다. 전계 효과란 합성 수지나 필름, 플라스틱 등의 고분자 물질에 높은 전계를 가한 후에 전압을 가하지 않아도 물질에 플러스 또는 마이너스의 전하가 남는 효과를 말한다. 이 반영구적인 전하를 이용한 마이크이고, 건전지로 동작되므로 간편하고 음질도 좋다. Electret는 전하를 영구적으로 유지할 수 있는 물질(예를 들면 Teflon)을 말한다.

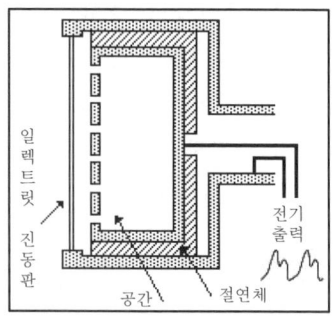

● **일시성 역치 변동 Temporary Threshold Shift**
청력의 역치(최소 가청 한계)가 상승했다가 시간이 경과되면서 정상 청력으로 회복되는 일시적인 난청
〈참조〉영구 청력 손실

● **일치 효과 coincidence effect**
음이 판에 입사되면 그 일부가 판의 표면에서 반사되지만, 입사된 음에 의하여 판의 굴곡 진동이 입사된 음의 파장과 동위상이 되면 판을 강제로 진동시켜 반대 쪽으로도 음이 투과된다. 즉, 음이 어떤 특정 주파수에서 잘 투과되는 현상이 나타나는 것을 말한다.
〈참조〉질량의 법칙

● **임계 거리 critical distance**
실내에서 음원으로부터 거리가 멀어지면 직접음은 작아지고, 직접음 레벨과 반사음 레벨이 같아지는 음원으로부터의 거리를 말한다. 임계 거리는 $D_c = 0.14\sqrt{QR}$로 구한다. 여기에서 Q는 음원의 지향 계수이고, R은 실내 정수이다.
〈참조〉실내 정수, 음원의 지향 계수, 잔향 음향, 직접 음장

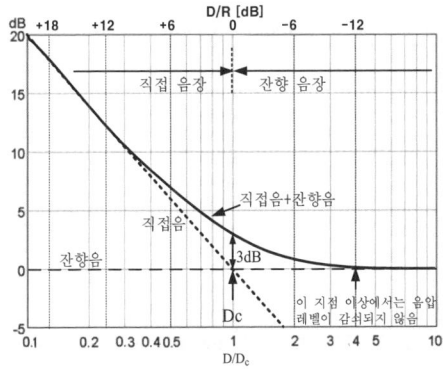

- **임계 대역 critical band**

대역 잡음의 음압 레벨을 일정하게 유지한 상태에서 대역(폭)을 증가시켜 갈 때, 그 대역 잡음의 음의 크기가 증가하기 시작할 때의 대역 폭이다.

- **임펄스 impulse**

지속 시간이 무한히 짧고, 크기가 무한대인 충격파이다. 짧은 임펄스의 에너지는 시간 축상에서는 한 점에 집중되어 있고, 20~20000Hz에서 평탄한 주파수 특성이다.

〈참조〉 임펄스 리스폰스

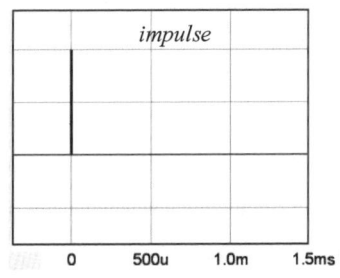

- **임펄스 리스폰스 impulse response**

시스템에 임펄스를 입력하여 얻어진 시스템의 시간 응답

〈참조〉 임펄스

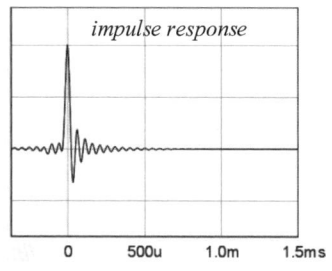

● 임피던스 impedance

저항과 용량성 리액턴스, 유도성 리액턴스를 포함한 회로에서 전류의 흐름을 조절하는 것을 임피던스라고 하고, 단위는 저항과 같이 Ω을 사용한다. 저항기는 직류나 교류에 따라 변하지 않고 일정한 저항 값을 나타낸다. 그러나 임피던스는 신호의 주파수에 따라서 저항 값이 변한다. 임피던스는 다음 식으로 정의된다.

$$Z = \sqrt{R^2 + (X_L - X_C)^2} \, [\Omega]$$

여기에서 Z는 임피던스, R은 저항, X_L은 유도성 리액턴스, X_C는 용량성 리액턴스이다.

〈참조〉 코일, 콘덴서

● 임피던스 매칭 impedance matching

파워 앰프와 스피커를 연결한 파워 전송에서 스피커 입력 임피던스(Z_i)에 따라서 전달되는 파워(P)가 달라진다. 입력 임피던스(Z_i)가 0Ω이면 파워 전송은 0W가 되고, Z_i가 8Ω에서 최대가 된다. 그리고 입력 임피던스가 더 커지면 전송되는 파워는 감소된다. 이와 같이 출력 임피던스와 입력 임피던스가 같을 때 뒤단으로 파워가 최대로 전송되고, 이것을 임피던스 매칭이라고 한다.

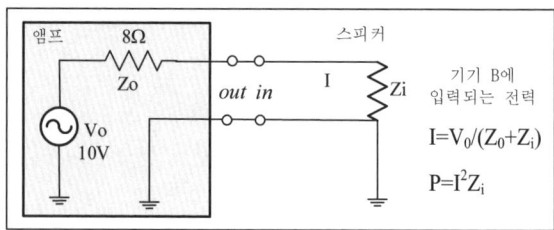

- **입력 input**

음향 기기의 입력 신호를 받기 위해서 설계된 단자이다.

- **입력 감도 input sensitivity**

앰프의 정격 출력을 얻기 위해서 필요한 입력 레벨. 값은 전압으로 표시하거나 0dBu로 표시한다. 수치가 작을수록 감도가 높은 것이다.

- **입력 임피던스 input impedance**

입력 단자에서 기기 측을 바라본 경우의 임피던스이다.

〈참조〉 임피던스 매칭, 전압 전송, 출력 임피던스

- **입체 음향 stereophonic sound**

음원의 방향감이나 거리감과 같은 연주 공간의 현장감을 재현하기 위하여 여러 채널을 이용하여 음악을 녹음하거나 전송하여 여러 개의 스피커로 재생하는 음향 재생 방식이다. 2개의 채널로 녹음하여 재생하고, 2개의 스피커를 재생하는 2채널 스테레오가 있고, 5.1 채널 서라운드 방식도 있다.

〈참조〉 모노럴, 스테레오포니, 5.1 채널 서라운드

ㅈ

● **자기 상관 함수 autocorrelation function** ☞ 상관 함수

● **자기 회로 magnetic circuit**
자석의 자속을 폴과 요크로 유도하여 자기 갭 속에 집중시켜 갭속의 놓여진 보이스 코일과 수직 방향으로 자속을 만드는 회로이다. 자계가 강하면, 즉 자속 밀도가 클수록 스피커의 능률이 좋아진다. 영구 자석은 페라이트 자석 등이 사용된다.

● **자속 밀도 magnetic flux density**
단위 면적당의 자속 양을 말하고, 자속 양은 자력선의 다발을 말한다. 단위는 가우스(G)이다. 스피커 자석의 자속 밀도는 10,000G 전후이고, 이 수치가 클수록 구동력과 제동력이 커지고, 능률과 과도 특성이 좋아진다. 눈에 보이지 않지만 광선의 양을 광속이라고 하듯이 이것이 많을수록 빛이 강한 것과 같다.

● **자유 에지 free edge**
진동판과 다른 재질로 만들어진 스피커용 에지로서 주로 저음용 스피커에 사용한다. 재질은 천, 고무, 발포 우렌탄 등을 사용한다.
〈참조〉 고정 에지, 에지

● **자유 음장 free sound field**
등방성인 균일 매질 속에서 경계의 영향을 무시할 수 있는 음장. 실내를 완전한 흡음재로 처리한 무향실내에서의 음은 자유 음장으로 간주할 수 있다.
〈참조〉 반자유 음장

- **자유 음장 마이크 free-field microphone**

마이크는 일반적으로 유한한 직경을 갖는 진동판을 사용하므로 회절 효과에 의해서 마이크의 진동판상의 음압이 마이크가 없는 상태보다 상승하게 된다. 이러한 회절 효과에 의해 생긴 고역의 음압 상승분을 보정한 마이크이다. 자유 음장형 마이크는 반사음의 없는 무향실에서 스피커의 정면 특성을 측정하는데 사용한다. 또한 음악 리코딩용 픽업에도 사용한다.
〈참조〉 확산 음장 마이크

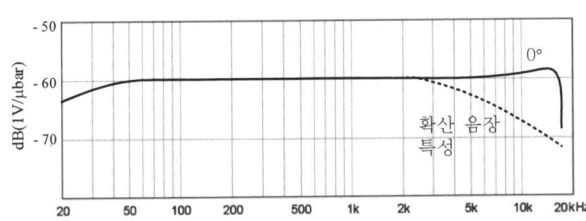

- **잔류 잡음 residual noise**

아날로그 앰프에 사용되는 용어로서 신호를 입력하지 않은 상태에서 앰프의 볼륨을 올려가면 '싸'하고 나오는 잡음을 말한다. 아무리 좋은 기기라도 이러한 잡음이 존재하므로 레벨을 적절하게 설정하여 잔류 잡음이 들리지 않도록 조정해야 한다.

- **잔음** ☞ ringing

- **잔향 reverberation**

실내에서 손뼉을 치거나 악기 음을 갑자기 멈추면, 얼마 동안 울림이 남는 것을 잔향이라고 한다. 이것은 음파가 실내의 벽, 천장이나 바닥 등에서 반사가 수없이 반복되어 음을 정지해도 음의 에너지가 남아 있기 때문에 생기는 것이다.
〈참조〉 반사음 패턴, 잔향 시간, 에코

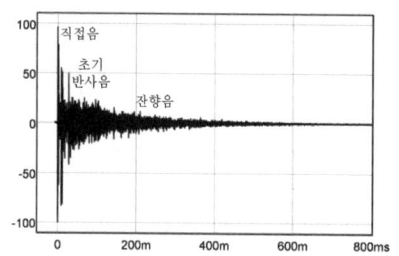

- **잔향기 reverberator**

잔향 부가 장치라고 하고, 재생 음에 다양한 울림을 부가하는 기기를 말한다. 기능으로는 다음과 같은 것이 있다.
① room type; 공간의 실내 형상을 시뮬레이션 하는 기능
② room size; 공간의 크기감을 가변하는 기능. 사이즈를 크게 하면 큰 공간이 시뮬레이션 된다.
③ reverb time; 잔향 시간을 조절하는 기능
④ pre delay; 직접음과 초기 반사음 간의 시간을 가변하는 기능
⑤ density; 잔향음의 밀도를 가변하는 기능
〈참조〉 pre delay

- **잔향 시간 reverberation time**

음원이 정지되고 난 후에 반사음이 들리지 않을 때까지의 시간을 말한다. 일반적으로 반사음이 사라지는 레벨을 -60dB로 정의하고 있다. 잔향 시간은 500Hz에서의 시간으로 정의한다. 잔향 시간은 실내 체적(V)에 비례하고, 실내 흡음력($S\bar{\alpha}$)에 반비례한다. 이 식은 Sabine의 잔향 공식이다.

$$RT = \frac{0.161 \cdot V}{S\bar{\alpha}} (s)$$

〈참조〉 잔향 시간 주파수 특성, 최적 잔향 시간, Eyring 잔향식, Fitzloy 잔향식, Knudsen 잔향식

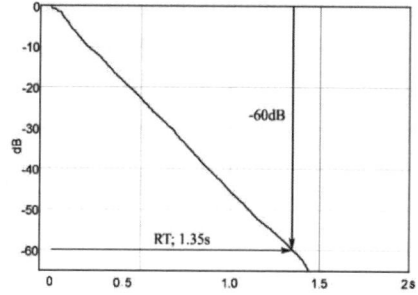

• 잔향 시간 주파수 특성 frequency response of reverberation time

일반적으로 잔향 시간은 500Hz에서의 값으로 정의하고 있지만, 주파수에 따라서 달라진다. 보통 125Hz에서 8,000Hz까지 옥타브 대역(125, 250, 500, 1,000, 2,000, 4,000, 8,000Hz)으로 주파수 특성을 나타낸다.

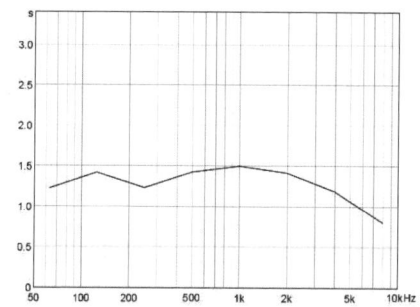

• 잔향실 reverberant chamber

실내 전체 벽면을 반사재로 마감하여 완전 반사에 가깝고, 정재파가 발생되지 않도록 마주 보는 벽이 평행이 되지 않도록 만든 실내. 이상적으로는 실내 모든 지점의 음압 레벨이 같아야 한다. 일반적으로 잔향 시간은 500Hz에서 약 10~15초 정도이다. 잔향실은 흡음 재료의 흡음률이나 투과 손실 등을 측정하는데 사용한다.

〈참조〉 무향실, 잔향실법 흡음률, 투과 손실

- **잔향실 법 흡음률** sound absorption coefficient by reverberation chamber

랜덤 입사 조건에서 흡음 재료의 흡음률을 구하기 위하여 확산 음장을 근사적으로 실현한 잔향실에서 측정한 흡음률이다. 측정 방법은 잔향실에 흡음재를 넣지 않은 상태에서 잔향실의 잔향 시간을 측정하고, 다음에 흡음재를 잔향실에 넣고 잔향 시간을 측정한다. 이 잔향 시간 차를 이용하여 다음 식으로 흡음률을 계산한다.

$$\alpha = \frac{0.161V}{S'}\left\{\frac{1}{T_1} - \frac{1}{T_0}\right\}$$

α; 잔향실법 흡음률, V; 잔향실의 체적, S'; 시료 면적, T_0; 시료가 없을 때의 잔향 시간, T_1; 시료가 있을 때의 잔향 시간

〈참조〉 잔향 시간, 정재파법 흡음률, 흡음률

- **잔향 음장** reverberant sound field

실내에서 잔향음이 직접음보다 레벨이 더 높은 음장을 말한다.
〈참조〉 임계 거리, 직접 음장

- **잡음** noise

소음은 음향적으로 원하지 않은 신호를 총칭하는 것에 대해서 잡음은 전기적으로 생기는 불필요한 신호를 총칭한다.
〈참조〉 소음

- **잡음 저감 회로** noise reduction system ☞ 돌비 잡음 저감 회로

- **저역 차단 필터** low cut filter

특정 주파수 이하의 저음역을 차단하는 회로이고, 고역 통과 필터와 같은 의미이다.
〈참조〉 고역 통과 필터

- **저역 통과 필터 low pass filter**

특정 주파수 이하의 저음역을 통과시키는 회로이다. 신호가 필터를 통과하면 위상 특성도 변하게 된다. 2차 필터는 차단 주파수에서 위상이 90도 변한다.

〈참조〉 고역 통과 필터, 대역 통과 필터, 대역 저지 필터

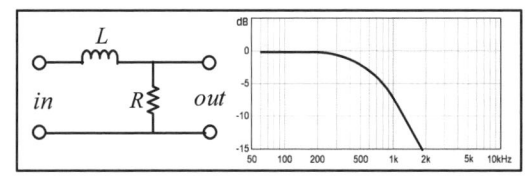

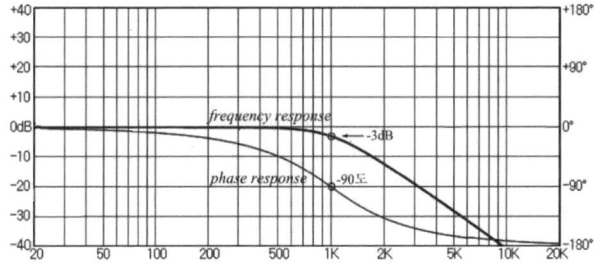

- **저음 반사형 인클로저 bass reflex enclosure**

스피커 유닛을 인클로저에 넣으면 인클로저 내부의 공기가 부하로서 작용하여 진동판의 움직임이 어려워져서 저음이 잘 나오지 않게 된다. 인클로저를 사용하면서 저음이 잘 나오도록 하기 위해서 포트를 만든 인클로저를 말한다. 유닛의 뒤 면으로부터 나온 음이 포트를 지나면서 시간이 지연되어 정면에서 나온 음과 위상이 일치되도록 하여 저음 대역을 낮춘다.

〈참조〉 인클로저

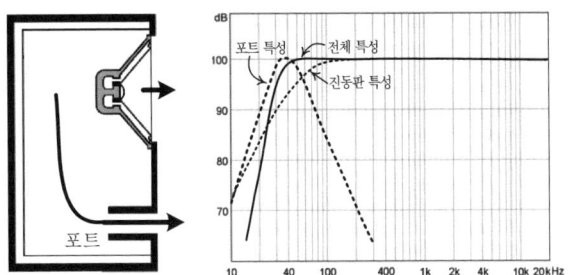

- **저 임피던스** low impedance

신호를 보내는 측의 임피던스를 낮게 설정하는 것을 말한다. 또 이것에 부하측의 임피던스를 높게 하여 기기를 접속하는 방법으로서 저 임피던스 송신, 하이 임피던스 수신이라고 한다.

〈참조〉임피던스 매칭, 전압 전송

- **저주파** low frequency

100Hz 이하의 낮은 주파수를 말한다.

- **저조파** subharmonics

진동계를 어느 주파수로 구동시킨 경우, 그 주파수의 정수 분의 1의 주파수를 가르킨다.

- **저항** resistance

회로의 전류 흐름을 방해하는 것 또는 전류 흐름을 조정하는 것

- **전계 효과 트랜지스터** ☞ FET

• 전기 기호 electric symbols

양		기호	단위
전류	current	i	ampere(A)
전하	charge	Q, q	coulomb(C)
전력	power	P	watt(W)
전압	voltage	V	volt(V)
저항	resistance	R	Ohm(Ω)
리액턴스	reactance	X	Ohm(Ω)
임피던스	impedance	Z	Ohm(Ω)
커패시턴스	capacitance	C	Farad(F)
인덕턴스	inductance	L	Henry(H)
주파수	frequency	F	Hertz(Hz)
주기	period	T	second(s)

• 전달 함수 transfer function

시스템의 입력 신호와 출력 신호의 비로서 시스템의 진폭 특성과 위상 특성으로 나타낸다.

• 전대역 레벨 overall level

밴드 레벨을 전부 더한 레벨. 밴드 레벨이 $L_1, L_2, L_3, \cdots, L_n$이면 다음 식으로 계산한다.

$$\text{overall level} = 10\log(10^{L_1/10} + 10^{L_2/10} + \cdots + 10^{L_n/10}) \ [\text{dB}]$$

〈참조〉 밴드 레벨

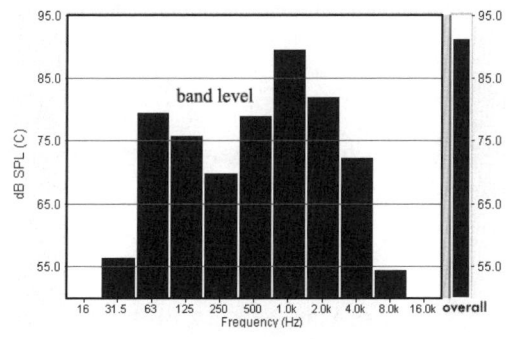

● 전력 power
전압과 전류의 곱으로 나타내는 전기 에너지이다. 단위는 W(watt)로 나타낸다.

● 전력 증폭 power amplification
스피커를 구동하는데 충분한 신호 전력을 추출하기 위한 증폭 회로를 말한다. 파워 앰프의 최종 증폭단은 전력 증폭이다.
〈참조〉 전류 증폭, 전압 증폭

● 전류 증폭 current amplification
입력 신호의 전류 변화에 따라서 증폭하는 것. 예를 들면 바이폴라 트랜지스터는 입력 전류에 따라서 출력 측의 큰 임피던스를 변화시켜서 증폭한다.
〈참조〉 전압 증폭, 전력 증폭

● 전사 magnetic transfer ☞ 고스트

● 전송 주파수 특성 transmission frequency response
극장이나 홀에서 스피커로부터 청취점까지 음의 전송 상태를 주파수에 대하여 음압 레벨의 변화를 측정하여 그래프로 나타낸 것이다. 이에 대해서 주파수 특성은 무향실에서 스피커 앞 1m 지점에서 측정한 특성을 말한다.

● 전압 voltage
전원에 저항을 연결하면 전류가 흐르고, 그 전류가 흐르는 작용의 크기를 전압이라고 하며, 단위는 volt(V)이다.

● 전압 전송
음향 기기들을 연결할 때 앞 단의 출력 전압이 뒤 단의 기기로 100% 전송되어야 하지만, 기기 간의 입출력 임피던스가 다르므로 신호가 전부 전송되지 않는다. 일반적으로 기기들을 연결할 때, 앞 단 기기의 출력 임피던스보다 뒤 단 기기에서 큰 입력 임피던스로 받는다. 출력 임피던스(Zo)보다 입력 임피던스(Zi)가 클수록 전달되는 전압이 커진다. 이것은 기기 B에 입력되는 전압(Vi)은 Zi에 비례하기 때문이다.

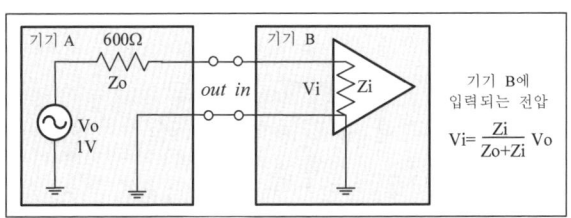

● **전압 증폭 voltage amplification**
입력 신호의 전압 변화에 따라서 증폭하는 것. 예를 들면, FET(Field Effect Transistor)는 입력 임피던스가 높으므로 입력 전류는 거의 흐르지 않고, 출력 전압을 변화시킬 수 있으므로 전압 증폭을 하는 소자이다.
〈참조〉 전류 증폭, 전력 증폭

● **전자(電磁) 유도 electromagnetic induction**
자석의 힘이 작용하고 있는 공간을 자계라고 하고, 자계 속에서 전선을 움직이면 전선에 전류가 흐르는 현상이다. 트랜스에 의한 전압 변환, 다이내믹 마이크의 발전은 이 원리를 이용한다.

● **전치 증폭기 pre amplifier** ☞ 프리 앰프

● **전파 radio wave**
무선 통신에 이용되는 전자파. 30kHz~300kHz 대역을 장파, 300kHz~3MHz 대역을 중파, 3MHz~30MHz 대역을 단파, 30MHz~300MHz를 초단파(VHF), 300MHz~3GHz를 극초단파(UHF), 3GHz~

30GHz를 마이크로파(micro wave), 30GHz~300GHz를 미리파(milii wave)라고 한다.

● 절대 데시벨 absolute deciBel
기준이 정해져 있는 데시벨
〈참조〉 dBm, dBu, dBV, dBW

● 절대 변별역 absolute difference limen
자극의 변화 차이를 지각할 수 있는 최소 자극의 차이를 말하고, JND(just noticeable difference)라고 한다.

● 절대 음감 absolute hearing
음의 높이를 절대적으로 지각하는 능력
〈참조〉 상대 음감

● 절대 판단 absolute judgment
인간에게 어떤 자극을 제시하고, 그 심리적 속성에 대해서 판단을 시키는 경우에 판단을 하는 사람이 각자의 판단 기준에 따라 양적 혹은 질적인 판단을 내리는 판단 형식을 말한다. 이와 대조적인 방법으로서는 비교 판단이 있다.
〈참조〉 비교 판단

● 절연 insulation
전기 부도체로 주위를 둘러싸는 것. 예를 들면 오디오 기기의 접속 코드는 플러스 측과 마이너스 측을 각각 합성 수지나 고무로 피복하여 절연하고 있다. 이와 같은 부도체를 절연체라고 한다.

● 점 음원 point source
음을 방사하는 음원의 크기가 파장에 비해서 충분히 작은 것을 점 음원이라고 한다. 자유 음장에서 점 음원의 거리 감쇠는 거리가 배가 되면 6dB씩 감쇠된다.
〈참조〉 거리 감쇠, 구면파, 면 음원, 선 음원, 역 자승 법칙

• **접두어 prefix**
단위 수자리가 커지면 불편하므로 간략화하여 표시하는 기호로서 다음과 같은 종류가 있다.

value	prefix	symbol
10^{12}	tera	T
10^9	giga	G
10^6	mega	M
10^3	kilo	k
10^2	hecto	h
10	deka	da
10^{-1}	deci	d
10^{-2}	centi	c
10^{-3}	milli	m
10^{-6}	micro	μ
10^{-9}	nano	n
10^{-12}	pico	p

• **접선파** ☞ 정재파

• **접지** ☞ 어스

• **접촉 잡음** ☞ touch noise

• **접화 마이크 close talking microphone**
① 접화 마이크는 저역의 감도를 낮게 만들어 멀리 있는 음원은 픽업하지 않고, 입 가까이 대고 사용하면 근접 효과에 의해 저음이 증가되는 특성을 가지고 있다. 따라서 음성은 평탄한 특성으로 픽업할 수 있고, 주위의 소음은 픽업되지 않으므로 소음 레벨이 높은 곳에서 말하는 사람의 목소

리를 명료하게 픽업할 수 있는 마이크이다. 주로 방송용으로서 사용되며, 스포츠 중계나 헬리콥터 내, 공장 등과 같이 소음이 많은 곳에서도 음성을 명료하게 픽업할 수 있다.

〈참조〉 close talking microphone

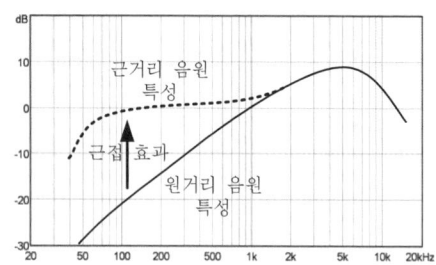

② 인터컴에 사용하는 마이크가 장착된 헤드폰

- **정격 입력 rating input**

음향 기기의 입력에 가하는 신호 레벨을 규정한 것이다. 스피커는 연속하여 신호를 가해도 이상음이 나오지 않고, 스피커가 파손되지 않은 입력 레벨을 말한다. 일반적으로 백색 잡음을 가하여 96시간 동안 이상이 생기지 않은 입력 레벨로 표시한다.

- **정격 입력 레벨 rating input level**

기기의 출력 단자에서 정격 출력 레벨이 나오도록 하는 입력 신호 레벨을 말한다.

〈참조〉 정격 출력 레벨

- **정격 파워 출력 rating power output**

앰프에 규정된 임피던스 부하를 연결하였을 때, 장시간 연속하여 취급할 수 있는 파워의 최대치를 말한다. 부하 임피던스 값에 따라서 파워 값이 달라지므로 부하 임피던스와 같이 표기하고, 실효 파워라고도 한다.

- **정격 출력 레벨 rating output level**

어느 기기의 기준이 되는 신호를 출력할 때의 레벨. 예를 들면, 믹서의 경우에는 레벨 미터가 0dB를 지시하는 신호가 출력 단자에서 출력되는 전압 레벨. PA 기기의 정격 출력 레벨은 +4dBu이다.

〈참조〉 정격 입력 레벨

- **정류 회로 rectifier circuit**

교류 전류를 직류 전류로 변환하는 회로. 다이오드와 같이 어느 방향으로 가해지는 저항은 낮고(순방향), 반대 방향의 전류(역 방향)에 대해서 저항이 아주 높은 소자를 이용하여 한 방향의 전류만 통과시켜 직류로 만든다. 전파 정류와 반파 정류가 있다.

- **정상 청력 normal hearing**

18~25세의 건강한 남녀의 청력을 평균화 한 것. 최소 가청 한계를 가르키는 경우가 많고, 오디오 미터의 기준인 최소 가청 한계에 해당한다.

〈참조〉 오디오 미터, 최소 가청 한계

- **정위 localization** ☞ 음상 정위

- **정재파 standing wave**

평행한 두 면 사이에서 음의 반사가 반복되면, 두 면의 거리에 따라 어떤 주파수는 벽에 입사되는 파의 peak와 반사되는 파의 peak가 일치하여 커진다. 그리고 입사파의 peak와 반사파의 dip이 일치하

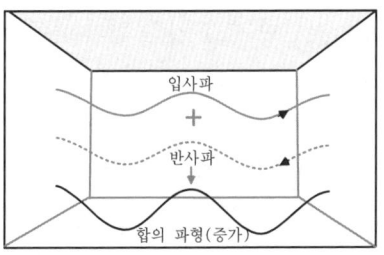

는(위상 차가 180도) 주파수는 상쇄된다. 이와 같은 파는 음이 재생되는 동안은 계속해서 파가 진행하지 않고 머물러 있으므로 정재파라고 한다.

직방체의 실내에서는 이 정재파의 주파수를 구하는 공식은 다음 식과 같다. 여기에서 c는 음속(m/s), L은 실내의 길이(m), W는 폭(m), H는 높이(m)이다.

$$f = \frac{c}{2}\sqrt{\left(\frac{p}{L}\right)^2 + \left(\frac{q}{W}\right)^2 + \left(\frac{r}{H}\right)^2} \; [Hz]$$

p, q, r은 L, W, H 방향의 모드를 지정하는 0 또는 정(正)의 정수이다. 각각 0이나 정(正)의 정수이고, 정재파는 다음 3종류로 분류할 수 있다.

① 축파(axial wave) : p, q, r중 어느 하나가 1이고, 다른 2개가 0인 고유 진동이다. 평행한 두 면 사이에 생기는 정재파이다.

② 접선파(tangential wave) : p, q, r 중 어느 하나가 0인 4면 사이에서 생기는 고유 진동을 말한다.

③ 경사파(oblique wave) : p, q, r의 어느 것도 0이 아닌 6면 사이에서 생기는 고유 진동이다.

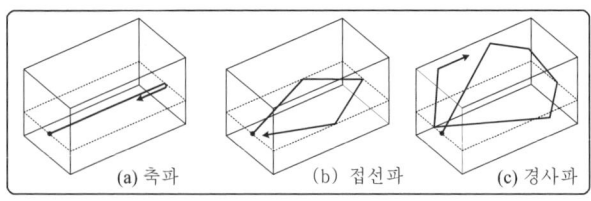

(a) 축파　　(b) 접선파　　(c) 경사파

- **정재파법 흡음률 absorption by standing wave**

아주 단단한 벽을 가진 관의 한쪽 끝에 흡음 재료를 설치하고, 다른 한쪽 끝에는 스피커를 설치하여 음원의 주파수를 변화시키면 관내에 정재파가 생긴다. 정재파의 음압 분포는 1/4 파장마다 dip과 peak가 생긴다. 이 dip과 peak의 음압 비를 측정하고, 다음 식으로 흡음률을 구한다.

$$\alpha_0 = 1 - \left(\frac{A-B}{A+B}\right)^2 = 1 - \left(\frac{n-1}{n+1}\right)^2$$

α_0;수직 입사 흡음률, A;peak의 음압, B;dip의 음압, n=A/B이다. 측정에 사용된 관의 직경은 다음 식에 나타낸 범위이다.

$$1.7 \cdot D \rangle \lambda = c/f$$

D; 관의 직경, λ; 파장, c; 음속, f; 측정 주파수

〈참조〉 잔향실법 흡음률, 흡음률

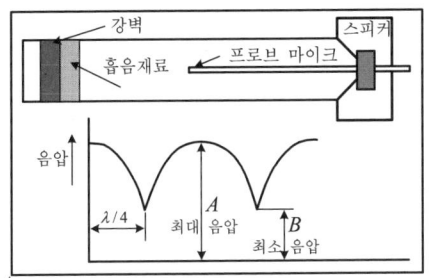

- **정전압 전송 constant voltage transmission**

여러 개의 스피커를 하나의 앰프로 구동시키면 접속이 복잡해지고, 앰프에서 스피커까지 거리가 먼 경우에는 접속 케이블의 직류 저항이 커지고 전송 손실이 생기게 된다. 이와 같은 경우에는 정전압 전송 방식을 사용한다. 이 방식은 앰프와 스피커 사이에 매칭 트랜스를 사용하여 임피던스를 높게 변환하고, 앰프의 출력을 전압으로서 전송하는 방식이다. 스피커 수는 얼마든지 병렬로 접속하면 되고, 최종적으로 임피던스를 계산하여 매칭 트랜스의 탭을 절환하면 된다. 정전압 전송 시스템의 출력은 100V, 70V, 25V가 있다. 1차 탭에는 라인에서 인출된 전압이 표시되고, 2차 탭에는 스피커의 공칭 임피던스인 4Ω, 8Ω 또는 16Ω으로 표시되어 있다.

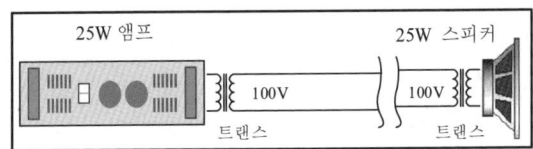

- **정전압 회로 contant voltage circuit**

공급 받는 입력 전압이나 부하측의 변동에 관계 없이 일정 전압을 유지하도록 설계된 직류 전원 회로

● **정지향성 혼 constant directivity horn**

일반적인 혼 스피커는 고음역으로 갈수록 지향각이 좁아진다. 혼의 측면 형태를 연구하여 주파수 대역에 따른 영향을 받지 않고, 지향성을 일정하게 만든 것을 정지향성 혼이라고 한다.

〈참조〉 레이디얼 혼

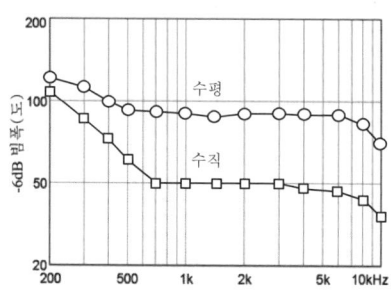

● **정현파 sine wave**

시간이 경과함에 따라서 레벨이 제로에서 점점 증가하여 + 피크에 도달하고 다시 제로가 되고, - 피크에 도달하여 다시 제로가 되는 파형이고, 사인파라도 한다.

〈참조〉 순음

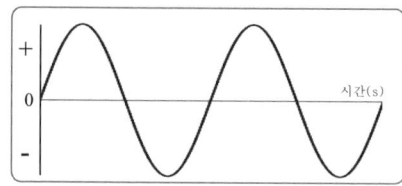

● **제동 계수** ☞ 댐핑 팩터

● **제1 파면의 법칙** ☞ 선행음 효과

● **주기 period**

주기적인 현상에서 동일 상태가 재현될 때까지 경과되는 시간 간격이고,

단위는 시간(초)이다.

〈참조〉 주파수, cycle

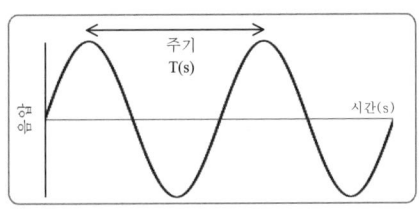

● **주기성 피치 periodicity pitch**

복합음의 기본 주파수가 없어도 기본 주파수에 대응된 음의 높이가 지각될 때, 이 심리 척도상의 음의 높이를 말한다. 예를 들면, 700, 800, 900, 1000Hz의 주파수 성분으로 구성된 복합을 형성하는 성분 주파수의 최대공약수는 100Hz이고, 이것의 제 7,8,9,10 배음으로 구성되어 있다고 생각할 수 있다. 이와 같이 기본 주파수가 포함되어 있지 않음에도 불구하고(missing fundamental), 100Hz에 상당하는 피치가 지각된다.

● **주 조정실 master control room**

방송국에서 프로그램 제작을 하는 부조정실에 대해서 프로그램을 송출하는 조정실이고, 영상이나 음향을 모니터하는 곳이다.

〈참조〉 부조정실

● **주파수 frequency**

+, -의 주기적 현상이 1초 동안에 반복되는 횟수이다. 주파수는 f로 표기하며, 주기와 역수 관계이다. 단위 기호로 Hz(cycle/sec)를 사용한다. 직류의 주파수는 0Hz이다.

〈참조〉 교류, cycle, Hz

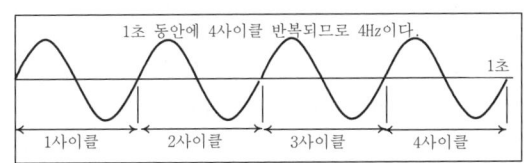

- 주파수 변조 ☞ FM

- 주파수 코히어런스 frequency coherence

코히어런스는 시스템에 입력된 신호와 출력 신호와 유사성을 주파수 영역에서 구하는 것이다. 즉, 출력된 신호가 입력된 신호에 의한 응답인지를 체크하는 것이다. 예를 들어 시스템에 입력된 신호가 출력되어 나온 것이 아니고 주변 소음이나 잔향음이 측정 마이크에 입력되면, 코히어런스가 낮게 나타난다. 코히어런스 값이 낮게 나오면 측정된 전달 함수는 정확한 값이 아닌 것이다. 코히어런스가 0이면 출력 신호는 입력 신호와 전혀 무관한 것이고, 0.5이면 출력 신호의 절반은 입력 신호에 기인하고, 나머지 0.5는 다른 소음이나 잔향에 의한 응답이다. 코히어런스가 1이면 출력 신호는 완전히 입력 신호에 의한 결과인 것이다. 그림에는 S/N 비가 낮아서 코히어런스가 낮은 예를 나타낸다. 코히어런스가 낮은 이유는 배경 소음이나 잔향음이 많기 때문이다.

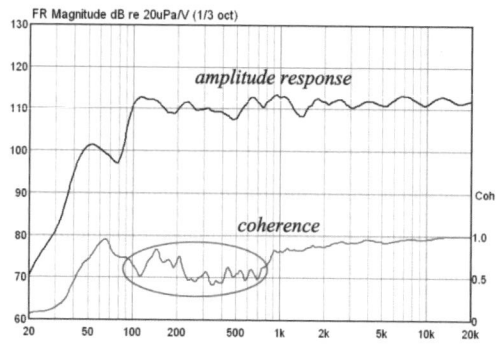

- 주파수 특성 frequency response

음향 기기의 입력 레벨을 일정하게 하고 20Hz에서 20000Hz까지 주파수를 가변시킬 때, 출력 레벨이 어떻게 나타나는가를 가로 축에 주파수 대수 눈금을 취하고, 세로 축에 응답 레벨(dB)로 나타낸 것을 출력 음압 주파수 특성이라고 한다. 일반적으로 재생 대역은 평균 레벨보다 −3dB 감쇠되는 주파수 대역 폭으로 정의된다. 이 특성으로 주파수 특성의 평탄한 정도와 재생 대역 폭을 알 수 있다.

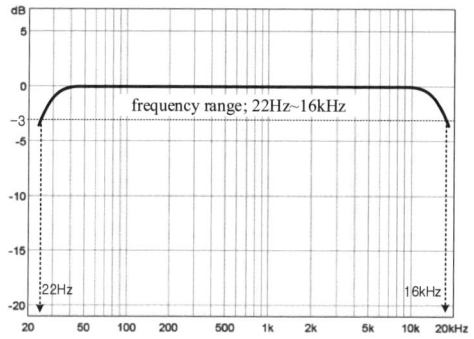

● **중심 주파수** center frequency

대역 통과 필터 또는 대역 저지 필터에서 부스트 또는 커트가 생기는 주파수를 말한다. 중심 주파수는 -3dB 하한 차단 주파수(f_l)와 상한 차단 주파수(f_h)와 곱의 root로 구한다($\sqrt{f_l \cdot f_h}$).

〈참조〉차단 주파수

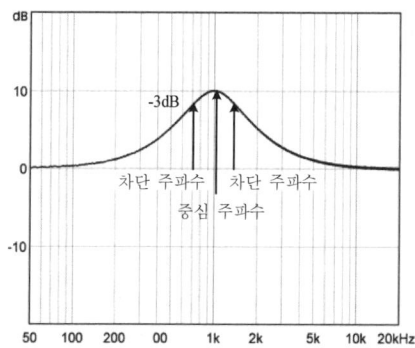

● **중이** ☞ 귀의 구조

● **조율** tuning

악기의 음정을 조정하는 것. 현악기의 조율을 조현이라고 한다.

● **종파** longitudinal wave

매질의 운동 방향과 진행 방향이 같은 파를 말하며, 대표적인 예로서는 음파와 용수철 등의 파동을 들 수 있다. 반대되는 용어로서 횡파가 있다.
〈참조〉 횡파

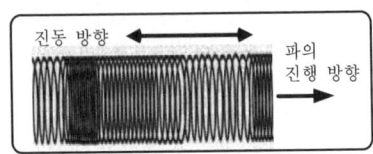

● **증폭기** ☞ 앰프

● **지각 부호화** perceptual coding

지각되는 음질을 손상시키지 않고, 데이터 크기를 줄이는 신호 압축 기술이다. CD에서는 신호를 압축하지 않고 PCM 형태로 기록하지만, MP3에서는 압축 기술을 이용하여 CD의 약 1/10 정도로 압축하여 데이터 크기를 줄인다. 지각되지 않은 신호는 삭제하여 원래 신호로 복원되지 않은 비가역 압축 방식이다.
〈참조〉 비가역 압축, MP3

● **지연기** delay machine

신호를 일정 시간 지연시키는 기기이다. 음원을 지연시켜 에코 효과를 얻기 위해서 이용하기도 한다. 또, 지연 신호를 피드백시켜 잔향이나 플랜저, 코러스 등의 효과를 얻는다.
〈참조〉 플랜저 효과, 코러스 효과, doubling effect

● **지터** jitter

디지털 신호를 구성하고 있는 펄스의 폭이나 시간적 위치의 전후가 어긋난 것. 지터가 많은 녹음 기기에 녹음하면 신호가 정확하게 기록되지 않으므로 음질이 나쁘다.

- **지향 계수 directivity factor**

지향 계수는 축상의 음압 레벨을 스피커가 무지향성이라고 가정하였을 때의 음압 레벨로 나눈 값이다. 무지향성 스피커의 지향 계수는 Q=1이며, 지향성이 좁을수록 Q 값은 커진다. Q 값은 주파수에 따라서 달라진다. 지향 계수는 수직 지향각(H)과 수평 지향각(V)로 구한다.

$$Q = \frac{180°}{\arcsin(\sin H/2 \cdot \sin V/2)}$$

〈참조〉 지향 지수

- **지향성 directivity**

음의 도래 방향에 의한 마이크의 감도 차이를 지향성이라고 한다. 모든 방향에서 도래하는 음을 같은 감도로 픽업하는 것을 무지향성, 정면의 음에 대해서 가장 감도가 높은 단일 지향성, 앞 뒤면의 감도가 가장 높은 양 지향성이 있다. 스피커의 경우에는 모든 방향으로 방사되는 음압 레벨이 같은 경우에 무지향성 스피커라고 한다.
〈참조〉 단일 지향성 마이크, 무지향성 마이크, 무지향성 스피커, 양지향성 마이크

- **지향 주파수 특성 frequency response of directivity**

스피커에서 방사된 음을 측정 각도를 변화시켜 측정한 주파수 특성의 차이이다.
〈참조〉 스피커 지향각

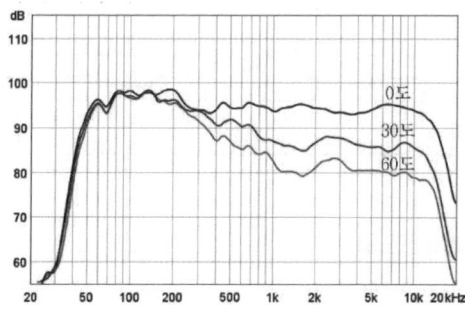

• **지향 지수 directivity index**

무지향성 음원에 대한 정면 축상의 레벨 차이로 나타내는 지수를 다음 식으로 구한다.

$$DI = 10 \log Q \ [dB]$$

지향 지수는 그림과 같이 만약 어느 스피커의 DI가 11.7dB이면, 이 스피커의 주축 방향에 발생되는 레벨은 같은 거리에 있는 모든 방향으로 방사되는 음압 레벨보다 11.7dB 더 높다는 것을 의미한다.

〈참조〉 지향 계수

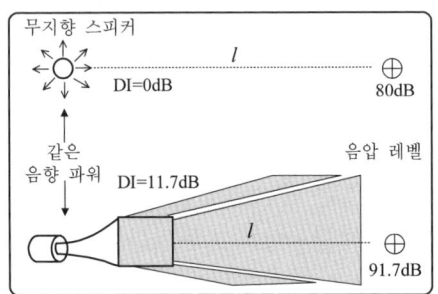

• **직렬 접속 series connection**

저항이나 스피커를 하나의 선이 되도록 연결하는 것. 극성이 있는 것은 +와 -를 상호적으로 연결하는 것. 직렬 저항이나 임피던스는 각각의 저항 값을 더한 것이 합성 저항이 된다.

$$Z_T = Z_1 + Z_2 + Z_3 + \cdots + Z_n \ (\Omega)$$

〈참조〉 병렬 접속

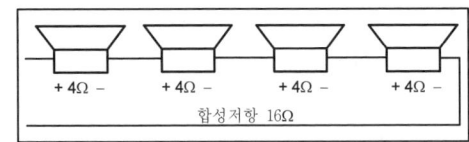

• **직류 Direct Current; DC**

일정 방향으로 일정한 크기로 흐르는 전류이다. 직류는 극성의 변화가 없으므로 주파수는 0Hz이다.
〈참조〉교류

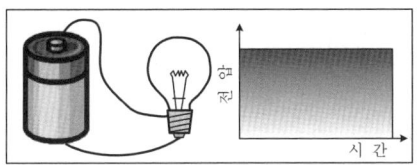

● **직류 앰프 direct current amplifier**
교류 신호는 물론이고, 직류도 증폭이 가능한 앰프이다. DC 앰프에는 2가지가 있는데, 하나는 직류만 증폭하는 앰프이고, 다른 하나는 direct coupling, 즉 콘덴서가 들어 있지 않는 앰프이다.

● **직병렬 접속 series-parallel circuit**
직렬 회로와 병렬 회로가 합성된 회로이다.
〈참조〉병렬 접속, 직렬 접속

● **직선성 linearity** ☞ 선형성

● **직선 양자화** ☞ 비선형 양자화

● **직접 음 direct sound**
음원에서 방사된 음이 벽이나 천장, 바닥 등에 반사되지 않고, 직접 청취자의 귀에 도달하는 음을 말한다.
〈참조〉반사음

● **직접음 대 잔향음 레벨 비** ☞ direct to reverberant ratio

● **직접 음장 direct sound field**
음원으로부터 거리가 멀어지면 음압 레벨이 점점 감쇠된다. 거리가 배가 되면 6dB씩 음압 레벨이 떨어지는 것을 역 자승 법칙이라고 하고, 이 법칙이 성립되는 음장을 말한다.
〈참조〉 임계 거리, 잔향 음장

- **진동수 frequency** ☞ 주파수

- **진동판 diaphragm**

마이크와 스피커의 진동판을 말한다.

 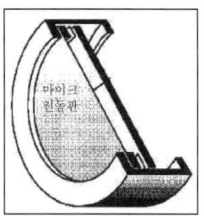

- **진폭 amplitude**

시간적으로 변하는 신호의 크기

- **진폭 변조** ☞ AM

- **진폭 왜곡 amplitude distortion**

마이크와 스피커의 진폭 주파수 특성이 불규칙하여 생긴 왜곡

- **질량의 법칙 mass law**

재료의 차음 성능은 그 재료에 입사하는 음의 주파수와 재료의 밀도(무게)의 대수에 비례한다. 수직 입사의 경우, 투과 손실은 주파수에 대해 옥타브 당 6dB의 경사이고, 단위 면적당 질량이 2배가 되면 6dB씩 증가한다.

$$TL_0 = 20\log\frac{\omega \cdot m}{2\rho c} \text{ [dB]}$$

$\omega(=2\pi f)$;角 주파수, m;단위 면적당 질량, ρc: 음향 임피던스, ρ;공기의 밀도, c; 음속. 또, 여러 각도에서 입사한 음(랜덤 입사 음)에 대한 투과 손실은 다음 식으로 계산한다. 랜덤 입사 투과 손실은 주파수에 대해 옥타브

당 5dB씩 증가된다.
$$TL=TL_0-10\log(0.23TL_0)$$

● **집음기** sound collector

원거리에 있는 음을 픽업할 때, 사용하는 파라볼라 형태의 마이크 부속품
〈참조〉 파라볼라 집음기

ㅊ

- **차단 대역 stop band**

필터에서 통과 대역보다 -3dB 이하로 감쇠되는 대역
〈참조〉통과 대역

- **차단 주파수 cutoff frequency**

필터의 출력이 통과 대역보다 -3dB 감쇠되는 주파수를 말한다. Linkwitz-Riley 필터에서는 -6dB 감쇠되는 주파수를 나타낸다.
〈참조〉중심 주파수, Linkwitz-Riley filter

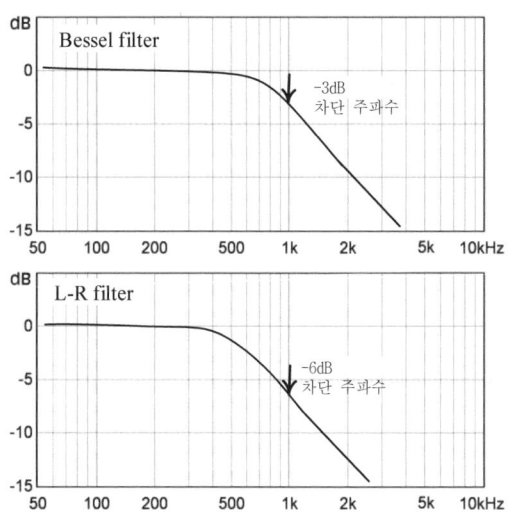

- **차동 앰프 differential amplifier**

두 개의 입력 신호의 차 성분에 비례한 출력을 얻기 위한 증폭기이다. 차동 앰프는 입력 신호의 차 성분만 증폭되므로 동위상 신호 진폭의 경우에는 출력이 0이 된다. 실제로는 회로 소자의 불평형 때문에 약간의 신호가 출력되고, 이 정도를 동상 신호 제거 비(Common Mode Rejection Ratio,

CMRR)라고 하고, 차동 앰프의 성능을 나타내는 척도이다.

● **차음 acoustic insulation**
실내의 벽, 칸막이, 문 등에서 음의 전달을 차단하는 정도를 말한다. 차음의 성능을 나타내는 양을 차음 손실이라고 하고, 실내의 음압 레벨과 외부의 음압 레벨 차로서 나타낸다.
〈참조〉 투과손실

● **차폐 shield**
어떤 소자를 전기장이나 자기장의 영향으로부터 차단시키는 것. 이것은 동축 케이블의 내부 도체를 편조선으로 감은 실드 선으로 외부의 전자 유도를 차폐시키거나 RF 코일에 금속 덮개로 씌어서 차폐시킨다.
〈참조〉 실드 선

● **찰현 악기 rubbed string instrument**
현을 활로 문질러서 소리를 내는 현악기의 총칭. 바이올린, 비올라, 첼로, 콘트라베이스, 해금, 아쟁 등이 있다.

● **채널 channel**
정보를 전달하는 경로

● **채널 분리도** ☞ 크로스토크

● **천이 거리 transition distance**
라인 어레이 스피커에서 역법칙(-3dB/DD)이 성립되는 거리는 한계가 있고, 어느 지점 이상이 되면 -6dB/DD로 감쇠된다. 이 지점을 천이 거리(transition distance; 근거리 음장과 원거리 음장과의 경계)라고 한다. 천이 거리는 스태킹하는 라인 어레이의 길이에 따라서 달라지고, 다음 식으로 계산한다. 여기에서 d_t는 천이 거리(m), L은 라인 어레이의 길이(m), f

는 주파수, c는 음속이다.

$$d_t = L^2 \cdot f / 2 \cdot c \ (m)$$

〈참조〉 라인 어레이 스피커

● **천장 스피커** ceiling speaker
천장에 묻어서 설치하는 스피커로서 홀에서는 객석 천장에 스피커를 부착하여 효과음을 재생하거나 잔향 음 부가 또는 보조용 스피커로 사용한다.
〈참조〉 벽 스피커

● **청감 능력** analytical listening skill
어느 음을 듣고 음질의 좋고 나쁨을 판단하거나 음질의 문제점을 음향 파라미터와 관련하여 찾아내는 능력

● **청감 훈련** analytical listening training
음의 기본적인 속성, 즉 크기, 높낮이, 음색에 대한 훈련을 말한다. 예를 들어, 레벨이 다른 두 음을 교대로 들려 주고, 나중 음이 앞의 음보다 큰가 작은가를 판단(상대 판정)하거나 어떤 음을 듣고 레벨이 몇 dB인가를 판정(절대 판정)하는 것이 일반적인 청감 훈련이다. 청감 훈련은 이와 같이 음의 기본적인 지식부터 시작하여 주파수 대역 및 특성에 따른 음질 평가, 왜곡, 잡음, 마스킹, 잔향, 명료성 이외에 음을 창조하는 훈련도 넓은 의미에서의 음에 관한 청감 훈련이다.

● **청감 보정** weighting
인간의 청각은 음압 레벨이 낮으면, 저음과 고음의 감도가 저하되는 특성을 가지고 있다. 따라서 음압 레벨을 측정할 때, 청각 특성을 고려하여 저음과 고음의 주파수 성분을 저하시켜 측정하고, 이것을 청감 보정이라고 한다. 청감 보정 특성은 A, C 특성이 있다.
〈참조〉 라우드니스, 사운드 레벨 미터, dB(A), dB(C)

● **청력도** audiogram

기도 청력과 골전도 청력을 나타내는 청력의 특성도를 말한다. 그림에는 정상 청력과 장애가 있는 기도 청력과 골전도 청력의 측정 예를 나타낸다.

〈참조〉 골전도 청력, 기도 청력, 오디오 미터

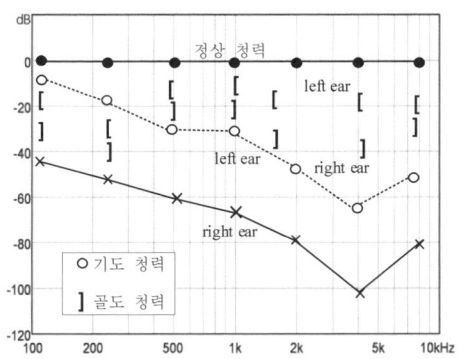

● **청력 손실** hearing loss

청력 손실이 20dB 이상인 경우를 난청이라고 하고, 청력 손실에 따른 전화 통화 가능한 정도를 표에 나타낸다.

〈참조〉 난청, 청력도

청력 손실	전화 통화의 곤란 정도
23dB 이하	없음
24~34dB	현저하지 않음
35~54dB	정상 음성 레벨이면 통화 가능
55~89dB	보조 수단없이 통화 어려움
90dB 이상	어떠한 수단을 사용하여도 통화 불능

● **청력 측정** audiometry

난청의 정도, 특성, 원인 등을 진단하기 위한 청각 측정을 말한다. 청력 검사는 역치 검사와 역치상 검사로 대별된다. 전자는 최소 가청 한계를 측정하여 난청의 정도를 알기 위한 검사이다. 후자는 음의 크기를 느끼는 방법, 언어음의 변별과 언어 내용의 이해, 좌우 귀의 상호 작용 등을 검사하는 것이고, 이것을 단서로서 감음 난청의 상세한 진단을 하기 위한 검사이다.
〈참조〉 청력도

● **청음 훈련** ear training
음악 교육에서 음악가의 귀를 훈련한다는 의미로 사용되고 있다. 청음 훈련은 악보를 보고 연주할 수 있는 것과 음악을 듣고 음정, 멜로디, 화음, 리듬을 인식하여 악보에 그릴 수 있도록 하는 훈련이다.

● **초기 감쇠 시간** early decay time; EDT
잔향 감쇠 곡선에서 0dB에서 10dB까지 감쇠되는 시간에 6을 곱하여 구한 잔향 시간이다.
〈참조〉 RT10

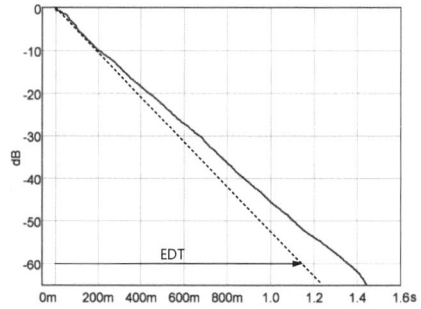

● **초기 반사음** early reflections
직접음 후에 50ms 이내에 도달하는 반사음의 총체이다. 초기 반사음의 지연 시간, 도래 방향, 레벨 등에 따라서 음량감과 확산감에 많은 영향을 준다.
〈참조〉 반사음 패턴

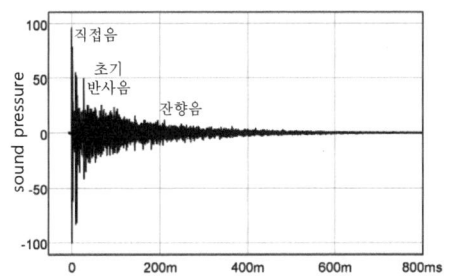

- **초고역 스피커** ☞ super tweeter

- **초음파** ultrasonic

사람의 귀에 들리지 않은 20kHz 이상의 음파. 주로 공업용이나 소나에 사용한다.
〈참조〉 가청 주파수, 소나

- **초 저음 스피커** ☞ 서브우퍼, subwoofer

- **초 저음파** infrasonic

인간의 귀에 지각되지 않는 20Hz보다 낮은 음파
〈참조〉 가청 주파수

- **초 지향성 마이크** hyper cardioid microphone

단일 지향성보다 커버리지가 더 좁은 지향성이다. 초지향성은 super cardioid와 hyper cardioid가 있다. 단일 지향성의 커버리지는 130도이고, super cardioid는 115도, hyper cardioid는 105도 이다.
〈참조〉 단일 지향성 마이크

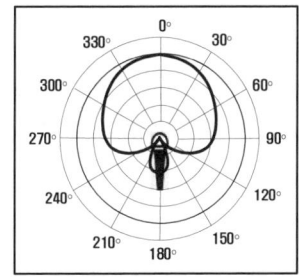

- **최고 가청 한계** ☞ 가청 범위

- **최대 입력 레벨** maximum input level

스피커에 가해진 입력 신호가 짧은 시간이면 이상이 생기지 않고, 파손되지 않은 최대 입력이다. 통일된 규격은 없고, 각 메이커가 단독적으로 규정한 방법으로 측정하므로 상호 비교할 수 없다. 피크 파워 또는 뮤직 파워라고도 한다.

- **최대 입력 음압 레벨** maximum sound pressure level

마이크의 성능을 나타내는 파라미터 중의 하나로서 마이크의 주축 방향에 사인파를 인가하고, 출력의 고조파 왜곡이 1%에 달할 때의 입력 음압 레벨을 말한다.

- **최대 출력 음압 레벨** maximum output level

스피커에 입력 신호를 연속적으로 가해도 스피커가 왜곡되거나 이상이 생기지 않은 상태에서의 최대 음압 레벨

- **최대치** ☞ peak

- **최소 가청 한계** minimum threshold

사람이 들을 수 있는 최소 음압 레벨이고, 저음역일수록 귀의 감도가 떨어진다.
〈참조〉 가청 범위, 라우드니스

- **최적 잔향 시간** optimum reverberation time

공간의 체적과 사용 목적에 따라서 최적의 잔향 시간이 다르다. 예를 들면, 낭만파 음악의 최적 잔향 시간은 2.2초, 바로크 음악은 1.5초라고 표기한다. 최적 잔향 시간은 공간이 클수록 길어지고, 음악의 종류에 따라서 달라진다. 그림에는 500Hz에서의 실내의 체적과 목적에 따른 최적 잔

향 시간을 나타낸다.

〈참조〉 잔향 시간, 잔향 시간 주파수 특성

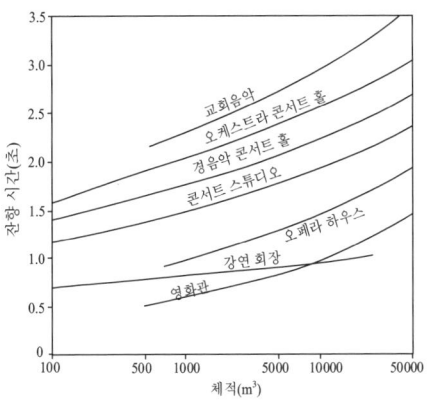

● **축파** axial wave ☞ 정재파

● **출력** output
회로나 기기 등에서 나온 신호를 말한다. 또는 그 신호가 나오는 출력 단자를 의미하는 경우도 있다.

● **출력 임피던스** output impedance
기기의 출력 단자로부터 그 기기의 내부를 본 경우의 내부 임피던스를 말한다.
〈참조〉 입력 임피던스

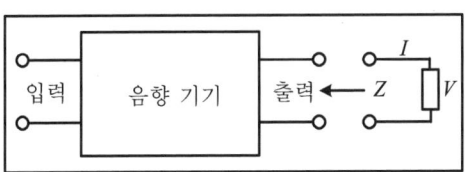

165

● **충실도** fidelity

음향 기기의 출력 신호가 입력 신호와 비교하여 얼마나 비슷한 상태인가를 나타내는 정도

〈참조〉 Hi-Fi

● **측음** sidetone

① 전화 통화에서 송화기로 들어간 음이 전화기의 통화 회로를 거쳐서 수화기로 재생되는 음

② 발성한 음성이 자신의 귀로 들어와 들리는 음이고, 자연 측음이라고도 한다.

● **치찰음** sibilant

말하거나 노래할 때 입안이나 목청 따위의 조음 기관이 좁혀진 사이로 공기가 새어 나오면서 생기는 마찰음. 'ㅅ', 'ㅆ', 'ㅋ'를 발음할 때 생긴다. 주로 7~8kHz 대역이고, 이 대역이 강조되면 귀에 거슬리는 음이 된다. 치찰음을 제거하는데는 de-esser를 사용한다.

〈참조〉 de-esser

● **친밀감** ☞ intimacy

ㅋ

• 카디오이드 cardioid
카디오이드란 심장 모양의 의미이다. 마이크의 지향 특성이 심장 모양인 단일 지향성을 가르킨다.
〈참조〉 단일 지향성 마이크

• 칵테일 파티 효과 cocktail party effect
두 개 이상의 음원이 동시에 존재하는 경우, 듣고자 하는 음원만을 선택하여 청취할 수 있는 청각적 현상. 칵테일 파티에서 많은 사람의 음성 중에서 듣고자 하는 사람의 목소리만 들을 수 있다는 것에서 명명된 것이다.

• 커패시턴스 capacitance
2개의 금속판을 가깝게 배치하여 전압을 가하면 아주 짧은 시간 동안에 전류가 흐르고, 전원을 제거해도 금속판 간에는 일정한 전압이 유지된다. 즉, 가한 전압에 의해 금속판이 플러스와 마이너스로 대전되어 서로 마주 보는 판 간에 동작하는 정전기력에 의해서 전하가 그대로 보존된다. 이때 보존되는 전하는 금속판이 넓을수록 판 간의 간격이 가까울수록 커지고, 또 판 사이에 있는 물질(유전체)의 성질에 따라서도 변한다. 정전 용량, 전기 용량이라고도 한다. 단위는 Farad이고, 기호는 C이다.
〈참조〉 콘덴서

• 컨트롤 룸 control room
녹음 스튜디오에서 녹음 기기의 중심이 되는 믹싱 콘솔이 놓여 있는 실내를 말한다. 디렉터나 믹싱 엔지니어가 녹음 작업을 하는 장소. 녹음 스튜디오에는 컨트롤 룸 이외에 음악가가 연주하고 녹음하는 스튜디오 및 부스, 음향 시스템이 시설되어 있는 머신 룸이 있다.

- **컬러레이션** ☞ coloration

- **컬럼 스피커** column speaker system

컬럼이란 기둥의 의미이며, 기둥 모양의 상자에 들어 있는 스피커 시스템을 말한다. 여러 개의 스피커 유닛을 세로 방향으로 나란히 조합시켜 출력을 크게 하고, 선음원의 지향 특성을 갖도록 한 스피커이다. 수직 방향으로는 지향각이 좁아지므로 잔향이 많은 공간에서 반사음을 억제하여 명료도를 높이고자 하는 경우에 사용한다.

- **컴프레서** compressor

신호의 레벨이 어느 값을 초과했을 때, 그 신호 레벨을 낮추는 기기를 컴프레서라고 한다. 파라미터는 threshold, attack time, ratio, release time이 있다. Threshold 이상의 입력에 대해서 출력을 얼마나 압축할 것인지를 결정하는 것이 비율(ratio)이다. 비율은 5:1과 같이 나타내고, '입력:출력'을 의미한다. 이것은 5의 크기가 입력되면 출력은 1이 나온다는 의미이다. 즉, 출력이 입력의 1/5로 압축된다는 것이다. 그리고 압축 비가 ∞:1이면, threshold 이상은 출력되지 않는다. 어택은 threshold 이상의 신호가 입력될 때, 바로 압축을 시작할 것인지 어느 정도 시간을 두고 압축할 것인지를 결정하는 파라미터이다. 릴리스는 압축 상태에서 입력 신호가 threshold 이하가 되면, 압축을 바로 해제할 것인지 시간을 두고 해제할 것인지를 결정하는 파라미터이다.

〈참조〉 리미터, attack time, hard knee, ratio, release time, threshold

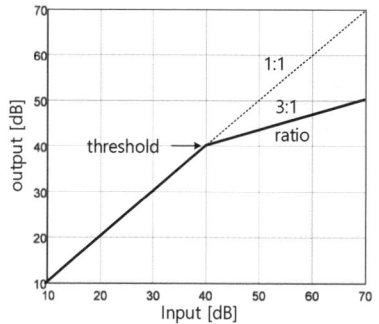

• 컴프레션 드라이버 compression driver
음이 주변으로 방사되지 않도록 진동판(돔)이 설계되어 있는 변환기. 혼에 의해서 공기와 드라이버와의 음향 결합이 잘 되어 효율이 높다.
〈참조〉 드라이버 유닛

• 커트 ☞ cut

• 케이블 cable
1개 또는 여러 개의 도선을 절연체로 피복시킨 전선의 총체를 말한다. 전력을 전송하는 전력 케이블과 음향 신호나 영상 신호를 전송하는 AV 케이블이 있다.

• 코러스 효과 chorus effect
원래 음에 30~50ms 정도의 시간을 지연시킨 음을 믹싱해서 음의 두께감과 풍부함을 만드는 효과기이다.
〈참조〉 플랜저 효과

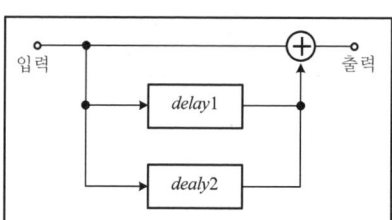

● 코일 coil

구리선을 스프링처럼 말아서 만든 소자. 주파수가 낮아질수록 리액턴스가 작아져서 전류가 흐르기 쉬워지므로 저역 통과 필터로 사용한다. 콘덴서와 반대 특성을 가지고 있다.

〈참조〉 유도성, 유도성 리액턴스

● 코히어런스 ☞ 주파수 코히어런스

● 콘덴서 condenser

2개의 전극 사이에 유전체가 있고, 전하를 충전하는 소자. 주파수가 높을수록 리액턴스가 작아져서 전류가 잘 흐르므로 고역 통과 필터로 사용한다. 코일과 반대 특성을 가지고 있다.

〈참조〉 용량성, 용량성 리액턴스

● 콘덴서 마이크 condenser microphone

고정 전극과 유전성 진동판과의 사이에 직류 전원을 공급하여 콘덴서를 형성시킨다. 그리고 음압에 의해서 진동판이 진동하면 고정 전극과의 거리가 변화되어 정전 용량이 변하고, 이 용량 변화를 전기 신호로 변환하여 사용하는 마이크이다.

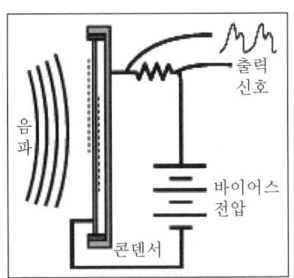

● 콘볼루션 convolution

콘볼루션은 두 신호의 스펙트럼을 곱한 것이며, 주파수 영역에서는 X(f)

Y(f), 시간 영역에서는 x(t)*y(t)로 표기한다. 콘볼루션의 연산 과정은 그림과 같다. 출력 y(n)은 x(n)과 h(n)의 어레이의 합에서 1을 뺀 값이다. 예를 들면, x(n)은 필터링하고자 하는 신호이고, h(n)은 필터라고 가정한다. 그림에서 과정 1은 콘볼루션하고자 하는 x(n)과 h(n)을 나타낸다. 과정 2는 전체 x(n)의 시퀀스와 n=0에서 h(n) 어레이의 첫번째 계수인 h(0)을 곱한 것을 나타낸다. 과정 3은 전체 x(n)의 시퀀스와 n=1에서 h(n) 어레이의 두번째 계수인 h(1)을 곱한 것을 나타낸다. 과정 4는 과정 2와 과정 3의 결과를 더한 것이다.

무향 음원과 어느 실내의 임펄스 리스폰스를 콘볼루션 하면, 마치 그 홀에서 듣는 것과 같은 음이 재생된다.

〈참조〉 가청화, 무향 음원

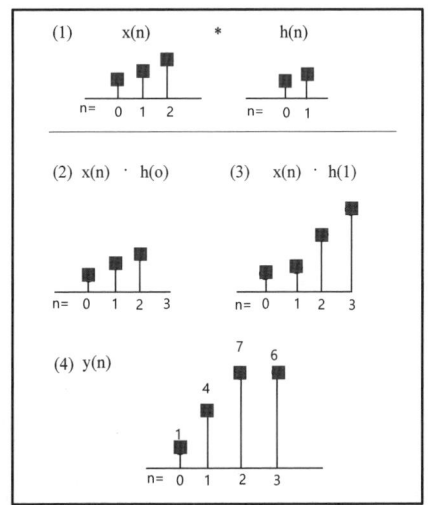

● **콘서트 피치 concert pitch**

모든 악곡이나 연주 음의 높이를 통일하기 위하여 국제적으로 결정된 표준 음. A음이 440Hz로 결정되어 있다.

〈참조〉 표준음

● 콘 스피커 cone speaker

진동판이 원추형(cone) 모양인 스피커이다. 콘은 보이스 코일과 직결되어 보이스 코일의 움직임에 따라 진동하여 음파로서 방사된다. 콘의 재료는 플라스틱, 금속, 천, 카본 등이고, 펄프 종이를 이용하는 경우도 많다. 콘의 형상은 직선 콘, 곡선 콘, 타원 콘 등이 있고, 주파수 특성과 지향성이 다르다.

● 콤필터 왜곡 comb filter distortion

여러 개의 음파가 중첩될 때, 음파 간의 간섭으로 음압이 증가되는 주파수도 생기고, 상쇄되는 주파수도 생겨서 주파수 특성이 변하는 현상이다. 예를 들어 직접음에 반사음이 더해지면, 직접음의 주파수 특성이 머리 빗 모양과 같이 변하는 현상을 콤필터 왜곡이라고 한다. 두 신호의 지연 시간이 T_d이면 dip이 생기는 주파수 f_N은 다음 식으로 구할 수 있다. 또, 거리(d) 차로도 계산할 수 있다. N이 1, 3, 5, 7에서 딥이 생기고, 2, 4, 6에서 6dB 증가된다.

$$f_N = N/2T_d = Nc/2d \ [Hz]$$

직접음과 레벨이 같은 반사음의 시간 지연이 10ms인 경우에 첫 번째 딥은 50Hz에서 생기고, 첫 번째 피크는 100Hz에서 생긴다.

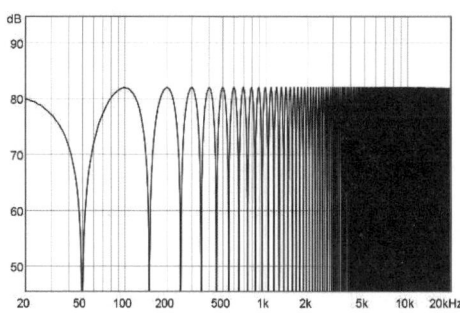

- **쿨롱 coulomb**

전기량의 단위. 기호는 C이며, 1A의 전류가 1초간에 흐르는 전기량이 1C 이다.

- **큐 박스** ☞ monitor distributor

- **크레스트 팩터 crest factor** ☞ 피크 팩터

- **크로스오버 네트워크 필터 crossover network filter**

멀티 웨이 스피커 시스템에서 파워 앰프의 출력 신호를 저음, 중음, 고음 주파수 대역으로 분할하는 회로이다. 디바이딩 네트워크(dividing network) 또는 LCR 네트워크 필터라고도 한다.

〈참조〉 멀티 앰프 시스템

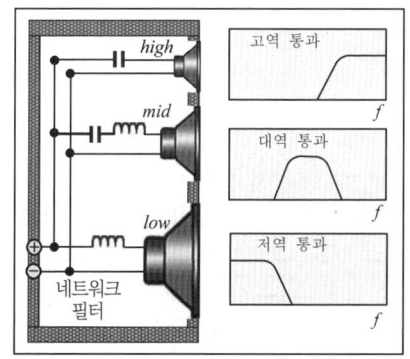

- **크로스오버 왜곡 crossover distortion**

B급 푸시풀(push pull) 전력 증폭 회로에서 출력 파형의 +, - 반 사이클을 잇는 점이 부드럽지 않아서 생기는 왜곡을 말한다. A급 앰프에

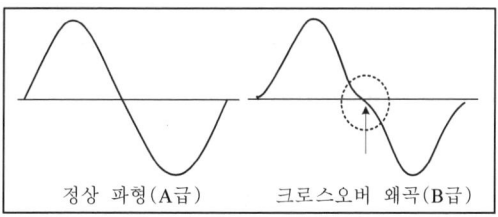

서는 한 사이클을 동시에 처리하므로 크로스오버 왜곡이 생기지 않는다.

● **크로스오버 주파수 crossover frequency**
멀티웨이 스피커에서 각 대역의 경계 주파수를 크로스오버 주파수라고 한다.
〈참조〉 멀티 앰프 시스템, 크로스오버 네트워크 필터

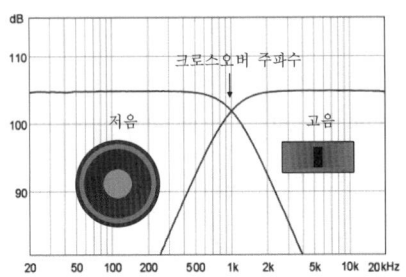

● **크로스토크 crosstalk**
앰프나 믹서와 같이 2채널 이상의 기기에서 각 채널이 독립된 입출력을 가지고 있는 경우, 어느 채널에 입력된 신호가 다른 채널에서 출력 신호가 나타나는 것을 크로스토크라고 한다. 혼입되는 정도는 [dB]로 표시하고, 마이너스 값이 클수록 크로스토크가 적다. 채널 분리도라고도 한다.

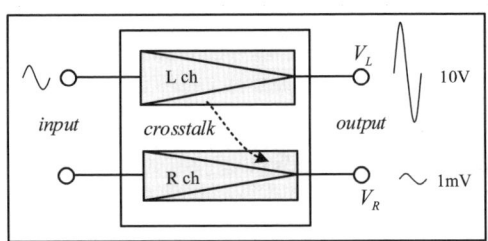

● **크로스 페이드 cross fade**
재생되고 있는 음에 다른 음이 겹치도록 중첩하여 두 음의 음량이 교차되면서 바뀌는 것을 말한다.

● **클리핑 clipping**

입력 신호가 기기의 최대 입력 레벨을 초과하면 출력 신호가 허용 입력을 초과하는 부분이 잘린 상태가 되는 것. 클리핑된 파형에는 많은 고조파수가 포함되어 있으므로 소리가 지저분하고 음색은 탁하게 느껴진다.

〈참조〉 디지털 클리핑, 아날로그 클리핑, 왜곡

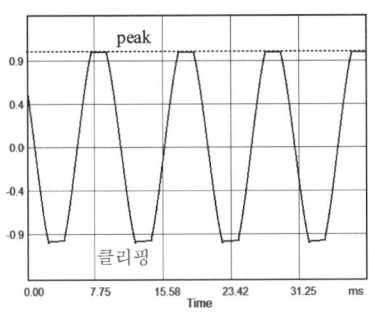

ㅌ

• **타임 코드 time code**
아날로그 신호를 펄스 신호로 변환하여 기록하는 경우에 기록 신호가 정해진 위치에 삽입되는 경과 시간 등을 나타내는 신호. 머리 부분 찾기나 경과 시간 등의 표시에 사용된다. 또, 비디오 테이프의 편집을 위하여 규격화된 타이밍 신호. 비디오 화면의 각 프레임에 붙인 부호(어드레스/번지)이고, 이 부호는 시간과 비슷한 타이밍 신호이므로 타임 코드라고 한다.
〈참조〉 SMPTE code

• **타현 악기 strucked string instrument**
피아노와 같이 채나 햄머로 현을 타격하여 발음하도록 만든 악기

• **터치 잡음** ☞ touch noise

• **템포 tempo**
악곡 진행의 속도 또는 그 규정. 원래는 '때', '시간'의 뜻이며, 보통 빠르기 표, 메트로놈 등으로 표시된다.

• **토크 백 talk back**
홀의 음향 조정실이나 녹음 스튜디오의 믹싱 룸, 그리고 방송국의 부조정실에서 무대나 스튜디오 내에 있는 연주자나 스태프에게 지시를 전달하는 장치를 말한다.

• **톤 tone**
오디오 주파수 영역에 존재하는 하나의 음고를 갖는 음. 배음 성분이 없는 음은 순음이라고 하며, 배음 성분이 있는 음은 복합음이라고 한다.
〈참조〉 복합음, 순음

● **톤 컨트롤 tone control**

음색을 보정하는 회로이며, 고음역과 저음역을 각각 변화시키는 것이다. 고음역, 중음역, 저음역으로 나누어 조정할 수 있는 것도 있다.

〈참조〉 쉘빙 이퀄라이저, 피킹 이퀄라이저, tone control

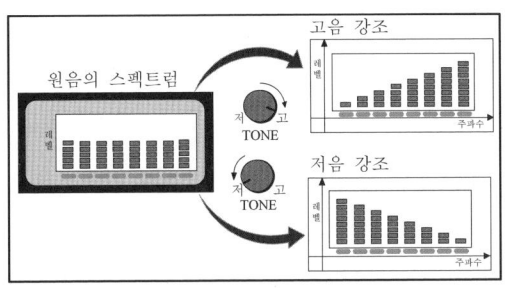

● **톱니파 sawtooth wave**

톱니파 형태의 파형이고, 배음 성분은 정수배의 주파수로 구성되어 있고, 배음의 크기는 1/2, 1/3, 1/4로 감소된다.

〈참조〉 파형

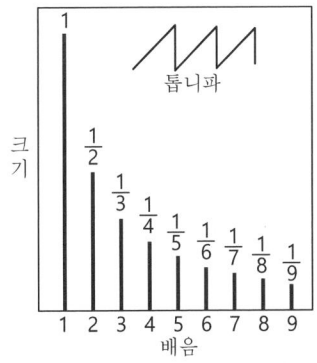

● **통과 대역 pass band**

필터에서 감쇠되지 않고 통과되는 주파수의 폭을 말한다. Bessel 필터나 Butterworth 필터의 통과 대역은 이득이 -3dB(L-R 필터는 -6dB)가 되는 주파수이고, 그림에는 고역 통과 필터를 예로 들어 차단 대역과 통과 대역을 나타낸다.

〈참조〉 필터, 차단 대역, 차단 주파수, L-R filter

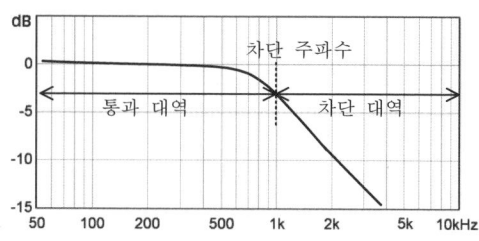

● **통화 품질 speech transmission quality**

전화 통화 품질을 MOS(mean opinion score)를 이용하여 정량적으로 나타낸 것. 통화 품질은 송화 품질, 전송 품질, 수화 품질로 구분된다.

〈참조〉 MOS

● **투과 transmission**

두 개의 다른 매질이 존재할 때, 음파가 두 매질의 경계층에 도달하여 매질 사이의 임피던스 부정합에 의해 일부가 반사되고, 다른 일부는 다른 매질로 투과되는 현상을 말한다. 투과되는 정도는 입사파의 경계층에 대한 입사 각도 및 두 매질의 임피던스와 경계층 조건 등에 따라서 달라진다.

〈참조〉 투과손실

● **투과 손실 transmission loss, TL**

어느 벽에 입사되는 음의 세기와 그 반대 측으로 투과되는 세기와의 비를 투과율이라고 한다. 이 투과율(τ)의 역수를 대수로 나타낸 것을 투과 손실(TL)이라고 한다.

$$TL = 20\log(1/\tau) \, [dB]$$

투과 손실은 차음 성능을 나타내는데 사용한다. 즉, 투과 손실은 입사음 레벨과 투과음 레벨과의 차이이다. 예를 들면, 벽에 90dB의 음이 입사되어 벽의 반대 측에 50dB 음이 투과되었다면, 투과 손실은 40dB가 된다.
〈참조〉차음, 투과

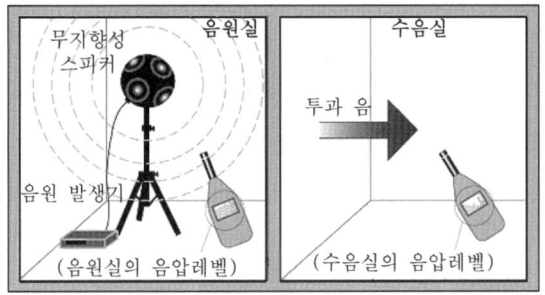

• 트라이 앰프 시스템 tri amplifier system

스피커 컨트롤러에서 저음, 중음, 고음의 3개 주파수 대역으로 분할하여 각각의 전용 앰프를 스피커와 연결하여 재생하는 방식이다.

〈참조〉멀티 앰프 시스템, 바이 앰프 시스템

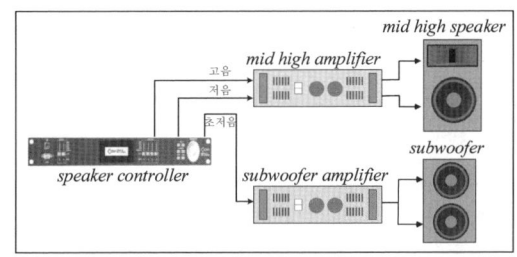

• 트랙 track

자기 테이프에서 궤도를 말하고, 이 궤도상에 소리나 영상을 기록한다. 오디오 테이프의 트랙은 2, 4, 8, 16 track이 있다.

〈참조〉멀티 트랙 리코더

• 트랙 다운 track down

멀티 트랙 테이프에 녹음된 각 트랙의 음을 정위시키거나 각각의 음의 밸런스를 잡고 2채널 스테레오로 정리하는 것을 말한다. 믹스 다운이라는 용어를 사용하기도 한다.
〈참조〉 믹스 다운

● **트랜스 transformer**
철심에 코일을 감아서 만든 부품. 출력 트랜스는 앰프의 출력과 스피커의 사이에 넣어서 효율이 좋게 전력을 스피커로 보내는데 사용한다. 또한, 1차 코일 수와 2차 코일 수의 비에 따라서 입력 전압을 승압 또는 강압시킬 수 있다.

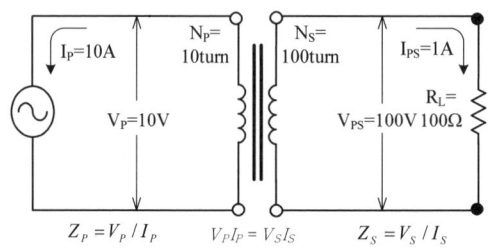

● **트랜스듀서** ☞ 변환기

● **트랜지스터** ☞ transistor

● **트레몰로 tremolo**
악기 연주시에 음을 규칙적으로 빨리 떠는 것을 되풀이 하는 주법. 비브라토와 달리 음고를 일정하게 유지한 상태에서 음량을 시간에 따라 변화시키는 것으로서 일종의 진폭 변조이다. 트레몰로는 '떨린다' 라는 뜻에서 나온 어의이며, 현악기에서는 활을 빨리 상하로 움직여서 어떤 음을 되풀이하는 주법이다.
〈참조〉 비브라토

● **트리거** ☞ trigger

• **트림** ☞ trim

• **트위터 tweeter**
멀티 채널 스피커 시스템에서 고음을 재생하는 유닛을 말한다. 진동판의 형태에 따라서 콘형, 돔형, 혼형으로 구분된다.
〈참조〉 스쿼커, 우퍼

ㅍ

- **파고율 crest factor** ☞ 피크 팩터

- **파동 wave**

어떤 물체에 의해 생긴 진동이 전달되어 가는 현상이다. 매질의 진동 방향과 파의 전달 방향이 같은 파는 종파라고 하고, 서로 수직인 파는 횡파라고 한다. 음파는 종파이고, 물결파는 횡파이다.

〈참조〉 종파, 횡파

- **파라메트릭 이퀄라이저 parametric equalizer**

음질을 보정하는 효과기로서 중심 주파수, 대역 폭 (bandwidth; Q)과 특정 대역의 레벨을 가변할 수 있는 이퀄라이저이고, 약해서 PEQ라고 한다. Q가 클수록 대역 폭이 좁아진다.

〈참조〉 그래픽 이퀄라이저, 품질 팩터

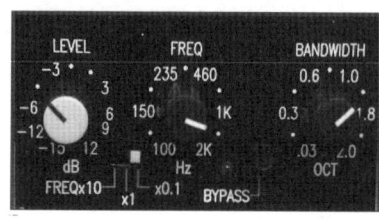

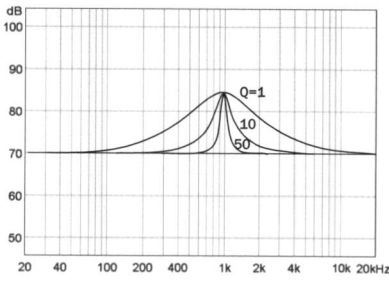

- **파라볼라 집음기** parabolic sound collector

원거리에 있는 음을 픽업하고자 할 때 사용하는 파라볼라 형태의 마이크 부속 장치. 파라볼라 집음기는 직경 D에 따라서 지향각이 다르다. 파라볼라 입구의 직경이 D(cm)이면, 유효한 지향성을 얻을 수 있는 한계 주파수는 $f_0=17,000/D$[Hz]이다.

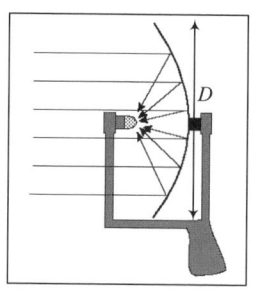

- **파면** wave front

파면은 문자대로 파의 면을 그대로 나타내고 있으므로 수면에 생기는 파면을 연상하면 된다. 음선은 음이 전달되는 경로를 나타내는데 편리하며, 파면과 수직인 직선으로 그린다.

〈참조〉음선

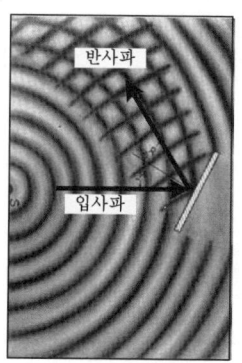

- **파스칼** ☞ Pascal

- **파워 앰프 power amplifier**
믹서에서 출력된 신호를 전력 증폭하여 스피커를 구동시키는 기기

- **파장 wavelength**
음파가 1회 진동(1주기) 하는 동안에 진행한 거리이다. 파장은 음속을 주파수로 나누어 구한다(λ=c/f). 음속은 340m/s이므로 100Hz의 파장은 3.4m, 10kHz는 3.4cm가 된다.

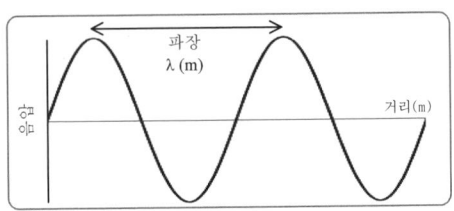

- **파형 waveform**
전기 신호가 시시각각 변하는 레벨 값을 세로축에, 시간을 가로 축에 나타낸 것. 예를 들면 오실로스코프로 관측된 것이 파형이다. 파형에는 사인파, 삼각파, 톱니파, 사각형파, 펄스파 등이 있다.

- **판 흡음재 panel absorber**
합판과 같은 자재를 진동할 수 있도록 벽에 부착한 흡음재로서 저음을 흡음한다.
〈참조〉흡음 기구

- **팝 필터 ☞ pop filter**

- **패드 pad**
회로의 중간에 삽입하여 신호를 감쇠시키기 위한 소자이며, 일반적으로 감쇠량을 가변할 수 없는 고정형의 저항 감쇠기를 가르키고, 가변형은 감쇠기라고 한다.
〈참조〉attenuator

• 패시브 라디에이터 passive radiator

저음 반사형 스피커 캐비닛의 포트에 상당하는 효과를 얻기 위하여 콘형 스피커의 진동판만 부착한 것을 말한다. 저음역에서 공진하여 저음을 더 크게 재생하기 위한 것이고, 소형 스피커 시스템의 저음을 증가시키기 위하여 사용된다. Drone cone이라고도 하고, 게으르다는 의미로서 실제로 동작하지 않기 때문에 붙여진 이름이다.

〈참조〉 저음 반사형 인클로저

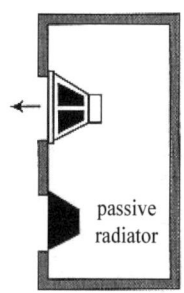

• 패치 베이 patch bay

음향 기기의 입출력 회로를 모은 패널이며, 목적에 따라서 기기의 연결을 변경하거나 분기를 간단하게 할 수 있도록 한 것이다.

• 패치 선 patch cord

단자들을 연결하기 위하여 케이블 양단에 폰 플러그나 XLR 커넥터를 부착한 코드이다.

• 팬텀 전원 phantom power

콘덴서 마이크를 동작시키기 위한 48V의 전원이고, 마이크 케이블로 공급한다.

• 팬폿 ☞ pan pot

- **펀치 인 펀치 아웃 punch in punch out**

멀티 트랙 녹음에 이용하는 조작 방법이며, 재생 중에 지정한 트랙에 순간적으로 바이어스를 걸어 녹음 상태로 바꾸는 것을 펀치 인이라고 하고, 순간적으로 재생 상태로 되돌리는 것을 펀치 아웃이라고 한다. 잘못된 연주의 부분적인 재생 음이나 덮어쓰기 녹음에 이용한다.

- **펄스 pulse**

아주 짧은 시간 동안 흐르는 신호

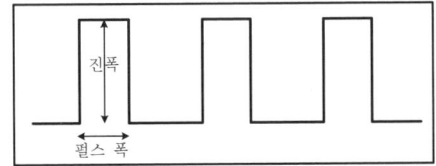

- **펄스 코드 변조 pulse code modulation**

아날로그 신호를 일정 시간마다 샘플링하고, 이것을 양자화 하여 1과 0의 펄스 신호로 변환하는 방식

〈참조〉 샘플링, 양자화, PCM

- **페이더** ☞ fader

- **페이드 아웃** ☞ fade out

- **페이드 인** ☞ fade in

- **페이징 paging**

강당이나 공공 건물에서 호출하기 위한 음향 설비를 말한다. 음향 시스템 설비에 대해서 통상의 일반 방송 설비를 가르키는 경우가 많다.

- **평균율 음계** equal temperament scale

1 옥타브의 반음 간격을 등비 급수적으로 12 등분하여 만든 음계. 반음 간격은 $2^{1/12}$= 1.05946이다.

- **평균 자유 경로** mean free path

실내에서 음파가 벽 등에 여러 번 반사될 때, 인접한 반사음 사이의 평균 거리를 말한다. 평균 자유 경로는 4V/S로 구할 수 있다. 여기에서 V는 공간의 체적, S는 공간의 표면적이다.

- **평균화 처리** averaging

소음이 있는 환경에서 음향 신호를 측정하면, 소음 때문에 정확한 데이터를 구하기 어렵다. 이러한 경우에 여러 번 측정하여 평균을 구하면 소음은 제거되고, 원래 신호만 얻을 수 있는 신호 처리 기법이다. 즉, 소음은 상관이 적은 신호이므로 평균하면 없어지게 되고, 신호만 남게 되는 것이다. 이 방법은 신호에 비하여 소음이 상당히 높을 때에 유용한 방법이다. 단, 반드시 측정하고자 하는 신호는 시계열 상에서 같은 위치에 고정되어 있어야 하고, 이것을 신호와 동기를 취한다고 한다. M회 평균화 처리하면 S/N 비는 10logM[dB] 향상된다.

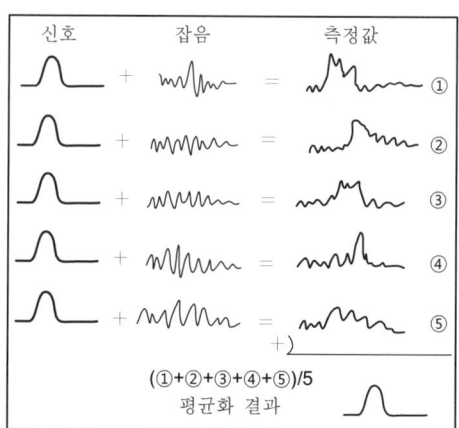

● 평균 흡음률 average absorption

실내의 모든 면의 흡음률을 더하여 면적으로 나누면 평균 흡음률이 된다. 평균 흡음률이 0.26 이상이면 데드하고, 0.25 이하이면 라이브하다. 일반적으로 다목적 홀은 평균 흡음률 0.25 정도로 설계하고, 콘서트 전용 홀은 0.2 정도로 하여 약간 라이브하게 설계하고 있다. 스튜디오는 0.3~0.4 이상으로 데드하게 설계한다.

〈참조〉 흡음력

평균 흡음률	울림의 정도	실례
0.1~0.2	아주 울림 음성과 음악의 명료성이 나쁨	성당 대형 교회
0.21~0.25	약간 울림 classic 연주 감상에 적당	콘서트홀 일반적인 교회
0.26~0.3	울림이 적당함 울림의 과다를 인식하지 못하고, 음성의 명료성이 좋음	다목적 홀
0.31~0.35	약간 메마른 느낌	TV 스튜디오
0.36~0.5	메마른 느낌 약간 부자연스러움	녹음 스튜디오
0.51~0.95	아주 메마른 느낌 아주 부자연스러움	반무향실 무향실

● 평면 스피커 flat speaker

평면 진동판으로 만들어진 스피커. 콘 스피커는 전면이 움푹 패어져 있어서 주파수 특성에 요철이 발생되지만, 평면 스피커의 특성은 평탄하다.

● 평면파 plane wave

파면이 전반 방향과 수직인 파이다. 점 음원으로부터 충분히 멀리 떨어진 곳에서는 평면파로 간주할 수 있다. 평면파는 음압과 입자 속도가 동위상이다.

〈참조〉 구면파

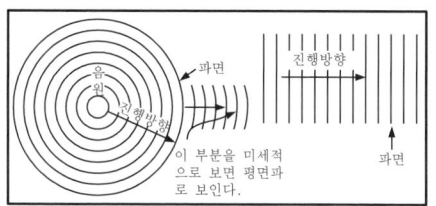

- **평형형 케이블 balanced cable**

두 개의 신호선과 실드선으로 구성된 케이블

〈참조〉 불평형형 케이블

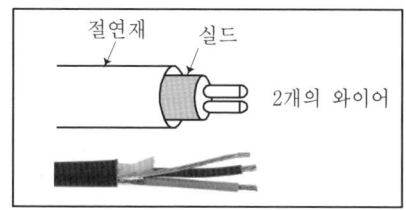

- **평형형 회로 balanced circuit**

2개의 신호 선을 외부 잡음으로부터 차단하기 위하여 실드 선으로 감싸고 있는 회로이다. Hot 선은 불평형형과 같은 신호가 흐르고, cold 선에는 hot 신호의 역 위상인 신호가 흐른다. Cold 신호는 hot 신호를 인버터(위상을 180도 변환하는 회로)를 거쳐서 역위상 신호로 만든다. 신호를 받는 기기에서는 hot 신호에서 cold 신호를 빼어 계산하면 입력 신호의 2배가 된다. 그림에서 설명하면 $+V_s - V_n - (-V_s + V_n) = 2V_s$가 된다. 한편, 잡음은 2개의 신호 선에 같은 레벨의 동위상 신호로 혼입되므로 입력 단에서 $0(=V_n - V_n)$이 되어 상쇄된다.

〈참조〉 불평형형 회로

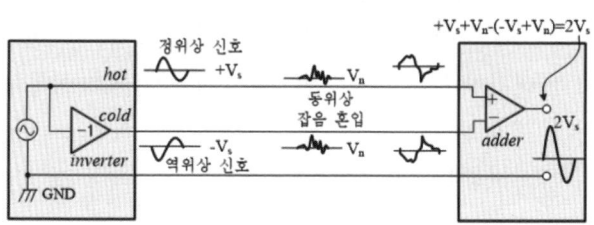

- **평활화 처리 smoothing processing**

평활화 처리는 진폭의 변화가 많은 시계열 신호에 대해서 신호의 자세한 변화는 무시하고, 전체적인 특성을 알기 쉽게 하기 위한 처리이다. 어느 측정치를 중심으로서 그 전후의 일정한 개수를 평균하여 나타내면 변화 폭이 부드러워진다.

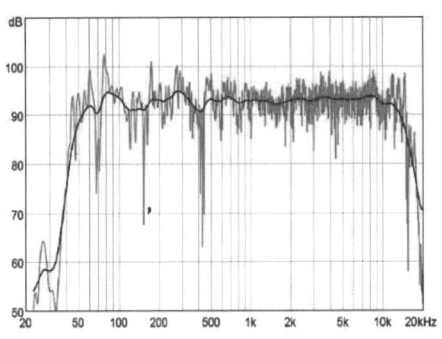

- **포먼트 formant**

모음의 주파수 스펙트럼 상에서 특정 주파수 대역에 에너지가 집중되어 생기는 피크. 그 영역의 최대 진폭 주파수를 포먼트 주파수, 그 대역 폭을 포먼트 대역 폭이라고 한다.

- **포화 레벨 saturation level**

입력 신호가 너무 커서 출력 신호의 최대치가 잘리는 상태의 레벨을 말한다.

- **폴드 백 스피커 fold back speaker**

무대의 연주자나 가수가 자신의 음을 들을 수 있도록 하여 연주하기 쉽고, 노래하기 쉽게 하기 위한 모니터용 스피커로 스테이지 모니터라고 한다. 무대 양 측에 설치한 스피커를 side fill monitor, 연주자 등의 발 아래에 놓은 것을 foot monitor라고 한다.

- **폴라 패턴 polar pattern**

마이크나 스피커의 지향 특성을 나타내는 패턴으로서 무향실에서 스피커에 특정 주파수 신호를 입력하여 음압을 기록하면서 스피커를 360도 회전시켜 각 주파수마다 음압 레벨 변화를 그린 패턴. 마이크의 지향 패턴은 음원을 고정하여 피 측정 마이크를 회전시켜 측정한다. 그림에는 마이크와 스피커의 지향 패턴을 나타낸다.

〈참조〉 스피커 지향각, 지향성

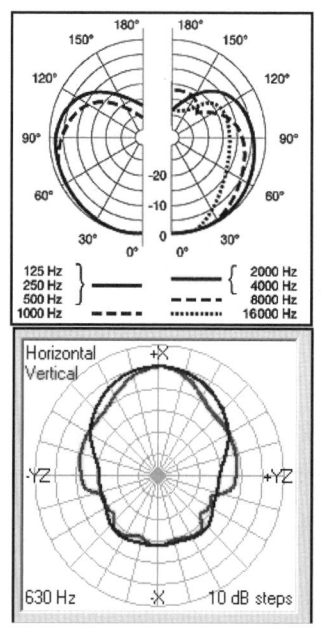

- **표준 음 standard tone**

표준 음고. 음악에 이용되는 음의 절대적인 높이를 규정하기 위한 기준음. 보통 A^4=440Hz가 국제적으로 표준음으로서 사용되고 있다.

- **품질 quality**

음질, 성능, 특성이라고 하는 의미를 나타내는 용어이다.

- **품질 팩터 quality factor, Q**

밴드 패스 필터의 중심 주파수를 대역 폭으로 나누어 구한다. Q가 클수록 대역 폭이 좁아진다. 중심 주파수가 1000Hz이고, 차단 주파수가 300~2800Hz(대역 폭 2500Hz)이면, Q는 0.4(=1000/2500)이다.

〈참조〉 파라메트릭 이퀄라이저

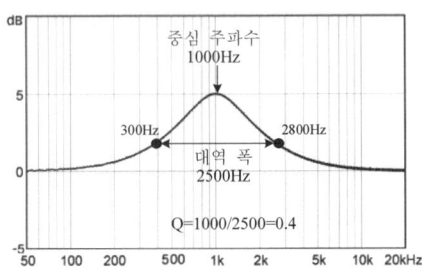

- **프로브 마이크** ☞ probe microphone

- **프로시니엄 proscenium**

극장의 무대와 객석을 구분하는 무대 개구부

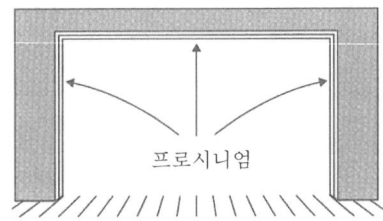

- **프로시니엄 스피커 proscenium speaker**

극장의 프로시니엄 아치 상부에 객석을 향하여 설치되어 있는 스피커 시스템을 말한다.

〈참조〉 스피커 종류

- **프로토콜 protocol**

컴퓨터와 음향 기기 간에 통신하기 위한 통신 규약

- **프리 앰프 pre amplifier**

전력 증폭기 앞 단에 설치하는 전치 증폭기. 마이크 신호와 같이 낮은 레벨의 신호를 라인 레벨로 증폭하는 역할을 한다. 프리 앰프에는 이퀄라이저나 톤 컨트롤 등의 음질 조정 회로가 부착되어 있다.

- **프리 엠퍼시스 pre-emphasis**

주파수 변조에서 변조 주파수가 높은 쪽은 S/N 비가 작으므로 변조를 강하게 하여 송신하는 것을 프리 엠퍼시스라고 한다.
〈참조〉 디 엠퍼시스

- **프리 페이더/포스트 페이더 pre fader/post fader**

믹서의 신호 경로에서 입력 페이더 앞 단을 프리 페이더, 뒤 단을 포스트 페이더라고 한다. 프리 페이더에서 외부 음향 효과기로 신호를 보내면 입력 페이더의 조작과 관계 없이 효과가 걸리고, 포스트 페이더에서 신호를 보내면 페이더 조작에 따라서 효과기의 음량이 변한다.

• 플러터 에코 flutter echo

천장과 바닥, 양 측벽면 등이 서로 평행하고 딱딱한 벽면일 경우에 평행면 사이에서 다중 반사 음이 들리는 반사음으로서 음향 장해 현상의 하나이다.

〈참조〉음향 장해

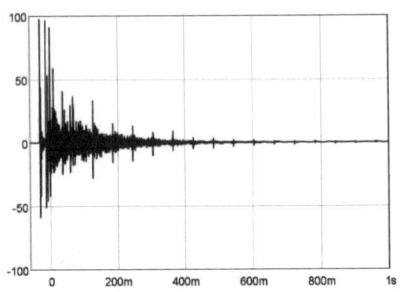

• 플레밍의 왼손 법칙

도선에 전류를 흘리면 자기가 발생되고, 자기장 속에서 도선을 움직이면 도선에 전류가 발생한다. 이것들의 관계는 그림에 나타낸 것과 같이 왼손 세개의 손가락을 서로 직각으로 벌린 모양으로 나타내고, 이것을 플레밍의 왼손 법칙이라고 한다. 자기의 세기, 전류의 크기, 도선의 움직이는 속도의 세 가지는 각각의 두 가지가 커지면 커질수록 발생되는 전류 또는 가해지는 힘이 커진다. 자계의 세기나 전류의 크기가 큰 것이 발전기의 원리이고, 작은 것은 마이크에 응용되고 있다. 또, 도선이 움직이는 속도는 모터의 회전 원리이고, 스피커에 응용되고 있다.

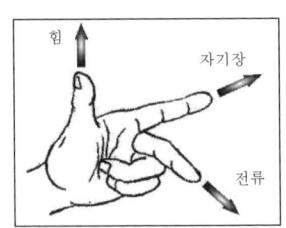

● 플랜저 효과 flanger effect

플랜저는 일종의 변조음으로서 특유의 금속감을 내는 효과기이다. 원리는 입력 신호와 지연된 신호를 더하면 콤필터 왜곡이 생기게 되고, 이것을 이용한 것이다.

〈참조〉 코러스 효과, 콤필터 효과

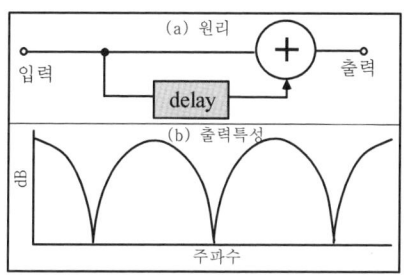

● 피드백 feedback

출력 신호가 다시 입력으로 되먹임 되는 것

● 피아노 piano

① 타현 건반 악기로 음역은 7옥타브 이상이고, 88 건반이 표준이다. 정식으로는 피아노포르테(piano forte)라고 하고, 약음(piano)에서 강음(forte)까지 자유롭게 연주할 수 있다는 의미에서 이름이 붙여진 것이다. 현이 수평으로 늘어져 있는 그랜드 피아노와 수직으로 늘어져 있는 업라이트(upright) 피아노가 있다.
② 약하게 연주하는 것이고, p로 표기된다.

● 피스톤 폰 pistone phone

기계적으로 구동되는 피스톤을 이용하여 소용량의 공동내에서 정확한 음압을 발생시켜 마이크의 음압 레벨을 교정하는 기기. 보통 1kHz 94dB 음압 레벨을 발생시킨다.

● 피치 pitch
주파수에 따라서 음의 고저가 느껴지는 감각이다.
〈참조〉음고

● 피치 변환기 pitch shifter
아날로그 테이프 리코더는 재생 시 테이프 속도를 바꾸면 음의 피치가 변하지만, 템포도 변한다. 반면에 디지털 신호로 처리하면 템포를 바꾸지 않고, 피치를 바꿀 수 있다. 음의 신호를 기록하는 속도와 기록된 신호를 읽어내는 속도를 바꾸는 것이다.
〈참조〉하모나이저

● 피치카토 pizzicato
바이올린과 첼로와 같은 찰현 악기에서 활을 사용하지 않고, 현을 손가락으로 뜽겨서 연주하는 주법

● 피크 레벨 지시계 peak level indicator
피크 레벨을 표시하기 위해서 어느 레벨 이상의 신호가 들어 오면, 전자 회로에서 검출하여 발광 다이오드 등을 점등시키는 것이다.

● 피크 미터 peak meter
신호의 피크 치를 지시하는 미터
〈참조〉VU 미터

● 피크 팩터 peak factor
신호의 최대치와 실효치와의 비를 말한다. 예를 들면 사인파의 최대치와 실효치와의 비는 3dB(=20log1/0.707)이다. 이것은 최대치가 실효치보다 3dB 높다는 것을 의미한다.

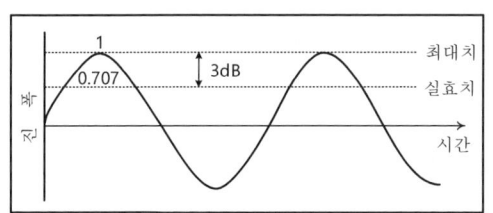

신호	피크 팩터
사인파	3dB
MLS 신호, 구형파	0dB
핑크 노이즈	12dB
음성	12dB
록 음악	8~10dB
클래식 음악	25dB

- **피킹 이퀄라이저 peaking equalizer**

어느 특정 주파수 대역을 부스트하거나 커트하는 이퀄라이저

〈참조〉 쉘빙 이퀄라이저

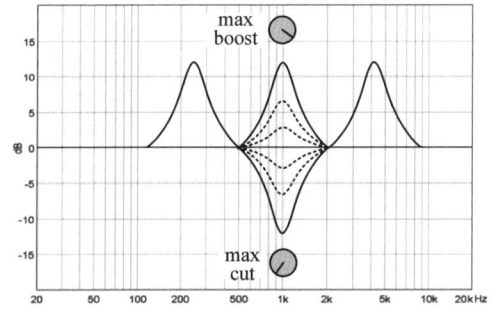

- **핀 마이크 pin mic**

의상이나 머리에 부착시켜 사용하는 초소형 마이크로서 주로 뮤지컬이나 연극, 오페라 공연 시에 많이 사용한다.

- **필터 filter**

어느 특정 주파수 이상이나 이하의 신호를 차단하는 회로. 저역만을 통과 시키는 저역 통과 필터, 고역만을 통과시키는 고역 통과 필터, 특정 대역만 통과시키는 대역 통과 필터, 특정 대역만 제거하는 대역 저지 필터가 있다.

〈참조〉 고역 통과 필터, 능동 필터, 대역 저지 필터, 대역 통과 필터, 저역 통과 필터, filter slope, topology

● **핑퐁 녹음 ping pong recording**

멀티 트랙으로 녹음한 복수 트랙의 음을 믹싱하여 비어 있는 다른 트랙에 싱크 시켜 녹음하는 것. 멀티 트랙 리코딩의 트랙 수가 부족한 경우에 이 테크닉을 사용한다.

● **핑크 잡음 pink noise**

주파수가 배가 되면 에너지는 절반(10log1/2=-3dB)이 되는 특성을 가지고 있는 잡음이다. 그림에는 주파수 축을 1Hz 단위로 분석한 것(왼쪽)과 1옥타브 대역으로 분석한 것(오른쪽)을 나타낸다. 옥타브로 분석한 경우에는 1옥타브 증가할 때마다 대역 폭이 2배씩 넓어지므로 평탄한 형태로 나타난다. 핑크 잡음은 실시간 분석기(RTA; real time analyzer)를 사용하여 전송 주파수를 측정할 때 사용되는 잡음이다. 에너지가 주파수에 반비례하므로 1/f 잡음이라고도 한다.

〈참조〉 백색 잡음, 1/f noise, real time analyzer

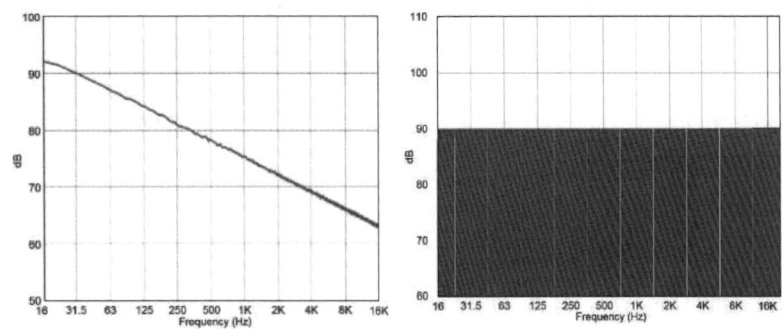

ㅎ

- **하모나이저 harmonizer**

음성이나 악기 음의 템포를 바꾸지 않고 피치를 변화시키는 음향 효과기이다. 피치가 다른 악기 음을 튜닝하거나 약간 어긋난 피치를 원래 음으로 보정하고, 솔로를 합창하는 것과 같은 효과를 만드는데 사용한다. 하모나이저는 상품명이며, 일반 명칭은 피치 변환기이다.
〈참조〉 피치 변환기

- **하모니 harmony**

두 개 이상의 음이 조화되어 듣기 좋은 음이 되는 것

- **하이 파이** ☞ Hi-Fi

- **하스 효과 Haas effect**

선행음 효과를 발견한 음향학자 Haas의 이름을 딴 명칭
〈참조〉 선행음 효과

- **하우스 커브** ☞ room curve

- **하울링 howling**

마이크로 픽업한 음이 증폭되어 스피커로 재생될 때, 스피커에서 나온 음이 다시 마이크로 입력(acoustic feedback)되고 증폭되어 스피커에서 나온다. 이 음향 루프 이득이 어느 레벨에 달하면 생기는 발진 현상을 말한다.
〈참조〉 feedback suppressor

- **하울링 마진 howling margin**

보통 사용하는 확성 레벨에서 믹서의 페이더 위치와 하울링이 발생되는

페이더 위치와의 차이를 하울링 마진이라고 한다. 예를 들어 일상 사용하고 있는 페이더가 -10dB이고, 하울링이 생기지 않고 페이더를 5dB까지 더 올릴 수 있는 경우에 하울링 마진은 15dB가 된다.

● **하울링 주파수 howling frequency**
하울링이 잘 발생되는 주파수를 다음과 같이 명명한다.

하울링 음색	주파수
hoot	250~500Hz
singing tone	1kHz
whistle	2kHz

● **하울링 주파수 특성 howling frequency response**
각 주파수 대역마다 하울링 레벨을 표시한 것. 특성이 평탄할수록 안전 확성 이득은 커진다.

● **하이퍼 카디오이드 hyper cardioid** ☞ 초지향성 마이크

● **한 점 픽업 one point microphone pickup** ☞ 원 포인트 녹음

● **합성음 synthesis sound**
아날로그적으로나 디지털 전자적인 방법으로 여러 가지 음을 합성하여 만들어진 음으로서 자연음과 대조된다.

● **향판 sound board**
현악기에서 현 자체의 방사 음이 작으므로 브리지를 통해서 현의 진동에 공명하여 넓은 면에서 효과적으로 음의 에너지를 방사하기 위하여 이용되는 목재 판

- **핸드 마이크 hand microphone**

손에 잡고 사용하는 마이크이고, 주로 보컬용으로 사용한다. 손으로 잡고 사용하므로 터치 잡음이 나지 않도록 설계되어 있다.

〈참조〉 보컬 마이크

- **허 음원 image source**

스피커 등의 음원을 음이 잘 반사되는 평면 벽 가까이에 설치하면, 그 벽을 반사 거울로 간주하고, 음원이 비치는 곳에 마치 또 하나의 동일한 음원이 존재하는 것 같은 효과가 생긴다. 이 새로운 음원을 허 음원이라고 하고, 실제로 존재하는 음원을 실음원(real source)이라고 한다. 스피커를 설치하는 위치에 따라서 허음원이 생기는 개수도 달라지고, 음압 레벨도 달라진다.

〈참조〉 음원의 지향 계수

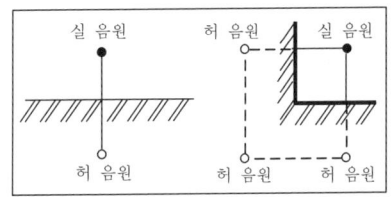

- **험 잡음 hum noise**

교류 전원의 주파수(60Hz)와 그 고조파 성분이 신호에 혼입되어 발생되는 '붕' 하는 잡음. 주요 발생원은 전원 회로로부터 누설이나 트랜스로부터 유도에 의해 발생된다.

- **헤드룸 headroom**

잡음 레벨에서 정격 출력 레벨까지의 폭을 신호 대 잡음 비(S/N 비)라고 하고, 정격 출력 레벨에서 왜곡되지 않는 최대 출력 레벨까지를 헤드룸이라고 한다. 헤드룸은 정격 출력 레벨 이상에서 시스템이 왜곡되지 않고 동작하는 레벨을 말한다.

〈참조〉 다이내믹 레인지

● **헤드 앰프 head amplifier**
음향 기기의 제일 앞 단에 있는 앰프로서 마이크의 낮은 레벨 신호(-60~-40dB)를 라인 레벨(-20dB~+4dB)로 증폭하는 앰프

● **헤드폰 headphone**
헤드 밴드를 이용하여 귀에 고정할 수 있도록 한 리시버이다. 용도에 따라서 방송용 모니터 헤드폰, 통신용, 어학 학습용 등이 있지만, 오디오용으로는 음악 감상용과 녹음 모니터용이 있다. 헤드폰은 진동판에서 발생된 음이 외이도로 직접 들어 오므로 스피커 시스템과 같은 재생 음색은 얻어지지 않는다.
〈참조〉 밀폐형 헤드폰, 오픈 에어 헤드폰

● **헨리** ☞ Henry

● **헬름홀츠 공명기 Helmholtz resonator**
병의 주둥이에 입을 대고 불면 목 부분의 공기가 질량으로 작용하고, 병속의 공기가 스프링으로서 작용하여 음에 대해서 공명기가 된다. 이것을 헬름홀츠 공명기라고 하고, 단일 주파수를 흡음하는 성질을 이용하여 스튜디오 등에서 부밍(booming) 주파수 음을 흡음하는데 사용한다. 구멍 뚫린 석고 판도 헬름홀츠 공명기의 원리를 이용한 흡음재이다.

● **현장감 presence**
스피커로 재생된 음이 마치 녹음 현장에 있는 것 같이 생생하게 들리는 것을 의미하는 용어이다.

● **호스 잡음 Hoth noise**
전화 가입자 댁내의 실내 소음의 평균치와 같은 스펙트럼을 갖는 잡음을

말한다. 스펙트럼 특성은 -5dB/oct이다.

● 혼 horn

드라이버에서의 음압은 고 임피던스이고, 공기는 저 임피던스이므로 음을 재생하는 데는 아주 많은 파워가 필요하다. 따라서 혼의 크기를 점차적으로 크게 하여 공기의 압력을 점차적으로 낮게 하고, 혼의 입(mouth) 부분에서는 공기의 압력과 비슷하게 만든다. 이렇게 하여 공기의 낮은 임피던스와 매칭시켜 음향 방사 효율을 높인 것이다.
혼 스피커는 지향성이 좁고 능률이 높으며, 과도 특성이 좋은 것이 특징이다. 반면에 콘 스피커에 비하여 재생 대역이 좁다. 혼 스피커는 다음과 같은 종류가 있다.
① 확산이 지수적으로 넓어지는 지수형 혼
② 확산이 좁은 형상의 하이퍼볼릭 혼
③ 확산이 부드러운 형상의 코니컬 혼

〈참조〉 드라이버 유닛, exponential horn

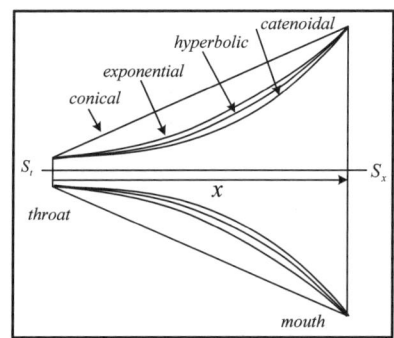

● 혼변조 왜곡 intermodulation distortion
비선형 기기에 두 신호를 동시에 입력하면, 두 신호의 합과 차 주파수 성분이 발생되는 왜곡이다. 측정 주파수는 60Hz와 하모닉 관계가 없는 7kHz 톤을 4:1의 진폭 비를 갖는 신호를 사용한다.

⟨참조⟩ 고조파 왜곡, 왜곡

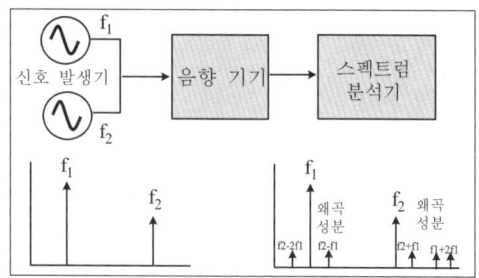

● 홀의 형상 hall shape

홀은 무대와 객석의 관계 또는 형상에 의해 분류되고, 무대 위치에 대해서는 다음과 같이 분류된다.
① end stage; 홀 평면의 한 쪽 끝에 무대를 설치한 형식의 홀이고, 대부분의 홀은 이 형태이다.
② arena 홀; 무대를 객석으로 둘러싸는 형태이고, end stage보다 많은 객석을 수용할 수 있으며, 무대와 객석이 가까운 것이 장점이다.
또, 무대와 객석의 관계로 다음과 같이 분류할 수 있다.
① proscenium 홀; 무대 전면에 프로시니엄을 설치하고, 무대 상부에 프라잉 타워를 설치한 형태의 홀로서 다목적 홀로서 적절하다.
② one room 홀; 프로시니엄 아치가 없고, 무대와 객석이 하나의 공간으로 연결된 형태의 홀로서 시각적인 요소보다 음향을 중시한 콘서트 홀에 적합한 형태이다.

또, 콘서트 홀을 대상으로 다음과 같은 분류가 있다.
① 반사판 형식; 프로시니엄 형태의 홀이고, 콘서트 시에 무대 반사판을 설치하여 one room 형태에 가깝게 하는 방법을 취하지만, 완전한 one room 상태는 되지 않는다. 별명으로 dog house라고 한다.
② shoe box형; one room 형식의 홀로서 구두 상자와 같은 구형 단면을 가지고 있어서 부르는 명칭이다. 객석에서 측면 반사음이 많이 얻어져서 좋은 실내 음향 효과가 얻어진다.
③ 와인야드형; 객석을 많이 만들기 위해서 고안된 아레나 형식의 콘서트 홀이다. 객석을 여러 개의 블록으로 나누어 무대를 둘러 싸는 포도 밭과 같은 형태이다. 모든 객석에서 시각적으로나 음향적으로나 특성이 거의 같은 장점이 있다. 베를린 필하모니 홀이 이 형태의 대표적인 홀이다.

④ 부채꼴형; 무대를 중심으로 부채꼴과 같은 형상을 하고 있다. Shoe box형과 비교하면 측면 반사음이 얻어지지 않는 구조이므로 음향적으로 좋지 않지만, 객석 수를 늘릴 수 있고, 시각적으로 무대와 객석 간의 길이가 짧아지는 장점이 있다.

● **화이트 노이즈** ☞ 백색 잡음

● **확산 diffusion**
음이 여러 방향으로 산란되는 것
〈참조〉 확산판

● **확산감** spatial impression
콘서트 홀의 공간적 인상의 하나로서 확산감이 좋은 음장이 주관적으로 바람직하다. 확산 평가 파라미터는 IACC(Interaural crosscorrelation), LE (Lateral efficiency), RR(Room response)이 있다.
〈참조〉두 귀 간의 상관도, LE, Room Response

● **확산 음장** diffused field
공간의 어느 장소에서도 음이 모든 방향으로부터 균일하게 들리고, 음압 레벨이 균일한 공간을 말한다. 이론적으로 완전한 확산 음장은 없지만, 실내의 치수가 크고 불규칙한 형상의 공간은 확산 음장이라고 간주할 수 있다.

● **확산 음장 마이크** random incidence microphone
일반적으로 유한한 직경을 갖는 진동판을 사용하므로 회절 효과에 의해서 마이크 진동판상의 음압이 마이크가 없는 상태보다 상승하게 된다. 이 회절 효과에 의한 음압 상승을 보정하지 않고, 진동판에 걸린 음압을 그대로 픽업하는 마이크이다. 이 마이크는 잔향음과 같이 모든 방향으로부터 도래하는 확산음을 픽업하기 위한 경우에 사용한다. 일반적으로 공간 내에서 음향 측정용으로 사용된다.
〈참조〉자유 음장 마이크

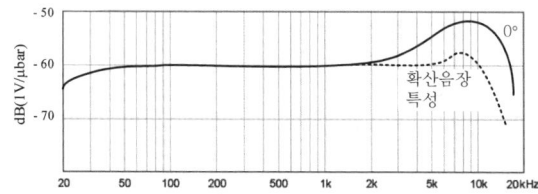

● **확산판** diffuser
음파를 확산시키기 위하여 벽이나 천장에 원통형, 구형, 피라미드형, 상자형, 기타 불규칙한 반사판을 붙이는 것을 확산판이라고 하고, 파장 정

도의 크기로 불규칙하게 배열한다. 확산의 정도는 정량적으로 평가하기 어렵지만, 적절한 확산은 품질이 좋은 잔향음을 만드는데 중요하다. 확산체의 형상은 여러 가지가 있지만, 그림과 같은 형상이 대표적이고, 크기는 확산 시키고자 하는 주파수의 파장을 고려하여 결정한다. 그림에서 a의 길이는 파장과 같은 정도이어야 하고, b의 길이는 a의 0.15~0.3배 정도로 한다.

〈참조〉 Schroeder diffuser

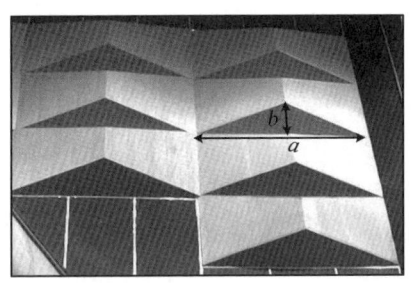

● **확성 Public Address**

음성이나 음악을 확성한다는 의미이다. 음향 시스템을 사용하여 정보를 많은 사람들에게 전달하는 수단이며, 호출을 위한 안내 방송에서 music concert 음향 시스템까지 광범위하게 사용되고 있는 단어이다. 일반적으로는 PA라고 하고 넓은 의미에서의 확성을 의미한다. 그러나 극장이나 홀의 음향 시스템에서는 고품질 고출력의 음향 증폭이라고 하는 의미의 Sound Reinforcement (SR) 용어가 사용되고 있다.

〈참조〉 sound reinforcement

● **확성 이득 acoustic gain**

확성 시스템 동작 시 어느 위치에서 음압 레벨과 1차 음원에 의한 마이크 위치에서의 음압 레벨과의 차. 음향 시스템의 이득에 따라서 변하고, 보통 홀에서는 객석의 대표 지점에서의 값을 나타낸다. 측정은 마이크로부터 0.5m 떨어진 소형 스피커를 1차 음원으로 하고, 핑크 잡음을 방사하여 측정한다.

● 황금 비율 golden ratio

직방체형 실내에서 정재파가 최소가 되도록 하는 가로, 세로, 높이의 비를 말한다. 예를 들면, $1: \sqrt[3]{5}: \sqrt[3]{25} = 1: 1.7: 2.9$와 같은 치수 비를 말한다.

● 회절 diffraction

음파의 진행 방향이 구부러져 장해물 뒤에 있어도 음이 들리는 현상. 빛의 파장은 1/1,000mm 이하이므로 직진성이 높고 회절이 안 되므로 그림자가 생긴다. 반면에 귀에 들리는 음파의 파장은 수 십cm 이상으로 길므로 회절이 잘 된다.
〈참조〉 소리 그늘

● 횡파 transverse wave

파의 진동 방향과 진행 방향이 수직인 파를 말하며, 대표적인 예로서는 물결파, 줄(string) 등의 파동을 들 수 있다. 반대되는 용어로서 종파(longitudinal wave)가 있다.
〈참조〉 종파

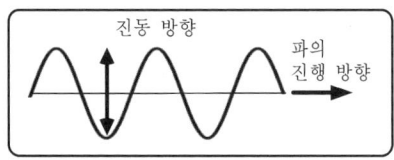

● 효과기 effecter

확성된 음이나 녹음된 음에 여러 가지 음의 효과를 만들어 내는 음향 기기이다. 대표적인 것으로서 컴프레서, 리미터, 익팬터, 노이즈 게이트, 이퀄라이저, 지연기, 잔향기 등이 있다.

• 효과음 effect sound
프로그램에서 어느 장면에 적절한 음이나 음악을 넣어서 현장 분위기를 높이기 위한 음

• 흡음 sound absorption
음이 벽에 입사하면 에너지의 일부는 벽의 재료 저항에 의해 열 에너지로 변환되어 흡수되는 것
〈참조〉흡음 기구, 흡음률

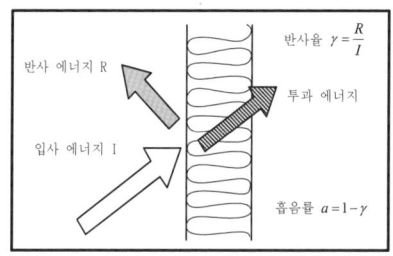

• 흡음 기구 absorption mechanism
건축 마감 상태에 따라 여러 가지 흡음 기구가 있지만, 일반적으로 세 가지의 흡음 기구가 있다.
① 다공질형 흡음재 (porous material)
글라스 울이나 록 울, 우레탄과 같이 가는 섬유에 음이 입사하면, 재료의 마찰이나 점성 저항에 의해서 음 에너지가 손실되어 흡음되는 재료이다. 주로 중고음역의 흡음 특성이 좋고, 저음은 흡음되지 않는다.
② 공명형 흡음재 (perforated board)
합판과 같은 판에 일정한 간격의 구멍을 뚫어서 만든 흡음재이다. 구멍의 뒤 부분의 공기가 스프링으로서 작용하여 마치 헬름홀츠 공명기와 같은 작용을 함으로써 음을 흡음하는 기구이다.
③ 판 진동형 흡음재 (plate board)
합판과 석고 보드와 같은 판상 재료는 판의 뒤면에 공기층을 만들면, 입사되는 음에 의해서 판이 진동하면서 음이 흡음된다. 판은 저음역에서 공

진하므로 저역을 흡음하게 된다.

저역에서 중고음까지 흡음하기 위해서는 다공질형 재료를 사용하고, 판 진동을 이용하여 저음까지 흡음하면 된다.

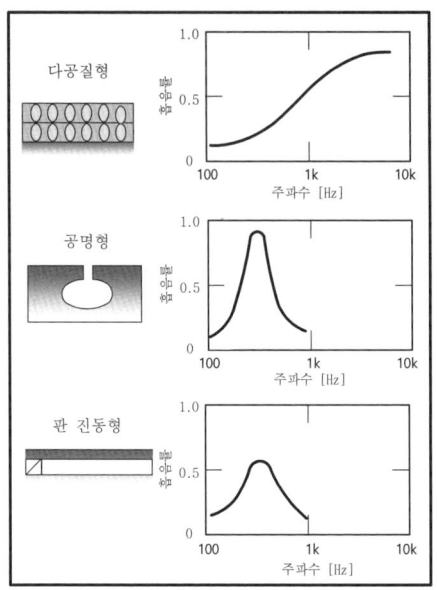

- **흡음력 sound absorption power**

면적이 S인 재료의 흡음률을 $\bar{\alpha}$라고 하면, $A = S\bar{\alpha}(m^2)$는 그 면의 흡음력이 되고, 면적의 단위로 나타낸다. 즉, 어떤 면의 흡음력이 $A(m^2)$이면, 흡음률이 1인 면이 $A(m^2)$인 것과 흡음 성능이 등가인 것을 의미한다. 흡음률이 1인 면은 창이 열린 상태와 같은 것이다. 사람 한 명의 흡음력은 대략 중음역에서 약 $0.4m^2$이고, 이것은 약 $65cm \times 65cm$의 창이 열려 있는 것과 같다.

〈참조〉 등가 흡음 면적, 평균 흡음률

- **흡음률 absorption coefficient**

어느 재료에 음이 입사되어 흡음되는 비율을 흡음률이라고 한다. 흡음률은 0~1이다. 예를 들어 음이 100% 흡음되면 흡음률이 1이고, 0% 흡음되면 흡음률은 0이 된다. 흡음률 측정 방법은 잔향실법 흡음률과 정재파법 흡음률이 있다. 흡음률은 주파수에 따라서 다르다.

〈참조〉 잔향실법 흡음률, 정재파법 흡음률, 흡음 기구

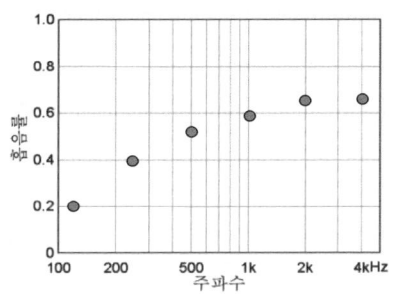

• **흡음 쐐기 | sound absorbing wedge**

흡음률을 높이기 위하여 쐐기 형태로 만든 흡음 기구. 쐐기의 밀도는 32~48kg/m³의 글라스 울을 많이 사용한다. 베이스 폭은 200mm 정도이고, 50Hz 부근의 주파수까지 효과를 갖기 위해서는 쐐기의 길이가 1.5m 정도가 되어야 한다. 무향실의 설계는 다음과 같이 쐐기의 길이를 설계한다.

$$L_1 = \frac{1}{5}\lambda_c, \quad L_2 = \frac{1}{4}L_1$$

여기에서 λ_c는 흡음률이 99%가 되는 최저 주파수의 파장이다. 전체 길이 $L_1+L_2 \geq \lambda_c/4$이 되어 벽 두께가 아주 커지지만, $C_1 \leq L_1/3$은 절단하여도 특성은 그렇게 나빠지지 않는다.

〈참조〉 무향실

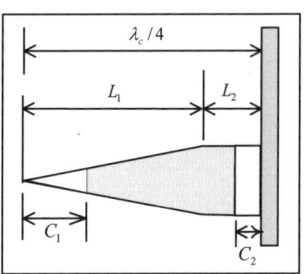

음향용어

A~Z

A

- **A ampere**

전류 세기의 단위로서 암페어라고 읽는다.

- **AAC Advanced Audio Coding**

주파수 대역을 분할하여 지각되지 않은 주파수를 삭제하여 데이터를 압축하는 방식이며, 압축 능률이 높다. MP3보다도 비트 율이 낮고 고음질이다.
〈참조〉 MP3

- **AB class amplifier AB급 증폭기**

크로스오버 왜곡을 줄이기 위해 A급과 B급 앰프의 중간 동작 방식으로서 음질도 좋고 파워도 크다. AB급은 PA용 앰프로 사용되고 있다.
〈참조〉 A class amplifier, B class amplifier

- **A-B stereo microphone**

스테레오 마이킹으로서 두 개의 단일 지향성 마이크(확산감을 중시하는 경우에는 무지향성 마이크)를 15cm~수m의 간격으로 떨어뜨려 설치하여 픽업하는 방식이다. 이 방식은 좌우 마이크의 거리 차이에 의해 생기는 시간 차를 이용한 것이고, 시간 차 방식이라고도 한다.

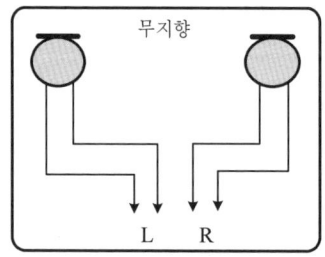

• **AB test method**

일대일 비교 테스트 법이며, 자극 A와 자극 B를 연속적으로 제시하여 어느 쪽이 더 좋은지를 판단시키는 방법이다.

〈참조〉 비교 판단

• **AC alternating current** ☞ 교류

• **AC-3** ☞ Doby AC-3

• **a capella 아카펠라**

'반주 없이'라는 의미의 이태리어이다. 반주가 없는 합창의 형식 또는 합창곡

• **A class amplifier A급 증폭기**

증폭기의 동작점이 입출력 직선 특성의 중앙에 오도록 바이어스를 걸고, 신호의 한 주기를 직선 동작하도록 하는 증폭 방식이다. 효율은 25%로서 낮지만, 왜곡이 적고 음질이 좋다. Hi-Fi 오디오 앰프로 많이 사용한다.

〈참조〉 B class amplifier

• **acoustic** ☞ 음향

• **acoustic center** ☞ 음향 중심

• **acoustic feedback**

마이크로 입력된 음이 스피커로 방사되어 다시 마이크로 입력되는 현상. 이 현상이 있으면 하울링이 발생된다.

〈참조〉 하울링

• **acoustic lens** ☞ 음향 렌즈

- **acoustics 음향학**
소리와 관련된 모든 학문 분야를 지칭하는 일반적인 단어. 소리의 생성, 전파 그리고 그 영향을 포함한 소리에 대한 과학을 의미한다.

- **acoustic sound**
전기 악기를 이용하지 않고 음향 악기를 이용한 연주 음

- **active 능동의**
증폭 회로를 가지고 있다는 의미이다.

- **active device** ☞ 능동 소자

- **active filter** ☞ 능동 필터

- **active network filter** ☞ 능동 네트워크 필터

- **active speaker** ☞ powered speaker

- **active sound field control** ☞ 음장 제어

- **AD assistant director**
보조 감독

- **A/D analog to digital**
아날로그 신호를 디지털 신호로 변환하는 것을 나타내는 약호이다.
〈참조〉 D/A

- **ADAT ALESIS digital audio tape recorder**
디지털 멀티 리코더 및 리코딩 방식의 신호 규격이며, 제안사인 ALESIS의 첫머리 글자 A를 붙인 것이다.

- **ADC analog to digital converter**

아날로그 신호를 디지털 신호로 변환하는 것. 아날로그 신호를 주기적으로 샘플링하고, 각각의 샘플링 신호 레벨을 부호화하여 디지털 신호로 변환하는 회로를 말한다.
〈참조〉샘플링, 양자화

- **ad lib 애드 리브**

프랑스어로서 '좋을대로', '임의대로'의 의미이며, 속도나 표정을 연주자가 자유롭게 연주해도 된다는 것이다. 또는 즉흥 연주의 의미도 있다.

- **admittance 어드미턴스**

임피던스의 역수. Y=1/Z

- **ADPCM adaptive differential pulse code modulation**

PCM 디지털 리코딩의 방식이고, 변화량이 작은 부분과 큰 부분을 나누어 데이터를 전송하는 방식. 알고리즘은 16 bit를 4 bit로 압축한다.
〈참조〉비선형 양자화, PCM

- **ADSR attack decay sustain release** ☞ 엔벌로프

- **AES Audio Engineering Society**

1940년에 설립된 미국 오디오 공학회. 오디오 학술 활동 이외에 국제 오디오 규격을 만들고 있다.

- **AES/EBU**

AES와 EBU(European Broadcast Union)가 공동으로 제정한 프로용 오디오 규격
〈참조〉AES, EBU

● air reed

에어 리드 악기는 단면이 날카로운 에지의 형태로 되어 있고, 다른 관악기와 달리 진동판 리드가 없다. 에지에 부딪힌 기류의 흐름 자체에서 진동(edge tone)이 생긴다.

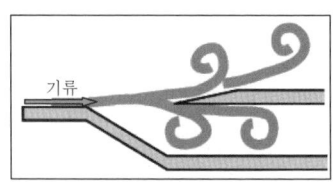

● AF 가청 주파수

audio frequency의 약어로서 20~20,000Hz의 가청 주파수를 말한다.
〈참조〉 가청 주파수

● AFL after fader listen

믹서의 페이더 후단의 신호 경로의 음을 모니터하는 기능. 실제로는 페이더 후단이라기 보다는 팬폿 후단의 신호를 스테레오로 체크하는 것이 목적이고, 각 악기 음의 정위 등을 체크하는데 사용한다.

● after fader listen ☞ AFL

● after recording 후 녹음

미리 촬영된 영상이나 녹음된 음에 동기시켜 나중에 효과음이나 대사를 녹음하는 것

● AGC Automatic Gain Control

입력 신호가 클 때는 앰프의 이득을 낮추고, 작을 때는 이득을 올려서 출력 신호가 항상 일정한 레벨이 되도록 하는 자동 이득 제어 장치이다.

- **aging**

신제품의 전자 기기는 처음에 동작이 안정되지 않은 경우가 있으므로 어느 시간 동안 계속 동작시키는 것
〈참조〉갱년 변화

- **AIFF**

Macintosh에서 표준으로 사용되는 사운드 포맷. PC에서 사용되는 wav 포맷과 호환성은 없지만, 별도로 호환 기능이 있는 소프트웨어를 사용하면 변환이 가능하다.

- **air check**

방송국의 전파를 수신하여 테이프 녹음이나 녹화하는 것

- **air monitor** ☞ 에어 모니터

- **A-law**

A-law는 CCITT 표준 G.711로서 전화 통신에서의 오디오 압축 국제 표준이다. μ-law와 유사하지만 약간 변형한 알고리즘이며, 인코딩 포맷은 원음의 16 bit를 8 bit로 압축한다. 다이내믹 레인지는 13 bit에 해당한다. 8 bit PCM보다 S/N 비는 높지만, 16 bit보다는 왜곡이 많다.

- **ALC Automatic Level Control** ☞ AGC

- **ALcons Articulation Loss of Consonants**

잔향 시간, 소음 레벨, 직접음 대 잔향음 레벨 비(D/R 비)로 자음 손실을 계산하여 명료도를 예측하는 파라미터이다. 청취자가 음원으로부터 멀어질수록 D/R 비가 감소되므로 ALcons가 증가되어 명료도가 낮아진다. 그러나 이 관계는 D/R 비가 -10dB 이내 범위에서만 성립된다. 음향 시스템의 명료도의 허용 한계치는 15%이다.

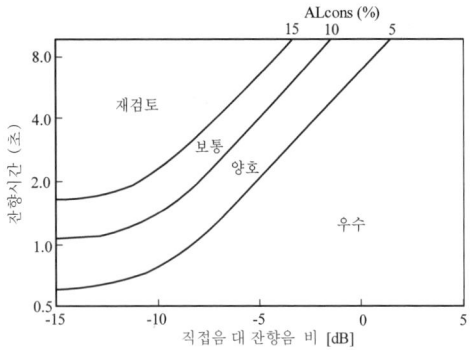

- **alignment** ☞ 얼라인먼트, 시간 정렬

- **AM 진폭 변조**

Amplitude modulation 약자로서 진폭 변조를 말한다. 오디오 신호로 반송파를 변조할 때, 반송파의 주파수는 일정하고, 변조 신호(오디오 신호)에 따라서 진폭을 변화시킨다.

〈참조〉 FM

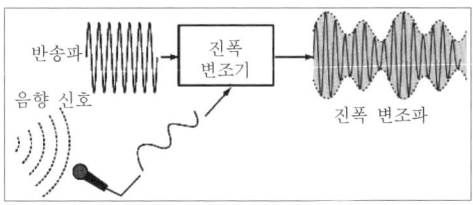

- **ambience** ☞ 앰비언스

- **ambient mic**

라이브 녹음에서 객석의 소음을 픽업하는 마이크. 이것은 객석의 분위기를 녹음하기 위한 것이고, audience mic라고도 한다.

- **ambisonic 앰비소닉**
영국에서 개발한 서라운드 시스템이고, 국제적으로 표준화되어 있지 않다.

- **amplifier** ☞ 앰프

- **amplitude** ☞ 진폭

- **analog** ☞ 아날로그

- **anechoic chamber** ☞ 무향실

- **ANSI American National Standard Institute**
공업 표준 규격을 심의 제정하는 미국 규격 협회

- **antialiasing filter**
A/D 컨버터에서 아날로그 신호를 디지털로 변환할 때, 재생되는 최고 대역은 샘플링 주파수의 절반이다. 따라서 디지털 변환할 때, 변환할 수 없는 신호를 미리 차단하기 위해서 급격한 아날로그 필터를 사용하며, 이것을 antialiasing filter라고 한다. 아날로그 신호를 일정 주기로 샘플링할 때, 샘플링 주파수 f_s[Hz]의 1/2보다 높은 주파수 f[Hz]의 성분은 샘플링치 계열에서는 그것보다 낮은 $(f-f_s)$[Hz]의 주파수 성분과 구분하기 어려워진다. 이 현상을 aliasing 현상이라고 한다. 그림과 같이 7kHz 정현파의 샘플링치 계열은 1 kHz 샘플링 치와 구별할 수 없다. Aliasing이 생기면 원래의 아날로그 신호를 해석할 때 오차의 원인이 된다.

〈참조〉 샘플링 이론

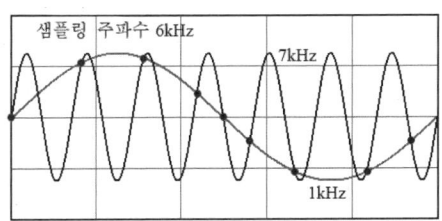

● antimagnetic speaker ☞ 방자형 스피커

● antinode 앤티 노드
정재파에서 진폭이 최대가 되는 지점
〈참조〉 정재파, node

● apron speaker 에이프런 스피커
프로시니엄 스피커로 커버되지 않은 무대 앞 부분을 커버하기 위해서 무대 전면 마루의 단에 묻은 스피커 시스템. Front fill 스피커라고도 한다.
〈참조〉 front fill speaker

● arena 아레나
고대 로마 시대에 원형 극장의 중앙에 설치한 원형의 격투장을 말하고, 이러한 형태를 아레나형 극장이라고 한다.
〈참조〉 홀의 형상

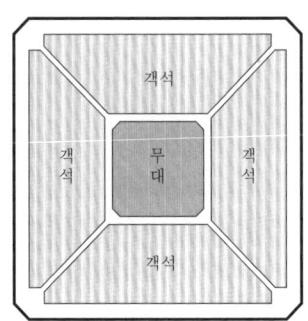

● array ☞ 어레이

● articulation ☞ 명료도

● artificial head ☞ 더미 헤드

• **aspect ratio**
영상의 가로와 세로의 비

• **attack**
악기 음이 발생되고 나서 최대 레벨로 진행되는 부분. 어택 부분은 악기 음의 음색과 음성의 명료도에 영향을 많이 주는 부분이다.
〈참조〉엔벌로프

• **attack time**
① 악기 음이 발생되고 나서 최대 레벨이 되는데까지 걸리는 시간.
〈참조〉상승 시간
② 컴프레서에서 어택 타임은 threshold 이상의 신호가 입력될 때, 바로 압축을 시작할 것인지 어느 정도 시간을 두고 압축할 것인지를 결정하는 파라미터이다. 그림에는 long atttack과 short attack의 경우의 파형을 나타낸다.
〈참조〉컴프레서

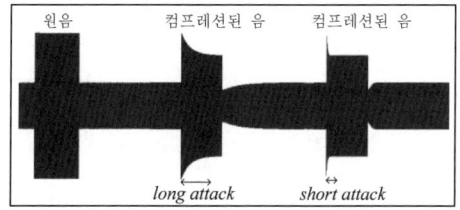

• **attenuator 감쇠기**
전기 신호의 전송 시에 왜곡이 생기지 않도록 레벨을 낮추거나 일정 감쇠량을 설정하기 위해서 사용되는 신호 감쇠 기기. 보통 다이얼 식으로 되어 있고, 연속형과 절체형이 있고 dB 눈금으로 되어 있다.
〈참조〉패드

• **audible**
들을 수 있는 또는 가청의 의미
〈참조〉 가청 범위

• **audible frequency** ☞ 가청 주파수

• **audio 오디오**
가청 주파수의 의미이고, 인간의 귀에 들리는 범위의 주파수를 말한다. 보통 20~20,000Hz까지를 말하지만, 실제로 들리는 범위는 더 좁다. radio, video에 대응되는 단어이다.
〈참조〉 가청 범위

• **audio frequency** ☞ AF

• **audio only**
편집 작업에서 영상은 그대로 두고 소리만 바꾸는 인서트 편집 방법

• **audiogram** ☞ 청력도

• **audiology 청각학**
청각에 관한 과학

• **audio mania 오디오 매니어**
오디오에 관심이 있거나 좋아하는 사람

• **audiophile**
오디오에 관심이 있거나 좋아하는 사람

• **audition** ☞ 오디션

- auralization ☞ 가청화

- auto pan ☞ 오토 팬

- aux auxiliary
'보조의' 또는 '추가의' 의미. 주 입력 단자나 주 출력 단자 이외의 예비 단자, 예비 회로의 의미. aux in, aux out.
〈참조〉보조 단자

- AV amplifier
오디오 기기 재생 뿐만이 아니라 영상 기기도 절환하여 재생할 수 있는 앰프

- AV audio video
음향과 영상 기기를 말한다.

- AVC automatic volume control ☞ AGC

- averaging ☞ 평균화 처리

- AV speaker Audio Video speaker
AV 시스템에서 TV 옆에 설치하는 스피커를 말한다. 이 때 스피커의 자석으로 화면에 색 얼룩이 생기지 않도록 방자형으로 만든 스피커를 말한다.
〈참조〉방자형 스피커

- A weighting ☞ 동 특성, 청감 보정

- AWG American Wire Gauge
구리, 알루미늄, 금, 은 등의 직경을 나타내는 규격이다. 게이지 번호는 1에서 40까지 있고, 숫자가 높을수록 도선의 굵기가 가늘어진다. 면적은 3

개의 게이지마다 2배가 된다. 예를 들어, 10번 도선의 단면적 ($5.24mm^2$)은 13번 도선의 단면적 ($2.62mm^2$)의 두 배이다.

B

- **background music** ☞ 배경 음악

- **background noise** ☞ 배경 소음

- **back loaded horn**
저음역을 보강하기 위하여 스피커 유닛의 후면에 혼을 붙여서 후면으로 방사된 저음역을 혼을 통해서 전면으로 방사되도록 한 인클로저
〈참조〉 front loaded horn

- **baffle 배플**
콘 스피커 뒷면의 음압은 앞면의 + 음압에 대해 역위상의 -음압이 방사된다. 콘 뒷면의 음이 앞면으로 회절되어 앞면의 음과 상쇄되지 않도록 판을 설치하는 것을 배플이라고 한다.
〈참조〉 인클로저

- **balanced cable** ☞ 평형형 케이블

- **ball boundary microphone**
사람의 머리를 모의한 球의 귀 위치에 상당하는 곳에 마이크를 설치한 것이다. 마이크 간의 간격을 두 귀 간의 거리와 비슷하게 한 무지향성의 페어 마이크에 인공 머리의 영향에 의한 음색 변화를 부가한 픽업 방식이다. 더미헤드 마이크가 헤드폰 청취를 전제로 하고 있는데 비하여 이 마이크 시스템은 스피커 청취를 대상으로 하고 있다.
〈참조〉 더미 헤드

* **banana jack**

바나나 형태의 커넥터이고, banana plug, banana connector라고도 한다.

* **band level** ☞ 밴드 레벨

* **band pass filter** ☞ 대역 통과 필터

* **band reject filter** ☞ 대역 저지 필터

* **band width** ☞ 대역 폭

* **bar** 바

압력의 단위로서 1g 무게의 물체를 1초간 정지 상태로부터 매초 1m의 속도까지 가속할 수 있는 힘이 $1m^3$에 걸릴 때의 압력이다. 대기압은 1.013bar 또는 1,013mbar이다. 또, 들을 수 있는 최소 음압은 0.0002bar이다.

* **bass loss** 저음 손실

음원과 가까운 지점에서는 저음과 중고음이 같은 크기로 들리지만, 음원으로부터 멀어지면 저음이 잘 들리지 않게 되는 현상. 예를 들면 그림에서와 같이 음원의 10m 지점에서 30Hz는 110dB, 2,000Hz는 76dB이면, 라우드니스는 똑같이 80phon이므로 같은 크기로 들리지만, 100m 지점에서는 두 주파수가 똑같이 20dB 감쇠된다. 따라서 30Hz는 50phon이 되고, 2,000Hz는 60phon이 되어 저음이 잘 들리지 않게 된다. Phon 값이 같으면 같은 크기로 들린다.
〈참조〉라우드니스

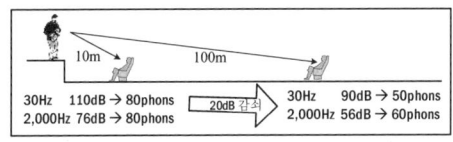

- **bass management**

5.1 채널 서라운드 시스템에서 5개의 스피커로 저음까지 재생하면, 스피커의 위치(좌우, 후방)에 따라서 정재파의 모드가 다르므로 300Hz 이하의 진폭 특성에서 편차가 많다. 이러한 저음 특성의 편차를 줄이기 위해서 5개 스피커의 저음을 차단하고, 차단된 저음은 0.1 채널의 서브우퍼로 공급하여 재생시키면, 5개의 스피커에 과부하가 걸리지 않고 헤드룸도 향상되며, 정재파도 최소화 할 수 있다.

- **bass reflex enclosure** ☞ 저음 반사형 인클로저

- **bass ratio**

125Hz와 250Hz 잔향 시간의 합과 500Hz와 1kHz 잔향 시간의 합과의 비. BR 값이 크면 저음의 잔향 시간이 길다. 클래식 음악 연주용 홀은 1~1.3, 음성 확성용 홀은 0.9~1이 적절한 범위이다.

$$BR = \frac{RT_{125} + RT_{250}}{RT_{500} + RT_{1000}}$$

〈참조〉treble ratio

- **bass trap 베이스 트랩**

정재파를 최소화 하기 위해 저음을 흡음하는 자재로서 저주파에 대해서 합판 진동하도록 만들고, 합판 뒤에 진동을 제어할 수 있도록 흡음재를 부착한 것이다. 공진 형과 패널 형의 2종류가 있다. 최대 공진 주파수는

다음 식으로 구한다. m은 판의 질량(kg/m³), d는 공기 층(m)이다.

$$f_0 = \frac{60}{\sqrt{m \cdot d}} \text{ [Hz]}$$

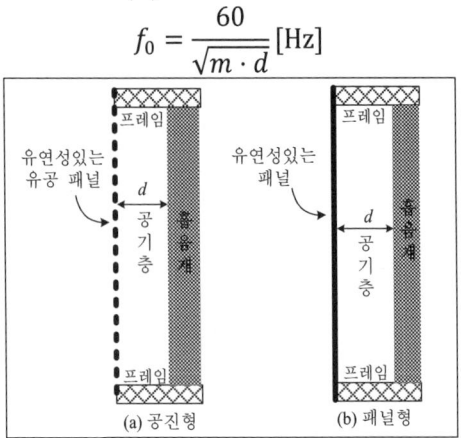

- **BBC British Broadcasting Corporation**

영국 방송 협회

- **B class amplifier B급 증폭기**

입력 신호에 대해서 출력 전류가 1/2 주기가 흐르도록 바이어스를 건 회로이며, 효율은 75% 정도로 높으므로 파워 앰프에 사용한다. 그러나 반사이클마다 on off 하므로 스위칭 왜곡과 크로스오버 왜곡이 발생되기 쉽다.

〈참조〉 크로스오버 왜곡, A class amplifier, A B class amplifier

- **BD** ☞ blu-ray disc

- **beat** ☞ 맥놀이

- **Bessel filter 베셀 필터**

통과 대역 내에서 지연이 없고, 진폭은 단조적으로 감쇠되는 전기 필터이다. 지연 특성이 좋으므로 오디오용 필터로 많이 사용되고 있다. 이 필터의 단점은 롤 오프 율이 완만한 것이다.

〈참조〉 Butterworth filter, Chebychev filter, Linkwitz-Riley filter, topology

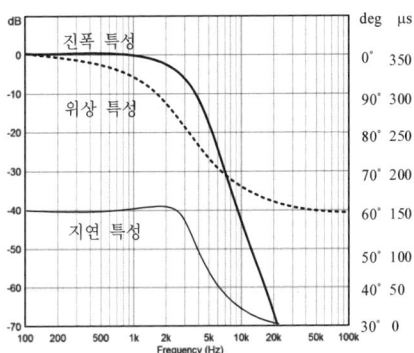

- **BGM Backgound Music** ☞ 배경 음악

- **bi-amp 바이 앰프**
bi란 두 개의 의미이며, 스피커 시스템에서 저음과 중고음 유닛을 별도의 두 개의 앰프로 구동하는 시스템
〈참조〉 멀티 앰프 시스템, 바이 앰프 시스템, 트라이 앰프 시스템

- **bias 바이어스**
트랜지스터와 같은 능동 소자를 최적의 동작점에서 동작시키기 위하여 가하는 전압 또는 전류

- **bias current** ☞ 바이어스 전류

- **bi-directional microphone** ☞ 양 지향성 마이크

- **binaural effect** ☞ 두 귀 효과

- **bit** ☞ 비트

- **bit stream** ☞ 비트 스트림

- **Blackman window** ☞ 시간 창

- **blindfold test 블라인드 테스트**
어느 제품의 품질을 테스트하는 경우에 대상 이외의 정보를 차단하기 위하여 눈을 감고 하는 테스트를 말한다. 예를 들면, 스피커 음질을 테스트하는 경우에 디자인이나 메이커 등의 정보를 주지 않고 하는 테스트이다.

- **BLM Boundary Layer Microphone**
마이크 유닛을 반사판에 묻거나 밀착시켜 마이크 주변으로부터의 반사음이 픽업되지 않도록 설계하여 콤필터 왜곡을 최소화한 마이크이다. PZM과 동일한 원리이다.
〈참조〉 바운더리 마이크, 콤필터 왜곡, PZM

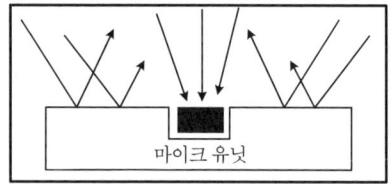

- **block diagram** ☞ 블록 다이어그램

- **blue noise**
주파수가 2배씩 증가하면 레벨이 3dB씩 증가하는 잡음
〈참조〉 핑크 잡음

- **Blu-ray disc**
청자색 반도체 레이저를 사용한 광 디스크로서 기록 용량은 DVD의 5배이다. 2층 디스크이고, 용량은 50GB이며 BD로 약한다.

* bluetooth

10m 정도 근거리에서 기기끼리 저전력 무선 연결하는 무선 기술 표준

* BNC connector

고주파용 동축 케이블 커넥터

* bookshelf type speaker

책장에 놓고 사용하는 스피커 시스템을 말하지만, 현재는 원래의 의미가 없어지고, 비교적 소형 인클로저에 비교적 큰 유닛을 사용하여 바닥에 놓고 사용하는 오디오용 스피커를 말한다. 시판되고 있는 대부분의 스피커는 이 타입이다.

* booming 부밍

실내에서 음을 들을 때 저음역이 아주 많이 울려서 둔탁한 느낌이 드는 현상이다. 스튜디오와 같이 좁은 직방체형의 실내에서 정재파가 생겨서 저음이 부스트되고, 잔향 시간이 길어지기 때문에 생기는 현상이다.
〈참조〉정재파

* boom stand 붐 스탠드

형태가 L자 형이고, 자유자재로 높이 조절이 가능한 마이크 스탠드이다. 이 스탠드를 사용하면 음원과 마이크와의 거리나 각도를 손쉽게 조절할 수 있다.

- **boost 부스트**

어느 특정 주파수 대역의 이득을 증가시키는 것. 반대어는 cut이다.

〈참조〉 cut

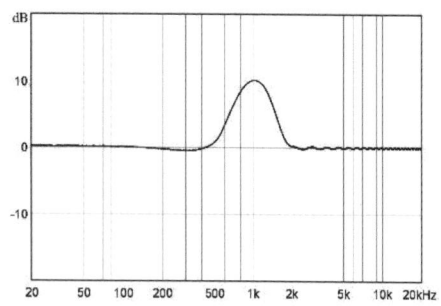

- **boost /cut equalizer**

어느 특정 주파수 대역을 boost 하거나 cut 할 수 있는 이퀄라이저이다. 현재 대부분의 EQ는 이 형태이다.

〈참조〉 그래픽 이퀄라이저, 파라메트릭 이퀄라이저, boost, cut, cut only equalizer

- **booster 부스터**

증폭하는 것을 말하는 의미이고, TV나 FM 튜너에 입력되는 전파를 증폭하기 위한 전치 증폭기를 말한다. 전계 강도가 약한 지역에서는 안테나 출력이 약하므로 안테나와 가장 가까운 위치에 부스터를 설치하여 미약한 전파 신호를 증폭한다.

- **boundary microphone** ☞ 바운더리 마이크

- **bpm**

beats per minute의 약자이고, 음악 템포의 척도이다.

- **bps**

bit per second의 약자. 1초간에 전송하는 bit를 나타낸다.

- **brass** ☞ 금관 악기

- **bridge 기러기 발, 브리지**
현악기의 부품으로서 바이올린이나 첼로의 현의 진동을 악기통으로 전달하는 역할을 한다.

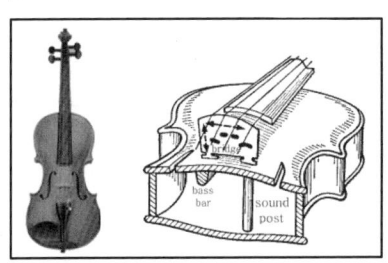

- **bridge mode**
2 채널의 앰프를 서로 역 위상으로 구동하여 각각의 출력을 합성하여 하나의 스피커에 접속하는 방식이다. 스테레오 앰프를 고출력 모노 앰프로 사용할 때에 브리지 접속한다.
〈참조〉브리지 접속

- **brown noise**
주파수가 2배씩 증가하면 레벨이 6dB씩 감쇠되는 잡음이고, $1/f^2$ 노이즈라고도 한다.

- **BS British Standards**
영국 공업 표준 규격

- **buffer amplifier** ☞ 버퍼 앰프

- **buldozer effect 불도저 효과**
천장이 낮은 실내에서 무대 바닥에 스피커를 설치하면, 가까운 곳은 음량이 크고, 멀어질수록 음량이 작아지는 현상

• Butterworth filter 버터워스 필터

통과 대역내에서 진폭의 리플이 없이 평탄한 특성을 갖는 전기 필터이다. 그러나 차단 주파수에서 지연이 급격하게 변하는 것이 단점이다.

〈참조〉 Bessel filter, Linkwitz-Riley filter, topology

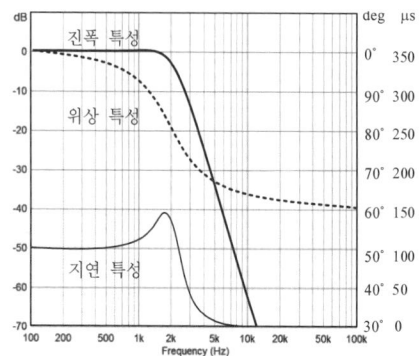

• bypass 바이패스

어느 회로를 거치지 않고 우회하도록 하는 스위치. 음향 효과 처리한 후에 바이패스 스위치를 넣으면, 효과 처리되지 않은 음이 출력된다. 이 스위치는 효과 처리된 음과 처리되지 않은 음을 순간 비교하는데 사용한다.

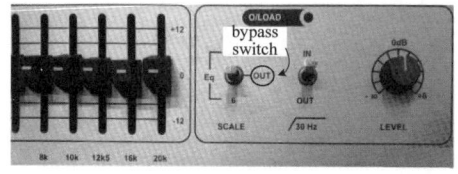

C

- **C_{80} clarity**

음악의 명료성을 평가하는 척도로서 다음 식으로 정의된다. 음성의 명료도를 평가하는 척도는 반사음의 기준을 50ms로 하는 C_{50}이 있다.

$$C_{80} = 10\log\left(\int_0^{80ms} p^2(t)dt / \int_{80}^{\infty} p^2(t)dt\right) [dB]$$

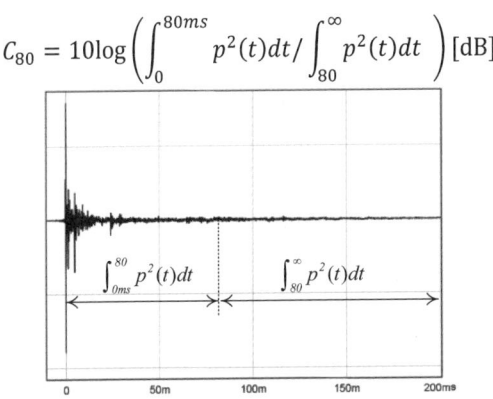

- **cabinet 캐비닛**

스피커 인클로저와 같은 의미이다.

〈참조〉 인클로저

- **CAD Computer Aided Design**

음향 시스템 설계 작업을 컴퓨터로 하는 프로그램

- **calibration 교정**

계측기나 분석기의 오차를 최소화하기 위하여 장비를 보정하는 것을 말한다. 보통 표준 장비로 측정된 참 값을 비교하여 측정 장비로 얻어진 신호가 참 값과 같아지도록 하는 방법을 사용한다.

- **Cannon connector**

3핀으로 구성된 밸런스형 커넥터로서 XLR 잭이라고도 한다. 1번 핀은 접지, 2번 핀은 +, 3번 핀은 -이다. 언밸런스로 사용하는 경우에는 1번과 3번 핀을 연결하여 사용한다. 이 잭을 개발한 회사 이름이 Cannon社이다.

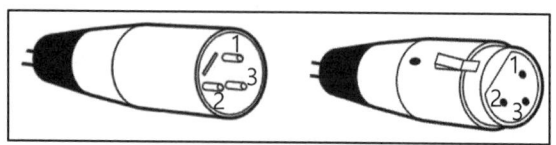

- **Capacitor 커패시터**

절연체를 사이에 두고 2장의 금속판으로 구성된 전자 부품으로서 AC 전류는 통과시키고, DC 전류는 차단하는 소자

〈참조〉콘덴서

- **cardioid 심장형**

마이크의 픽업 패턴이 심장형 형태로서 단일 지향성을 의미한다.

〈참조〉단일 지향성 마이크

- **cartridge 카트리지**

마이크에서 음향 신호를 전기 신호로 바꾸는 부분

- **cascade 케스케이드**

2대 이상의 기기를 연결하는 방법으로서 앞 단의 출력을 뒤 단의 입력으로 연결하는 것

- **CATV community antenna television**

송신측(프로그램 제공 회사)과 수신측(가입자)을 케이블로 연결한 방송 시스템. CATV라고 약칭하고 나서 케이블 TV라고 불리고 있다.

- **catwalk 캣워크**

홀의 천장 안에서의 작업 경로를 말한다.

- **CCIR Comite Consultatif Interantionale de Radiocommunications**
국제 무선 통신 자문 위원회. 현재는 ITU-R로 명칭이 변경됨
〈참조〉 ITU

- **CCITT Comite Consultatif Interantionale Telegraphique et Telephonique**
국제 전신 전화 통신 자문 위원회. 현재는 ITU-T로 명칭이 변경됨
〈참조〉 ITU

- **C class amplifier C급 증폭기**
입력 신호에 대해서 출력 전류가 흐르는 시간이 1/2 주기 미만으로 트랜지스터의 바이어스 전류가 흐르도록 한 증폭기이다. 효율은 100%이지만, 음질이 좋지 않다. 주로 고주파 증폭기에 활용되고 있다.
〈참조〉 A class amplifier, B class amplifier

- **CCTV closed circuit television**
통상의 TV 방송이 불특정 다수를 대상으로 정보를 제공하는데 대하여 특정의 목적으로 특정 사람에게 정보를 제공하는 TV 시스템이다. 공업용 TV(ITV), 교육용 TV(ETV), 의료용 TV (MTV), TV 전화, 회의용 TV, 유선 TV(CATV) 등이 있다.

- **CCU camera control unit**
비디오 카메라를 원격으로 제어하고, 카메라로부터의 영상 신호를 감시하는 카메라 제어기

- **CD compact disk**
음악 신호를 PCM 방식의 디지털 신호로 변환하여 레이저 광선으로 직경은 12 인치, 두께 1.2 미리의 폴리카보네이트의 원반에 0.5 미크론의 폭으로 비트를 새긴 것이다. 단면에 70분 이상의 신호 기록이 가능하고, 주파수 특성이 좋으며, 다이내믹 레인지가 넓다. 그리고 왜곡이 적으며 와

우 플러터도 없다.

• C⁵ dip
소음성 난청의 초기에 나타나는 특징으로서 C^5(4,096Hz) 부근의 청력 특성이 떨어지는 현상

• CD-G CD Graphic
음성과 정지 화면, 문자 등이 들어 있는 CD

• CD horn constant directivity horn ☞ 정지향성 혼

• CD-R CD Recordable
CD와 같은 포맷으로 데이터 쓰기가 한번만 가능하고, write once라고도 한다. 오디오 포맷 이외에 컴퓨터 데이터나 영상용 포맷도 있다.

• CD-ROM
사용자가 데이터를 써 넣을 수 없도록 포맷되어 있는 디스크

• CD-RW CD Rewritable
여러 번 기록할 수 있는 CD

• cent 센트
$2^{1/1200}$의 음정. 12 평균율의 반음은 100 센트. 1 옥타브는 1,200 센트이다.

• center channel speaker
5.1 채널 서라운드 시스템에서 센터에 위치하는 스피커
〈참조〉 5.1 채널 서라운드

• central cluster
무대의 중심 부분이나 체육관의 중앙에 스피커를 집중하여 설치한 시스템

- **channel devider 채널 디바이더**

가청 주파수 대역을 몇 개의 대역, 예를 들면, 저음역, 중음역, 고음역으로 분리하는 회로

〈참조〉스피커 컨트롤러

- **channel separation 채널 분리도** ☞ 크로스토크

- **Chebychev filter**

통과 대역내에서 리플의 진폭이 같은 필터이다. 즉, DC에서 차단 주파수까지 리플의 진폭이 주기적으로 증가되고 감쇠된다. 예를 들면, 1dB Chebychev 저역 통과 필터는 진폭의 리플이 1dB인 필터이다. 이 필터는 같은 차수의 Butterworth 필터보다 롤 오프가 급격하다. 그러나 Butterworth 필터보다 위상 특성이 좋지 않다.

〈참조〉Bessel filter, Butterworth filter, Linkwitz-Riley filter, topology

- **chorus effect** ☞ 코러스 효과

- **CIRC Cross Interleave Reed-Solomon Code**

정정 능력이 높은 에러 정정 방식이고, 컴팩트 디스크의 에러를 정정하기 위해서 사용되고 있다.

- **circle surround 서클 서라운드**

모노 또는 2 채널 스테레오 신호를 6.1 채널의 신호로 변환하여 재생하는 기술이다.

● **circumaural headphone**
circumaural은 '귀를 둘러 싸다'는 의미. 보통은 귀바퀴를 완전히 둘러싸는 헤드폰을 의미한다. 밀폐형 헤드폰이라고도 한다.
〈참조〉 밀폐형 헤드폰

● **clarity** ☞ C_{80}

● **click 클릭**
찰깍하는 소리. 지속음이 짧은 소리

● **clipping** ☞ 디지털 클리핑, 아날로그 클리핑, 클리핑

● **close field monitor 근거리 모니터**
스튜디오에서 사운드 엔지니어와 1m 정도의 거리에 두고 모니터 하는 스피커. 이 모니터의 목적은 리스닝 룸과 같이 작은 실내에서 음악을 들을 때의 상황을 가정하여 모니터하는 것이다.
〈참조〉 near field monitor

● **close miking 근거리 마이킹**
음원과 60cm 이내에 마이크를 설치하여 픽업하는 방식
〈참조〉 distant pick up

● **close talking microphone**
마이크에 가깝게 입을 대고 사용하도록 만들어진 마이크로서 소음이 많은 곳에서 사용한다.
〈참조〉 접화 마이크

● **CMRR** ☞ 차동 앰프

- **coaxial cable** ☞ 동축 케이블

- **coaxial speaker** ☞ 동축 스피커

- **CobraNet**
프로 오디오 메이커의 제품 간에 음향 신호 및 제어 데이터를 통신하기 위하여 개발된 네트워크 오디오 프로토콜이다. CobraNet는 소프트웨어, 하드웨어 및 네트워크 프로토콜을 포함하고, 이더 네트워크와 이더 네트워크 패킷을 사용하여 다 채널의 고품질 디지털 오디오와 제어 데이터를 실시간으로 통신할 수 있다. 지연은 A/D, D/A와 송수신 버퍼에서 발생되는 것을 포함하여 5.3ms이다. 전송 거리는 100BASE-TX, CAT 5 케이블로 100m, 멀티 모드 파이버 케이블을 사용하면 2km까지 실시간 전송이 가능하다. 100MB 대역의 LAN 환경에서는 64 채널 디지털 오디오의 송수신(합계 128 채널)과 제어, 감시 데이터, 동기 신호 등을 동시에 전송할 수 있다.

- **cocktail party effect** ☞ 칵테일 파티 효과

- **codec** 코덱
code-decode, compression-decompression

- **coherence** ☞ 시간 정렬, 주파수 코히어런스, time coherence

- **coloration** 컬러레이션
① 오디오 신호가 왜곡되어 음색이 변하는 것. 지연 시간이 짧은 반사음이 직접음에 더해지면, 콤필터 왜곡에 의해서 음색이 변하는 것을 컬러레이션이라고 한다.
② 마이크나 스피커의 주파수 특성에 피크나 딥이 있어서 원래의 음색과 다르게 들리는 현상

• color code 색 표시법

0에서 9까지의 숫자를 색으로 표시하여 저항 값을 나타내는데 사용되고 있다.

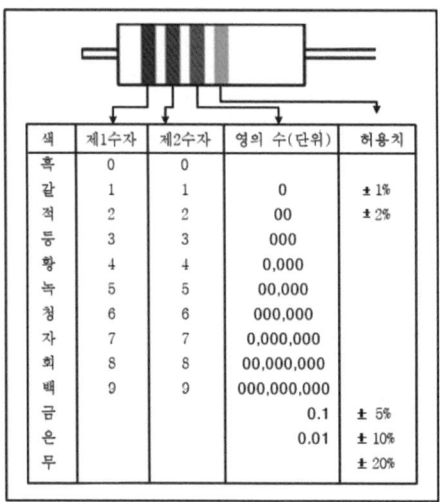

색	제1수자	제2수자	영의 수(단위)	허용치
흑	0	0		
갈	1	1	0	±1%
적	2	2	00	±2%
등	3	3	000	
황	4	4	0,000	
녹	5	5	00,000	
청	6	6	000,000	
자	7	7	0,000,000	
회	8	8	00,000,000	
백	9	9	000,000,000	
금			0.1	±5%
은			0.01	±10%
무				±20%

• coloured noise 색깔 잡음

백색 잡음, 핑크 잡음, 브라운 잡음을 총칭하는 잡음
〈참조〉백색 잡음, 브라운 잡음, 핑크 잡음

• column speaker ☞ 컬럼 스피커

• comb filter distortion ☞ 콤필터 왜곡

• compatibility ☞ 양립성

• complementary circuit 보완 회로

앰프의 출력에 이용되는 push pull 회로에 PNP형과 NPN형 트랜지스터를 조합하여 사용하는 회로

- **compliance 컴플라이언스**

stiffness의 역수. 물체가 부드러울수록 값이 커지고, 단위는 m/N이다.
〈참조〉 stiffness

- **compressor** ☞ 컴프레서

- **compression driver** ☞ 컴프레션 드라이버

- **cone paper 콘 페이퍼**

원추형의 종이로 만든 스피커 진동판

- **cone speaker 콘 스피커**

원추형의 진동판으로 만들어진 스피커 유닛

- **constant Q** ☞ 상수 Q

- **constant voltage transmission** ☞ 정전압 전송

- **continuous power** ☞ 연속 파워

- **convolution** ☞ 콘볼루션

- **copy back**

완성된 MA 테이프의 음을 마스터 테이프로 돌리는 것

- **correlation 상관**

두 신호가 비슷한 정도를 나타내는 수학 연산
〈참조〉 상관 함수

- **coupled room**

실내 공간에서 다른 음향 공간의 결합적인 효과를 나타내는 경우를 말한다. 예를 들면, 극장에서 프로시니엄 아치를 경계로 객석과 무대의 두 공간이 접해 있는 경우나 발코니 아래와 중앙 객석과의 관계를 coupled room이라고 한다.

• **cps cycle per second**
1초당 사이클 수를 나타내며, 주파수 단위이다.

• **crest factor**
피크 팩터와 같은 의미이다.
〈참조〉 피크 팩터

• **crew**
음악이나 음성을 듣고 주관적으로 음질을 평가하는 전문 요원

• **CR filter**
콘덴서(C)와 저항(R)으로 구성된 필터

• **critical band** ☞ 임계 대역

• **critical distance** ☞ 임계 거리

• **cross fade 크로스 페이드**
두 음을 하나는 fade out 하면서 다른 음을 fade in 하는 기법
〈참조〉 fade in, fade out

• **crossover 크로스오버**
주파수가 교차하는 것
〈참조〉 크로스오버 주파수

- **crossover distortion** ☞ 크로스오버 왜곡

- **crossover frequency** ☞ 크로스오버 주파수

- **crossover network filter** ☞ 크로스오버 네트워크 필터

- **crosstalk** ☞ 크로스토크

- **cue 큐**
연기, 음악, 조명, 음향 등의 시작을 지시하는 신호

- **cue sheet 큐 시트**
프로그램 진행, 조명 조작, 음향 조정 등을 위한 타이밍을 표시한 표

- **cut 커트**
어느 특정 주파수 대역의 이득을 낮추는 것
〈참조〉 boost

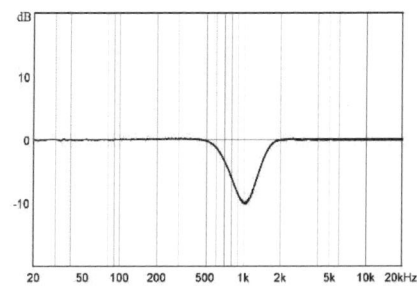

- **cut in**
음을 순간적으로 특정 레벨까지 올리는 것. 음을 처음부터 특정 음량으로 내는 것. 음이 갑자기 들어 오는 것 등의 의미
〈참조〉 fade in

- **cutoff frequency** ☞ 차단 주파수

- **cut only equalizer**

커트 하는 기능은 있지만, 부스트 하는 기능이 없는 이퀄라이저
〈참조〉 boost/cut equalizer

- **cut out**

음을 삭제하는 것. 음을 순간적으로 줄이는 것 등의 의미
〈참조〉 fade out

- **cycle 사이클**

주기적인 신호가 반복되는 패턴 또는 주기 반복. 주파수의 단위로 cycle per second(cps)를 사용하고, Hz와 같은 의미이다.
〈참조〉 주파수

- **C weighting** ☞ 동 특성, 청감 보정, dB(A), dB(C)

D

- **D$_{50}$** ☞ definition

- **D/A digital to analog**
디지털 신호를 아날로그 신호로 변환하는 것을 나타내는 기호이다.
〈참조〉 A/D

- **DAB Digital Audio Broadcast**
NRSC(National Radio Systems Committee)에서 제정한 디지털 오디오 방송

- **DAC digital to analog converter**
디지털 신호를 아날로그 신호로 변환하기 위한 장치의 약칭이다. 2진수의 디지털 신호를 연속적인 아날로그 신호로 복원하는 것을 말한다. D/A 변환을 하는 회로를 D/A 변환기라고 한다.

- **damping factor** ☞ 댐핑 팩터

- **Dante**
디지털 오디오 네트워크의 규격으로서 IP 네트워크와 기가 비트 이더넷에 준거하여 네트워크 스위칭과 이더넷 케이블을 이용하여 다 채널의 비압축 디지털 오디오 신호를 저 레이텐시로 송수신할 수 있다.

- **dB** ☞ 데시벨

- **dB(A), dB(C), dB(Z)**
음압 레벨 측정은 사운드 레벨 미터를 사용하며, A와 C의 보정 회로가 있다. A 곡선은 등 라우드니스 곡선의 40phon, C 곡선은 100phon의 등감

곡선을 사용하고 있다. A 특성은 저역의 청감 특성을 보정한 것으로서 소음 레벨 측정은 A 특성으로 하며, dB(A)로 표기한다. C 특성은 거의 평탄하며, 주파수 분석할 때 사용하고, 측정 값은 dB(C)로 표기한다. dB(Z)는 완전 평탄 특성이다.

〈참조〉 라우드니스, 사운드 레벨 미터, 청감 보정, phon

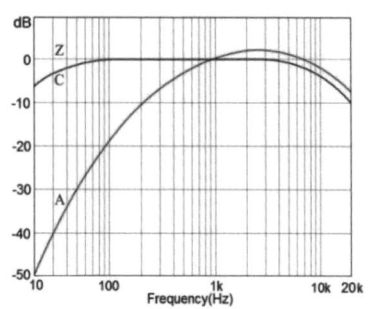

- **dB/doubling distance**

음원으로부터 거리가 2배가 될 때 음압 레벨이 감쇠되는 비율

〈참조〉 -3dB/doubling distance, -6dB/doubling distance

- **dBFS**

디지털 리코딩에서 A/D converter가 클리핑 되지 않고 받아 들일 수 있는 최대 입력 레벨이다. 0dBFS 레벨의 신호는 디지털로 변환된 모든 디지트가 1이 되는 레벨이다.

$$dBFS = 20\log\left(\frac{max - min}{65536}\right)[dB]$$

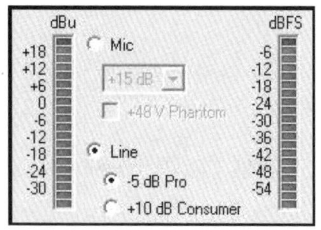

● dBm

1mW를 기준으로 하는 레벨

● dB/oct dB/octave

필터에서 주파수가 octave(옥타브; 주파수가 배가 되는 관계) 변할 때, 즉 주파수가 2배가 되면 이득이 감쇠되는 비율을 말한다. -6dB/oct는 주파수가 2배가 될 때마다 이득이 -6dB씩 떨어지는 기울기를 말한다.

〈참조〉 옥타브, decade, filter slope

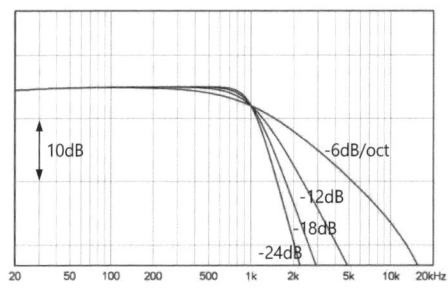

● dBSPL

음압 레벨을 의미하고, dB에 sound pressure level(SPL)을 붙여서 사용하는 경우도 있다.

〈참조〉 음압 레벨

● dBu

0.775V를 기준으로 하는 레벨. PA 음향 기기의 기준 레벨은 4dBu이다. dBu=20log(V/0.775), dBu=dBV+2.2

● dBV

1V를 기준으로 하는 레벨. 가정용 오디오 기기의 기준 레벨은 -10dBV(=0.316V)이다. dBV=20logV, dBV=dBu-2.2

- **dBW**

1W를 기준으로 하는 레벨. 0dBW=10log1W

- **DC direct current** ☞ 직류

- **DCC Digital Compact Cassette**

필립스사가 개발한 것으로서 아날로그 카세트 리코더와 호환성이 있는 디지털 카세트 리코더

- **DC-DC converter DC-DC 컨버터**

직류-직류 변환기는 직류 전압을 변압하는 장치이다. 전자 회로적으로는 직류를 교류로 변환하고, 다시 정류하여 직류를 얻는 방법이다. 즉, 저 전압의 전지에서 변압기를 사용하여 교류의 일종인 펄스를 만들어 내고, 그것을 변압기에서 전압을 높게 한 것을 직류로 변환시킨다. 다시 말하면, 저 전압 직류에서 고 전압 직류를 얻는 컨버터이다.

- **D class amplifier D급 증폭기**

신호를 펄스로 변환하여 전력 디바이스를 펄스 형태로 스위칭 동작시키는 형태의 증폭기

- **dead** ☞ 데드

- **dead-end live-end 데드 엔드 라이브 엔드**

리스닝 룸이나 스튜디오에서 음원 쪽은 흡음 처리하고, 청취 위치의 뒤 벽을 반사 처리하는 것

〈참조〉 live-end dead-end

- **dead point** ☞ 데드 포인트

• **decade**

주파수 비가 10배(예를 들면, 200→2,000Hz)가 되는 것을 말한다. -10dB/decade는 주파수가 10배 증가하면 레벨이 10dB 감소되는 것을 말한다.

〈참조〉 dB/oct, filter slope

• **decay** ☞ 엔벌로프

• **Decca Tree**

영국의 Decca에서 제안한 3개의 무지향성 마이크로 픽업하는 스테레오 마이크

〈참조〉 A-B stereo mic

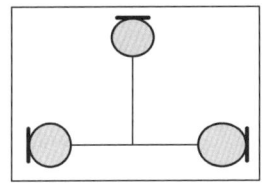

• **deciBel** ☞ 데시벨

• **decode 복호화**

암호화된 신호를 원래 신호로 복원하는 것

〈참조〉 encode

• **de-emphasis** ☞ 디 엠퍼시스

• **de-esser 디에서**

음성이나 보컬에서 듣기 거북한 치찰음의 고역 부분을 낮추어 듣기 편하게 만드는 효과기이고, 시빌런트(sibilant) 제어기라고도 한다. 회로는 기본적으로 컴프레서와 같고, 레벨 검출 회로 전단에 고역 통과 필터나 이

퀄라이저와 같은 회로를 추가하여 'ㅅ', 'ㅌ', 'ㅋ' 등의 자음 성분이 들어올 때만 레벨을 낮추어 치찰음을 줄인다.

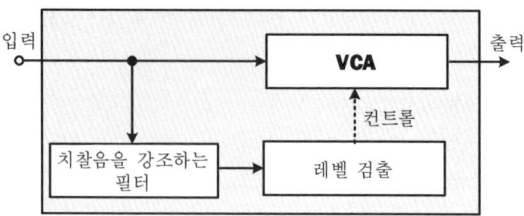

• Definition 명료도

직접음과 50ms까지의 초기 반사음 에너지와 전체 반사음의 에너지와의 비로 정의된다. 이 값이 크면 초기 반사음이 많으므로 음량감이 크고 음성은 명료하게 들린다. D_{50}이 40%이면 명료도는 90%가 된다.

$$D_{50} = \int_0^{50ms} p^2(t)dt / \int_0^{\infty} p^2(t)dt$$

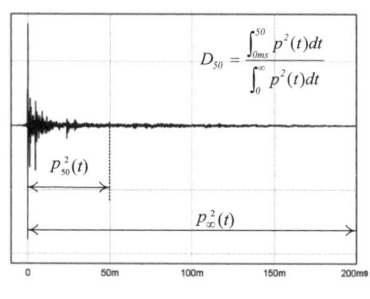

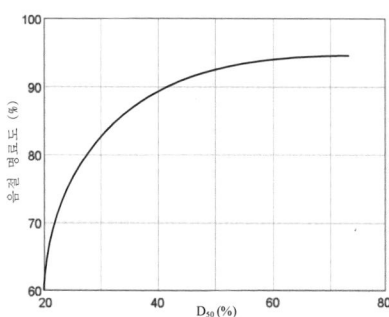

- **delay**
신호를 지연시키는 것

- **demodulation** ☞ 복조

- **destructive edit**
어느 음원에 효과를 삽입하여 원래의 음원이 없어지는 편집을 말한다.

- **deviding network filter** ☞ 크로스오버 네트워크 필터

- **DI** ☞ 지향 지수

- **diaphragm** ☞ 진동판

- **DI box** ☞ direct injection box

- **dichotic listening**
두 귀로 다른 신호를 헤드폰으로 듣는 것

- **differential amplifier** ☞ 차동 앰프

- **diffraction** ☞ 회절

- **diffusion** ☞ 확산

- **digit** ☞ 디지트

- **digital** ☞ 디지털

- **Digital Signal Processor 디지털 신호 처리기**
아날로그 신호를 디지털 신호로 변환하여 여러 가지 신호를 처리하는 기기

- **DIN Deutsch Industrie Normen**

독일 공업 규격의 명칭이다. 국내의 KS (Korean Industrial Standard)에 해당한다. DIN은 독일 국내에서 사용하는 규격이며, 국제적으로도 큰 영향력을 가지고 있다.

- **DIN plug**

MIDI 기기의 접속에 사용하는 5핀으로 구성된 커넥터
〈참조〉 MIDI

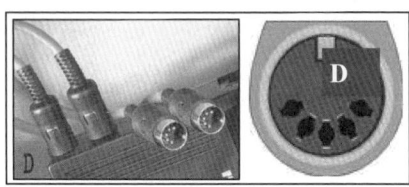

- **dip**

어느 특정 주파수에서 이득이 감소되는 것을 말하고, 노치(notch)라고도 한다.
〈참조〉 peak

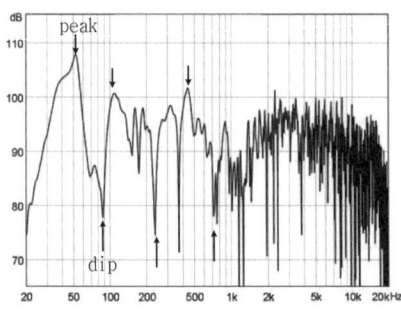

- **direct injection box DI box**

① 신시사이저나 전기 기타 등의 전기 악기의 음을 픽업할 때, 악기의 스피커 앞에 마이크를 설치하여 픽업하는 것보다 악기의 라인 출력을 직접

믹서로 받는 것이 음이 명료하고, 다른 악기음의 간섭도 받지 않는다. 이러한 경우에 악기와 믹서 간의 인터페이스로 사용되는 것이 다이렉트 박스이다. 전기 기타는 악기용 앰프와 같이 입력 임피던스가 높은 것에 연결되는 것을 전제로 만들어지고 있다. 또, 전기 기타는 출력 레벨이 아주 낮으므로 픽업의 임피던스를 아주 높게 만들고 있다. 따라서 입력 임피던스가 낮은 믹서에 연결하면 험이 발생되고, 음질도 좋지 않다. 이러한 경우에 기타의 출력을 DI box를 통해서 출력 임피던스를 낮게 하여 믹서에 연결한다. 즉, DI box는 입력 임피던스가 높고 출력 임피던스가 낮게 설계된 회로로서 출력 임피던스가 높은 기기의 임피던스를 낮추는 것이다.
② 불평형형 신호를 평형형 신호로 변환하여 믹서까지 케이블이 길어도 손실을 적게 하는데 사용한다.
③ DI box는 음원의 어스 선과 시스템의 어스를 분리시켜 어스 루프를 만들지 않은데도 사용한다(ground lift).

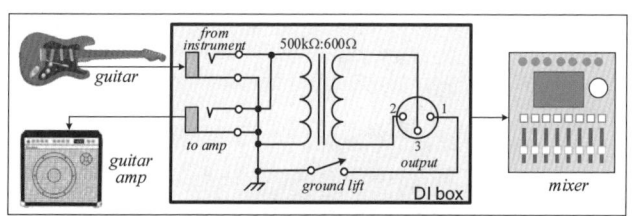

- **directivity** ☞ 스피커 지향각, 지향성

- **directivity factor** ☞ 지향 계수

- **direct out**
믹서의 보조 단자. 이 출력은 아무런 신호 처리를 하지 않는 신호가 출력된다.

- **direct pick up**
전기 악기 또는 전자 악기의 전기 회로 출력을 녹음하는 것

- **direct radiater**

혼 로드형 이외의 모든 라우드 스피커를 직접 방사형이라고 한다. 보통 인클로저에 마운트된 콘형 스피커를 말한다.

〈참조〉 horn loaded

- **direct sound** ☞ 직접음

- **direct stream digital** ☞ DSD

- **direct to reverberant ratio 직접음 대 잔향음 레벨 비**

직접음 이후에 잔향음이 감쇠되기 시작하는 레벨이 잔향음 레벨이고, 직접음 레벨과 잔향음 레벨 차가 D/R 비이다. D/R 비가 클수록 음성이 명료하게 들린다.

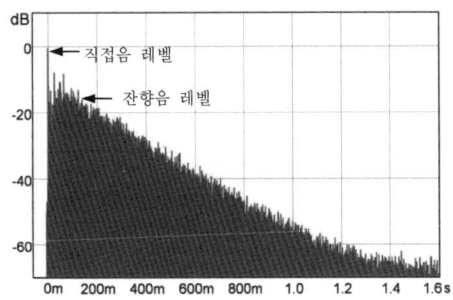

- **discrete**

각 채널이 완전히 독립되어 있는 것을 의미한다. 예를 들면, 돌비 디지털 서라운드의 5 채널과 초저음 채널을 포함한 6 채널의 음향 신호가 각각 완전히 독립되어 전송된다. 이에 대해서 채널 간의 신호 분리가 좋지 않지만, 신호 처리에 의해서 보다 적은 채널로 압축하여 전송하는 방식으로는 matrix나 virtual surround 방식이 있다.

- **distance attenuation** ☞ 거리 감쇠

- **distance factor** ☞ 거리 계수

- **distant pick up**
음원과 60cm 이상 떨어진 곳에 마이크를 설치하여 픽업하는 방식
〈참조〉 close pick up

- **distortion** ☞ 왜곡

- **dither 디더**
양자화 잡음을 줄이기 위해서 일부러 가하는 잡음을 말한다. 그러나 실제로는 양자화 잡음을 줄이는 것이 아니고, 다른 잡음을 가해서 양자화 잡음을 구분하기 어렵게 만드는 것이다. 양자화 잡음보다는 귀에 덜 거슬리므로 디지털화 과정에서 많이 사용하고 있다.
〈참조〉 noise shaping

- **diversity receiver**
와이어리스 마이크의 수신측에 2계통의 음성 복조 회로를 만들어 전계 강도가 강한 쪽 계통의 출력을 선택하는 방식
〈참조〉 무선 마이크

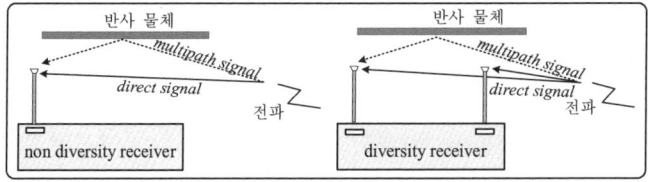

- **Dolby AC-3**
미국의 Dolby사가 개발한 멀티 채널 오디오 신호의 압축 부호화 방식이다. 5.1 채널 서라운드 방식으로 구성되어 있다.
〈참조〉 Dolby digital, 5.1 채널 서라운드

- Dolby B noise reduction ☞ 돌비 잡음 저감 회로

- Dolby C noise reduction ☞ 돌비 잡음 저감 회로

- Dolby digital
5.1 채널 서라운드 음향 시스템의 규격이다. 프런트 2 채널과 센터 채널, 서라운드 2 채널, LFE 0.1 채널로 구성되어 있다.
〈참조〉 Dolby AC-3, DTS, 5.1 채널 서라운드

- Dolby digital surround EX
5.1 채널 돌비 서라운드에 1채널 후방 서라운드를 추가한 6.1채널 서라운드

- Dolby Surround Prologic ☞ 돌비 서라운드 프로로직

- dome speaker ☞ 돔 스피커

- Doppler distortion ☞ 도플러 왜곡

- Doppler effect ☞ 도플러 효과

- doubling effect 더블링 효과
리코딩에서 한번 녹음한 것을 다른 트랙에 녹음하고 동시에 재생하여 음량을 증가시키는 방법. 또, 원래의 신호를 20~50ms 지연시켜 원래 신호에 믹스하면 하나의 악기로도 두 대의 악기로 연주하는 것 같은 효과를 낼 수 있다. 음의 깊이감이나 확산감을 만드는데 사용하는 기법이다.

- driver unit ☞ 드라이버 유닛

- drone cone ☞ 패시브 라디에이터

• **drop out 드롭 아웃**
매체에 기록된 신호의 재생 중에 순간적으로 출력 레벨이 저하되어 신호의 일부가 끊어지는 현상이다. 드롭 아웃은 기록 매체의 결함이나 표면의 상처나 먼지에 의해서 생긴다. 신호의 기록 폭이 좁고 기록 파장이 짧을수록 많이 발생된다.

• **dry 드라이**
잔향이 적은 음을 드라이 하다고(메마르다) 표현한다. 또, 음향 효과 처리를 하지 않은 원래음을 의미한다. 반대어는 live 하다는 용어를 사용한다.
〈참조〉라이브, 무향음원

• **dry miking** ☞ close miking

• **dry source** ☞ 무향 음원

• **DSD direct stream digital**
Super audio CD에 채용된 방식으로서 샘플링 주파수는 2.824MHz, 1 비트 양자화로 디지털 변환하여 펄스 밀도를 기록하는 방식이다.
〈참조〉PCM, SACD

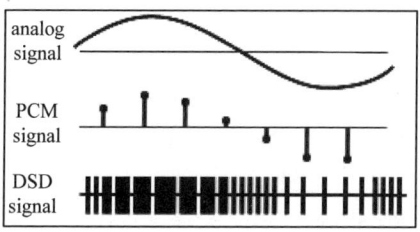

• **DSP** ☞ Digital Signal Processor

• **DTS Digital Theater System**

Digital Theater Systems사가 개발한 CD-ROM 기본의 35mm 영화용 Digital Sound System으로서 채널 수는 5.1 채널((left, center, right, right surround, left surround, LFE)이다. 각 채널의 24 bit, 48kHz의 신호는 APT-X100의 coding 방식으로 1/4.5로 압축된다.

〈참조〉 Dolby digital, 5.1 채널 서라운드

• **dubbing** ☞ 더빙

• **ducker 더커**

어느 신호(입력A) 레벨에 따라서 다른 신호(입력B)의 레벨을 낮추는 다이내믹 프로세서로서 페이징에 응용되고 있다. 페이징 마이크의 신호 레벨을 감지하여 페이징 동안에 메인 신호 레벨을 줄이는 트리거 역할을 한다.

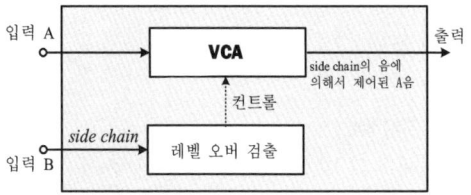

• **dummy head** ☞ 더미헤드

• **dummy load** ☞ 더미 부하

• **duplex 듀플렉스**

신호 전송을 양방향으로 동시에 처리하는 것

• **DVD Digital Versatile Disk**

처음에는 digital video disc라고 명칭했지만, 사용 용도가 영상에 한정되지 않으므로 명칭이 변경되었다. 장시간 동영상 재생이 가능하며, 음향은 5.1 채널을 기록할 수 있고, 컴퓨터 분야에서도 널리 이용되고 있다. 한쪽

면은 4.7GB 기록 용량을 가지고 있고, 양면 2층식으로 기록하면 약 4배의 17GB를 기록할 수 있다. 또, 픽업 레이저를 현재의 레드 레이저 대신에 블루 레이저를 사용하면, 현재보다 3배 이상의 용량이 기록 가능하다. 영상 압축 방식은 MPEG-2가 이용되고 있다.

• **DVD audio**
고품질 음악 재생용 DVD 포맷. DVD 비디오 디스크와 같이 싱글과 듀얼 신호층으로 만들어져 있다. 샘플링 주파수는 2 채널은 192kHz, 6.1 채널은 96kHz이다.

• **D weighting**
ISO 3891에서 정한 항공기 소음 측정을 위한 주파수 보정 회로
〈참조〉동 특성, 청감 보정

• **dynamic margin** ☞ 다이내믹 마진

• **dynamic microphone** ☞ 다이내믹 마이크

• **dynamic processor**
오디오 신호의 레벨을 제어하는 음향 효과기로서 컴프레서, 리미터, 노이즈 게이트, 익스팬더가 있다.

• **dynamic range** ☞ 다이내믹 레인지

E

- **early decay time** ☞ 초기 감쇠 시간

- **early reflections** ☞ 초기 반사음

- **earth** ☞ 어스

- **EASE Enhanced Acoustics Simulator for Engineers**
Rehnkus-Heinz가 개발한 전기 음향 시스템을 시뮬레이션하는 소프트웨어

- **EBU European Broadcast Union**
1950년에 설립된 유럽 방송 연합이다. 유럽의 방송 기술 규격을 제정하는 단체이다.

- **echo** ☞ 에코

- **echo machine** ☞ 잔향기

- **echo room** 에코 룸
공간의 울림을 의사적으로 만들기 위하여 콘크리트로 마감하여 잔향 시간을 길게 만든 실내이다. 에코 룸에서 스피커로 음을 재생하고 마이크로 픽업하면, 잔향이 부가된 음을 얻을 수 있다. 현재의 잔향기가 개발되기 이전에 잔향기로서 사용되었다.

- **echo time pattern** ☞ 반사음 패턴

- **edge** ☞ 에지

- **edge effect** ☞ 면적 효과

- **EDT** ☞ 초기 감쇠 시간

- **efficiency** ☞ 능률

- **EFP electronic field production**
비디오 카메라와 소형 VTR, 간이 편집기 등을 사용하여 영화의 로케이션과 같이 방송국 이외의 장소에서 TV 프로그램을 제작하는 것
〈참조〉ENG

- **EIA Electronic Industries Association**
각종 전기 기기의 규격과 측정법을 통일 제정하는 미국전자공업회

- **EIAJ Electronic Industries Association of Japan**
각종 전자 기기의 규격 통일을 위하여 만들어진 일본 전자 기기 공업회. 전자 기기 규격은 JIS보다 더 세분화되어 있다.

- **electret condenser microphone** ☞ 일렉트릿 콘덴서 마이크

- **EMI Electro Magnetic Interference**
전기전자 기기로부터 발생되는 잡음에 의해 다른 전자기기를 방해하는 상태

- **enclosure** ☞ 인클로저

- **encode 암호화**
어느 신호를 다른 형태로 변환하여 효율적으로 전송하거나 기록하기 위해서 신호를 암호화하는 것을 말한다. 암호화된 신호를 원래 신호로 복원

하는 것을 복호화라고 한다.
〈참조〉 decode

● **end stage**
오픈 스테이지의 일종으로서 장방형 극장의 한 쪽에 무대가 있고, 마주 보고 객석이 있는 무대
〈참조〉 홀의 형상

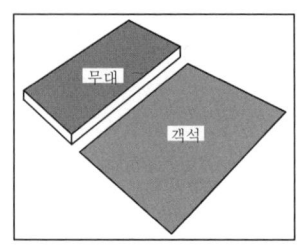

● **Energy Time Curve**
임펄스 리스폰스의 엔벌로프를 나타낸 것이고, 에코 등을 관측하는데 편리하다.

● **ENG electronic news gathering**
소형 카메라와 소형 VTR, 또는 VTR 일체형 카메라로 뉴스 취재하는 방법. 속보성이 뛰어나고, 생중계에서 절환 방송하는 경우도 있다. 또, 1~2명의 인원으로 운영할 수 있고, TV 중계차를 이용하지 않아도 되므로 제작비를 경감할 수 있는 이점이 있다.
〈참조〉 EFG

● **enhancer** ☞ 익사이터

● **ensemble** ☞ 앙상블

● **envelop** ☞ 엔벌로프

- **EQ equalizer**

  이퀄라이저의 약자

- **equalizer** ☞ 그래픽 이퀄라이저, 파라메트릭 이퀄라이저

- **equal loudness curve** ☞ 등 라우드니스 곡선

- **equivalent acoustic distance 등가 음향 거리**

공간이 크거나 소음이 많은 장소에서 음향 시스템 이득이 부족한 경우에 시스템에 요구되는 이득을 미리 결정하는 것이 등가 음향 거리이다. 그림에서 음향 시스템은 청취자가 지각하는 발성자의 실효 레벨을 증가시켜 청취자와 발성자를 가깝게 하는 것과 같다. 조용한 장소에서는 약 3m까지는 충분히 음성을 전달할 수 있으므로 음향 시스템이 필요없지만, 먼 거리에서 음성을 전달하기 위해서는 발성자는 청취자와의 거리를 더 가깝게 해야 한다. 음향 시스템에서 필요한 이득(NG)은 다음 식으로 구한다.

$$NG = 20 \log D_0 - 20 \log EAD$$

여기에서 EAD는 3m로 충분하다고 가정하고, 7m 지점에서 필요한 NG는 7.5dB이다.

$$NG = 20 \log 7 - 20 \log 3 = 17 - 9.5 = 7.5 dB$$

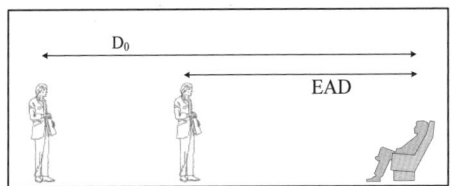

- **Ethernet**

LAN(Local Area Network)의 일종으로서 인텔사, DEC사, 제록스사가 공동으로 개발한 네트워크

〈참조〉 LAN

- **EVC electronic volume control**
전자 제어형 음량 조정기

- **exciter** ☞ 익사이터

- **excursion 편위**
스피커 진동판이 직선 운동하는 이동 거리, 즉 콘의 운동 거리이다. 스피커에 가해지는 전압이 클수록 진동 범위가 넓어진다.

- **expander** ☞ 익스팬터

- **exponential horn 지수 혼**
목으로부터 혼의 단면적이 지수적으로 넓어지는 혼. 차단 주파수부터 음의 상승 특성이 좋고, 가장 많이 사용되고 있다. 혼이 길수록 재생 저음이 낮아진다.
〈참조〉 혼

- **Eyring 잔향식**
실내 흡음률이 0.25 이상으로 데드한 경우에 사용하는 잔향 시간 공식이고, 실측치와 잘 일치된다.

$$RT = \frac{0.161 \cdot V}{-S \cdot \ln(1 - \overline{\alpha})} \text{ (s)}$$

여기에서 V는 체적, S는 표면적, $\overline{\alpha}$는 흡음률을 나타낸다.
〈참조〉 잔향 시간, Fitzloy 잔향식, Knudsen 잔향식

F

- **fade in; FI**

음량 조정 기법으로서 음량을 제로에서 점점 크게 해 가는 것

〈참조〉 fade out

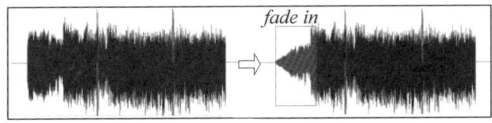

- **fade out; FO**

음량 조정 수법의 하나로서 음량을 조금씩 줄이면서 소리를 줄이는 방법

〈참조〉 fade in

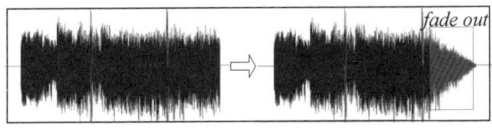

- **fader 페이더**

음량을 연속적으로 조정하는 노브. 일반적으로는 믹서의 볼륨을 말한다.

- **fanfare 팡파르**

식전 등에서 금관 악기로 드높이 연주되는 곡으로서 3화음만을 사용한다.

- **Farad 패러드**

전기 용량을 나타내는 단위로서 기호는 F로 표기한다. 콘덴서에 1coulomb의 전하를 가한 경우에 1V 전압이 생기도록 한 정전 용량을 1F 라고 한다.

- **far sound field** ☞ 원거리 음장

• FCC Federal Communications Commission
통신에 관한 기준이나 규격을 제정하는 미국 통신 행정 기관. 통신 사업 인허가 및 무선 기기나 디지털 기기에서 발생되는 방해 전파 등의 규제 및 전파 관리를 하고 있다.

• feedback 피드백
앰프 등의 출력의 일부 또는 전부를 입력으로 되돌리는 것을 말한다. 피드백에 의해서 기기의 왜곡, 잡음, 주파수 특성 등을 개선한다.

• feedback suppressor 피드백 억제기
하울링 주파수를 자동으로 찾아서 커트하는 기기. 그림은 피드백이 생기는 주파수를 서프레서로 커트한 경우의 특성을 나타낸다.
〈참조〉하울링

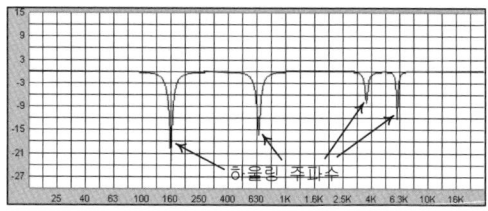

• FET Field Effect Transistor
전계 효과 트랜지스터이고, 보통 트랜지스터와 비교하여 입력 임피던스가 아주 높고, 반응 속도가 빠르며, 잡음 레벨이 낮은 것이 특징이다. 트랜지스터의 베이스에 상당하는 것이 게이트, 컬렉터는 드레인, 에미터는 소스이다.

• FFT Fast Fourier Transformation ☞ 고속 푸리에 변환

• FFT time constant FFT 시정수
FFT 분석의 속도와 해상도는 FFT 사이즈와 샘플링 율에 의해서 결정

된다. 이 두 값으로 FFT 처리하는 2가지 중요한 팩터, 즉 주파수 해상도 (frequency resolution)와 FFT 시정수(FFT time constant)가 있다. FFT 시정수는 전 샘플 데이터를 모으는 데 걸리는 시간이다. 주파수 분해능은 44.1kHz 샘플링에 4,096 포인트이면, 주파수 영역의 데이터 포인트는 10.8Hz (=44,100/4,096) 간격이 된다. 주파수 분해능을 높이기 위해서는 FFT 포인트 수를 늘리면 되지만, FFT 포인트가 많을수록 처리 시간이 많이 걸린다. 시정수와 주파수 분해능과의 관계는 다음과 같다.

> 시정수 = FFT 사이즈 / 샘플링 율
> 주파수 분해능 = 샘플링 율 / FFT 사이즈

시정수를 길게 하면 주파수 분해능이 나빠지고, 주파수 분해능을 좋게 하면 시정수가 짧아진다.

● **f hole**
바이올린의 앞 판에 f자 모양의 구멍

● **fidelity 충실도**
입력 신호에 대해서 출력 신호의 재현성이나 유사성의 정도를 나타낸다.
〈참조〉 Hi-Fi

● **figure of eight 8자형**
지향성이 양 지향성이라는 의미이고, 지향성 패턴이 8자형으로 보이므로 이 명칭을 사용한다.
〈참조〉 양 지향성 마이크

● **filter** ☞ 필터

● **filter slope 필터 기울기**
필터의 통과 주파수 이상에서 이득이 감쇠되는 비율을 말하고, 1차 필터는 -6dB/oct, 2차 필터는 -12dB/oct, 3차 필터는 -18dB/oct, 4차 필터는 -24dB/oct의 기울기를 갖는다. 즉, 차수가 1차씩 증가함에 따라서 -6dB씩 증가하는 기울기를 갖는다.

〈참조〉 dB/oct

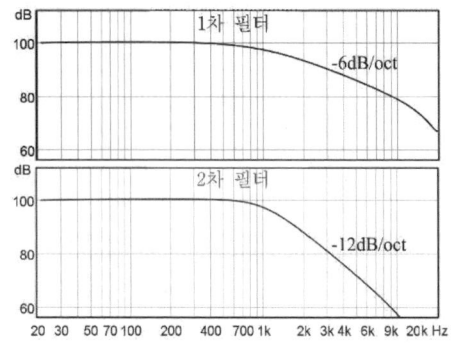

- **FIR Finite Impulse Response 유한 임펄스 리스폰스**

임펄스 응답이 유한계의 계열로 나타나는 디지털 필터. 선형 위상 필터를 구현할 수 있다.

〈참조〉 디지털 필터, IIR

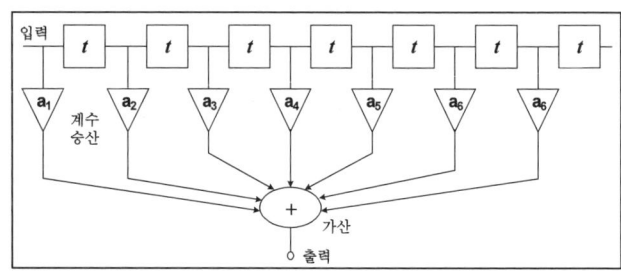

- **Fitzloy 잔향식**

흡음재 배치가 분산되어 있지 않고 집중 배치되어 있는 경우에 계산치와 실측치가 잘 일치하는 잔향 시간 공식이다. V는 체적, S는 표면적, α는 흡음률, X, Y, Z는 실내 치수를 나타낸다.

〈참조〉 잔향 시간, Eyring 잔향식, Knudsen 잔향식

$$\mathrm{RT} = \frac{0.161V}{S^2} \left(\frac{2XY}{-\ln(1-\alpha XY)} \right) + \left(\frac{2XZ}{-\ln(1-\alpha XZ)} \right) + \left(\frac{2YZ}{-\ln(1-\alpha YZ)} \right) (s)$$

- **fixed edge** ☞ 고정 에지

- **flanger effect** ☞ 플랜저 효과

- **flat response microphone 평탄형 마이크**

전대역에 걸쳐서 주파수 특성이 평탄한 마이크이다. 주파수 대역이 넓고 평탄하므로 고음질의 자연스러운 음색이 얻어진다. 평탄형 마이크는 음향악기, 합창, 오케스트라 등의 고품질 픽업에 사용하고, 음원으로부터 어느 정도 거리를 두고 픽업할 경우에 사용한다.

〈참조〉 shaped response microphone

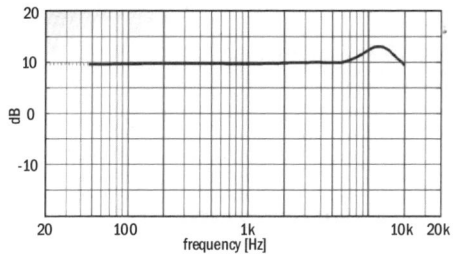

- **flicker noise** ☞ 1/f noise

- **floor director FD**

프로그램 디렉터를 보조하는 연출자. 스튜디오 플로어에서 부조정실과 긴밀한 연락을 취하고 출연자나 스태프에게 지시하여 프로그램 제작 진행을 원활하게 하는 역할을 한다.

- **floor noise**

연주하거나 녹음하는 주위의 공조 소음, 그리고 아날로그 테이프의 히스 잡음, 앰프 잡음 등을 말한다.

〈참조〉 배경 소음

- flushing mounting

스튜디오에서 스피커 시스템을 벽면에 묻고, 벽면과 스피커 면이 일치되게 설치하는 방식

- flutter echo ☞ 플러터 에코

- FM Frequency Modulation 주파수 변조

오디오 신호로 반송파를 변조할 때, 변조 신호(오디오 신호)에 따라서 반송파의 주파수를 변화시키는 변조 방식이다.

〈참조〉AM

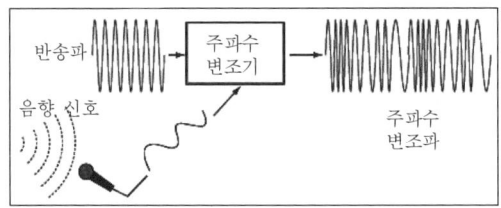

- FOH Front of House

라이브 PA에서 메인 콘솔이 있는 곳

- foldback 폴드백

방송이나 녹음 또는 공개 방송에서 연주하기 쉽도록 연주자의 음악을 스피커나 헤드폰을 통해서 연주자에게 들려 주는 것

- **foot monitor**

모니터 스피커를 말하고, 연주자의 발 밑에 놓고 사용하여 붙여진 명칭
⟨참조⟩ 모니터 스피커

- **foreground music**

사람들의 관심을 끌기 위해서 연주되는 음악으로서 background music
과 대응되는 용어이다.
⟨참조⟩ background music

- **formant** ☞ 포먼트

- **frame 프레임**

TV 화면을 구성하는 최소 단위인 1장의 화상. NTSC 방식에서는 1초간의
화면은 30 프레임으로 구성되어 있다.

- **free edge** ☞ 자유 에지

- **free field** ☞ 자유 음장

- **free field microphone** ☞ 자유 음장형 마이크

- **frequency** ☞ 주파수

- **frequency coherence** ☞ 주파수 코히어런스

- **frequency domain** ☞ 고속 푸리에 변환

- **front fill speaker**

홀에서 프로시니엄 스피커가 커버하지 못하는 앞 좌석을 커버하는 스피
커를 말하고, 에이프런 스피커라고도 한다.

〈참조〉 apron speaker

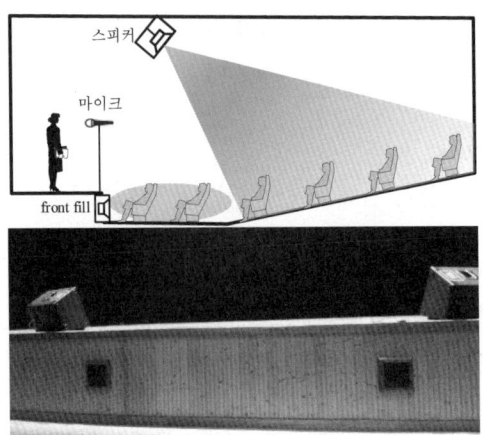

• **front loaded horn**

콘형 스피커의 전면에 혼을 부착하여 저음역의 방사 효율을 높이기 위한 인클로저로서 주로 저음용 스피커 시스템에 사용한다.

〈참조〉 back loaded horn

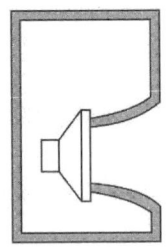

• **full range speaker 풀레인지 스피커**

한 개의 유닛으로 오디오 대역의 신호를 재생하는 스피커이다. 최저음에서 최고음까지 10 옥타브에 이르는 주파수 범위를 하나의 스피커로 커버하는 것은 어렵다. 일반적으로 스피커는 진동판의 면적이 클수록 저음역까지 재생되지만, 고음이 잘 재생되지 않는다. 또, 주파수가 높아짐에 따라서 지향성이 좁아지므로 풀레인지 스피커는 구경 20cm 이하의 것이 많다.
〈참조〉 스쿼커, 우퍼, 트위터

● **fundamental** ☞ 기본음

G

- **G Gauss**

자속 밀도의 단위

- **gain 이득**

음향 기기의 입력 레벨과 출력 레벨의 비

- **gate reverb** ☞ 게이트 리버브

- **ghost** ☞ 고스트, 전사

- **GND ground**

Ground의 약자

〈참조〉 어스

- **golden ratio** ☞ 황금 비율

- **gooseneck microphone**

오리목과 비슷한 형상이므로 붙여진 이름이다. 주로 강단 마이크로 사용하며, 크기가 작으므로 사용자의 얼굴을 가리지 않은 이점이 있지만, 감도가 낮다.

- **grand piano** ☞ 그랜드 피아노

- **graphic equalizer** ☞ 그래픽 이퀄라이저

- **ground** ☞ 어스

- **ground loop 그라운드 루프**

2대·이상의 기기가 공통 그라운드를 가지고 루프를 형성하는 상태. 그라운드 루프는 2대 이상의 기기가 큰 자계가 발생되도록 접속된 경우에도 발생되고, 시스템에 험 노이즈가 유도된다. 이 자계는 접속된 루프 간 또는 접속된 케이블과 그라운드 어스 사이에도 만들어진다.
〈참조〉어스

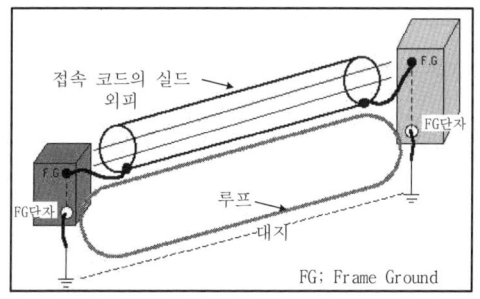

- **gun microphone 건 마이크**

초지향성 마이크를 말하고, 형태가 총과 비슷하여 붙여진 이름이다.
〈참조〉건 마이크, line microphone

H

• Haas effect ☞ 선행음 효과, 하스 효과

• HA head amplifier ☞ 헤드 앰프

• hall tone

음악을 연주하는 공간을 홀(hall)이라고 하고, 각 연주 홀마다 크기나 구조, 잔향 시간 특성이 다르고, 그 홀 특유의 음색과 울림을 가지고 있다. 이것을 hall tone 또는 hall effect라고 한다.

• Hamming window ☞ 시간 창

• hand microphone ☞ 핸드 마이크

• Hanning window ☞ 시간 창

• hard knee

컴프레서의 threshold 이상의 신호를 억제하는 방법을 직선적으로 하는 방법과 곡선적으로 하는 방법의 차이이다. Hard knee가 확실하게 압축되지만, soft knee는 청감상 자연스럽게 들린다.

〈참조〉 컴프레서

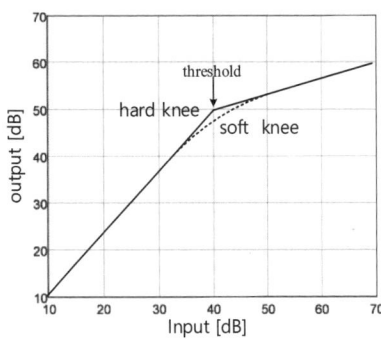

- **harmonics** ☞ 고조파, 배음

- **HATS** ☞ head and torso simulator

- **harmonic distortion** ☞ 고조파 왜곡

- **HDMI high definition multimedia interface**
A/V 기기의 디지털 영상, 음향, 입출력 인터페이스 규격. 하나의 케이블로 영상, 음향, 제어 신호를 송수신할 수 있다.

- **head amplifier** ☞ 헤드 앰프

- **Head and Torso Simulator HATS**
머리 몸통 시뮬레이터의 의미이며, 더미 헤드와 유사하다. 더미 헤드는 머리의 회절 효과만 고려하고 있지만, HATS는 몸통의 회절 효과까지 포함하고 있는 점이 다르다.
〈참조〉더미 헤드

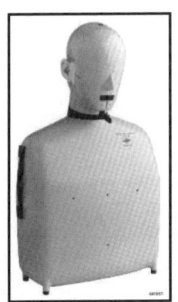

- **headphone** ☞ 헤드폰

- **head related transfer function** ☞ 머리 전달 함수

- **headroom** ☞ 헤드룸

- **headset microphone** ☞ 접화 마이크

- **Helmholtz resonator** ☞ 헬름홀츠 공명기

- **Henry 헨리**
코일에 흐르는 전류를 1초간에 1A 변화시켰을 때, 그 양단에 발생되는 전압이 1V일 때 코일의 인덕턴스는 1H이다.

- **HF high frequency 고주파수**
① 고주파
② 음향 기기에서 고음역
③ 주파수가 3~30MHz 전파의 대역, 단파라고도 한다.

- **high shelving** ☞ 쉘빙 이퀄라이저

- **Hi-Fi High-Fidelity 하이파이**
오디오 재생에 있어서 원음에 대해서 재생 음이 충실히 재생되면 하이파이(고충실도)라고 하고, 음질이 좋은 재생 기기를 하이파이 기기라고 한다. 반대로 음질이 나쁜 것을 로파이(low-fi)라고 한다.

- **hiss noise 히스 잡음**
녹음 테이프 특유의 잡음으로서 자성체의 히스테리시스(자성) 특성에 기인하여 발생되므로 약해서 히스라고 부른다.
⟨참조⟩ 돌비 잡음 저감 회로

- **Hi Z high impedance**
2,000 Ohm 이상의 임피던스
⟨참조⟩ Lo Z

• **hole effect**
2채널 스테레오 재생에서 두 스피커의 간격이 너무 넓으면, 중앙에 음상이 정위되지 않고 비게 된다. 즉, 중앙의 음상에 구멍(hole)이 뚫린 것 같은 효과가 생기는 것을 말한다.
〈참조〉입체음향

• **home theater**
가정에서 영화를 감상할 때, 영화관과 같은 현장감을 얻기 위하여 대화면과 서라운드 음향으로 구성된 오디오 비디오 시스템

• **horn** ☞ 혼

• **horn EQ**
컴프레션 드라이버와 혼을 조합하면 고주파수에서 롤오프 되고, 이것을 보상하는 이퀄라이저이다.

• **horn loaded**
스피커 유닛에 혼을 붙여서 방사하는 방식. 콘형 스피커를 혼형 캐비닛에 부착한 시스템도 있다. 스피커 앞에 혼을 부착한 형을 front loaded 혼, 뒤에 부착한 시스템을 back loaded 혼이라고 한다. 혼을 부착하지 않은 것은 direct radiator라고 한다.
〈참조〉back loaded horn, direct radiator, front loaded horn

• **Hoth noise** ☞ 호스 잡음

• **house curve** ☞ room curve

• **house PA** 하우스 PA
객석에서 PA 시스템의 음을 모니터 하는 것을 말한다.

- **howling** ☞ 하울링

- **HPF high pass filter** ☞ 고역 통과 필터

- **HRTF** ☞ 머리 전달 함수

- **hum noise** ☞ 험 잡음

- **hydrophone 수중 마이크**
수중 음을 픽업하는 마이크
〈참조〉수중 마이크

- **hyper cardioid** ☞ 초지향성 마이크

- **Hz Hertz**
주파수의 단위로서 헬츠라고 읽는다. 전자파의 실존을 증명한 물리학자 Hertz의 이름을 명명한 것이다.
〈참조〉주파수

I

• IACC Interaural Crosscorrelation ☞ 두 귀 간의 상관도

• IC Integrated Circuit
수 많은 회로 소자가 하나의 기판내에 구성된 집적 회로. 집적의 규모에 따라서 초대규모 집적 회로(VLSI), 대규모 집적 회로(LSI), 중규모 집적 회로(MSI), 소규모 집적 회로(SSI)로 분류된다.

• idle
'아무것도 하지 않고 있는', '대기 중'의 뜻으로서 파워 앰프에서 無신호 시에 흐르는 전류를 idle current라고 한다.

• idle current 아이들 전류
B급 파워 앰프의 파워 단에 약간의 전류를 흘려서 + 파형과 - 파형의 연결이 부드럽게 되도록 하기 위한 바이어스 전류
〈참조〉 AB class amplifier, B class amplifier

• IEC International Electrotechnical Commission 국제 전기 표준 회의
세계 각국의 전기 공업 제품 규격의 재정과 통일을 위하여 설립된 단체이다. IEC의 활동 분야는 전기의 모든 분야를 포함하고 있고, 크게 나누어 각국의 전기 기술자가 공통으로 사용할 수 있는 표현 방법(용어, 단위, 기호 등)의 규정과 전기 기기에 대한 규격 제정의 두 가지 종류가 있다. 한 나라에서 한 기관에만 가입이 허용되고 있다.

• IEEE Institute of Electrical and Electronics Engineers
미국 전기 전자 기술자 협의회

- **IEEE 1394**

Apple사가 표준화한 디지털 네트워크의 규격으로서 컴퓨터, 가정용 영상, 음향 기기의 접속을 위한 규격이다.

- **ignition noise 점화 잡음**

AM, FM 라디오 등에 혼입되는 잡음으로서 자동차의 엔진 점화가 발생원이 되는 충격성 잡음

- **IHF Institute of High Fidelity**

미국 Hi-Fi 기기 제조업자의 단체

- **IIR Infinite Impulse Response 무한 임펄스 리스폰스**

이산화된 임펄스 리스폰스로서 유한 임펄스에 대응되는 용어이다. 일반적으로 순회형 차분 방정식으로 나타나는 시스템 또는 무한 임펄스 리스폰스를 구현한 디지털 필터

〈참조〉 디지털 필터, FIR

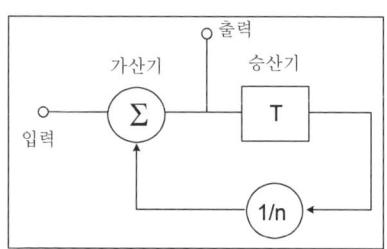

- **IMD intermodulation distortion** ☞ 혼변조 왜곡

- **impedance** ☞ 임피던스

- **impedance matching** ☞ 임피던스 매칭

- **impulse** ☞ 임펄스

- **impulse noise** 임펄스 잡음

번개나 형광등의 점멸, 엔진의 스파크 플러그, 모터의 시동에 의해서 발생되는 순간적인 잡음

- **impulse response** ☞ 임펄스 리스폰스

- **inaudible frequecny** ☞ 불가청 주파수

- **initial delay time; IDT 초기 지연 시간**

홀의 친밀감(intimacy)을 나타내는 물리량으로서 직접음과 초기 반사음 간의 시간 차이. d_1은 초기 반사음의 전반 시간, d_0는 직접음의 전반 시간 이고, c는 음속을 의미한다.

$$\Delta t_1 = (d_1 - d_0) / c$$

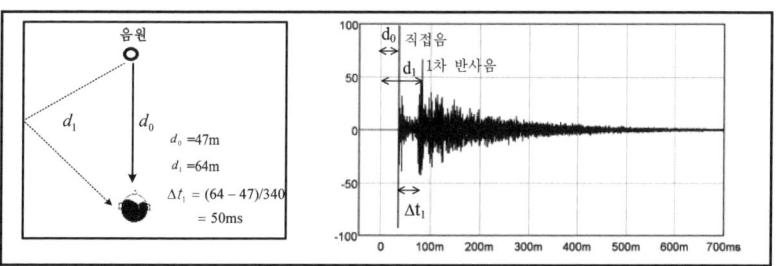

- **infrasonic** ☞ 초 저음파

- **in-line console** ☞ 인 라인 콘솔

- **in phase 동위상**

두 신호의 위상이 같은 것

〈참조〉 동위상, 역위상, 위상

- **input** ☞ 입력

- **insert 인서트**

믹서의 신호 경로에 없는 기능으로서 이퀄라이저, 잔향기, 컴프레서와 같은 기능을 회로 도중에 추가하기 위하여 만들어진 단자

- **insert type headphone** ☞ 삽입형 헤드폰

- **integrated amplifier**

프리 앰프와 메인 앰프가 하나의 케이스에 일체화된 형태의 앰프

〈참조〉 파워 앰프, 프리 앰프

- **instrument 악기**

musical instruments

- **intelligibility 이해도**

명료도는 의미가 없는 단음절을 테스트에 사용하지만, 이해도는 문장을 테스트에 사용한다.

〈참조〉 명료도

- **interaural cross correlation** ☞ 두 귀 간의 상관도

- **interaural level difference 두 귀 간의 레벨 차**

음향 신호가 두 귀에 입사하는 경우에 두 귀에 도달하는 레벨 차이. 고음은 두 귀 간의 레벨 차이로 음의 방향을 지각한다.

〈참조〉 interaural time difference

- **interaural time difference 두 귀 간의 시간 차**

음향 신호가 두 귀에 입사하는 경우에 두 귀에 도달하는 시간 차이. 저음은 두 귀 간의 시간 차이로 음의 방향을 지각한다.

〈참조〉 interaural level difference

- intercom ☞ 인터컴

- interface ☞ 인터페이스

- interference ☞ 간섭

- intermodulation distortion ☞ 혼변조 왜곡

- International Telecommunication Union; ITU

국제 전기 통신 조약에 의해 가맹한 나라로 구성되어 있고, 전기 통신의 합리적 이용을 위해 국제 협력의 유지 증진, 전기 통신 업무의 능률 증진과 이용 증대, 기술적 수단의 발달과 능률적인 운용 촉진, 공동 목적에 대한 각국의 노력의 조화를 꾀하는 목적으로 한다. 상설 기관으로서는 사무 총국, 국제 주파수 등록 위원회(IFRB), 국제 무선 통신 자문 위원회(ITU-R), 국제 전신 전화 자문 위원회(ITU-T)가 있다.

- intimacy ☞ initial delay time

- intro 인트로

introduction의 약자로서 노래가 있는 음악에서 노래가 나오기 전에 나오는 반주 부분(전주)을 의미한다.

- inverse square law ☞ 역자승 법칙

- inverter 인버터

직류를 교류로 바꾸는 의미로서 인버터라는 용어를 사용한다. 또, 위상을 180도 바꾸는 것

- I/O input output

기기의 입력과 출력

- **ion loudspeaker 이온 스피커**
진동판이 없는 스피커로서 전극 간에서 이온 방전을 일으켜서 방전의 강약으로 소리를 낸다.

- **ISDN Integrated Service Digital Network 디지털 종합 서비스망**
디지털 기술을 기반으로 한 전화 전신, 텔렉스, 화상 팩스, 음악 등 성격이 다른 신호를 하나의 전송로로 보내기 위한 네트워크

- **ISO International Standardization Organization 국제 표준화 기구**
각국의 공업 제품의 규격에 대해서 표준화를 시도하기 위해 1946년 설립된 기관으로서 스위스 제네바에 본부를 두고 있다.

- **IT Information Technology**
컴퓨터나 인터넷 등을 이용한 정보 통신 기술의 총체

- **ITDG Initial Time Delay Gap** ☞ initial delay time

- **ITU** ☞ International Telecommunication Union

J

- **jazz 재즈**

미국 흑인의 민속 음악과 백인의 유럽 음악의 결합으로 생긴 음악. 재즈의 리듬, 프레이징, 사운드, 블루스 하모니는 아프리카 음악의 감각과 미국 흑인 특유의 음악 감각에서 나오고, 사용되는 악기, 멜로디, 하모니는 유럽의 전통적인 수법을 따르고 있다. 재즈의 특색으로는 오프 비트의 리듬에서 나온 스윙감, 즉흥 연주에 나타난 창조성과 활력, 연주자의 개성을 많이 살린 사운드와 프레이징의 3가지를 들 수 있으며, 이것들이 유럽 음악이나 클래식 음악과 근본적으로 다른 점이다.

- **JIS Japanese Industrial Standard**

일본 공업 규격

- **jitter** ☞ 지터

- **JPEG Joint Photographic Experts Group 포토그래픽 전문가 그룹 위원회**

정지 화상을 효율적으로 압축하는 전송 포맷으로서 동영상에도 이용한다.

〈참고〉 MPEG

K

• **kHz kilo Hertz**

1,000Hz=1kHz

• **Knudesen 잔향식**

Eyring의 잔향식에 실내의 공기 흡음을 고려하여 만든 잔향 시간 공식이다. 여기에서 V는 체적, S는 표면적, ᾱ는 흡음률, m은 공기 흡음률을 나타낸다. 공기의 흡음률은 1kHz 이상만 고려하면 된다.

〈참조〉 잔향 시간, Eyring 잔향식, Fitzloy 잔향식

$$RT = \frac{0.161 \cdot V}{-S \cdot \ln(1 - \bar{α}) + 4mV}(s)$$

• **KS Korean Industrial Standard**

한국 공업 규격

L

- **LAN local area network**

좁은 영역의 컴퓨터나 프린터 등을 상호 접속하여 데이터를 주고 받는 구내 통신 네트워크이다. 접속 형태에 따라서 스타형 LAN, 버스형 LAN, 링형 LAN이 있고, 통신 제어 방식에 따라서 Ethernet, Token ring이 있다.

- **lapel microphone** ☞ 라펠 마이크

- **latency 지연 속도**

어느 시스템의 응답 특성에서 반응이 나타날 때까지의 시간 또는 프로세서에서 신호가 지연되는 것을 말한다. 오디오 인터페이스가 오퍼레이팅 시스템이나 전용 드라이버에 의해 관리되고 있는 하드 디스크 리코딩 시스템의 경우에 샘플 딜레이와 완전히 다른 신호의 시간 차 문제가 생긴다. 데이터가 오디오 인터페이스(A/D, D/A 변환기 포함)로부터 소프트웨어로 직접 보내어지지 않고, 버스 소프트웨어 루틴 등 시스템 내의 여러 경로를 거치기 때문이다. 즉, 오디오 인터페이스의 입력 단자로부터 들어 온 신호가 여러 우회 경로를 경유하여 소프트웨어에 도달하므로 그만큼 시간 차가 생기는 것이다. 레이텐시는 최소 3ms에서 긴 경우에는 800ms인 경우도 있다.

- **lateral efficiency** ☞ LE

- **lateralization 두내 정위**

스피커로 음을 들으면 음상이 머리 밖에 정위되지만, 헤드폰으로 음을 들으면 음상이 머리 속에 정위되는 것을 말한다.
〈참조〉음상 정위

- **lavaliere microphone**

lavaliere는 '목걸이'의 의미이며, 목에 걸고 사용하는 마이크이다.

- **layer 레이어**

대규모의 믹서에서는 입력 수 등의 증가에 따라서 그 물리적인 크기를 줄이기 위하여 가상적으로 조작면을 중첩시켜 절환하는 방법을 사용한다. 레이어는 이러한 가상적인 조작면의 층을 의미한다.

- **LCR network filter**

고음용 유닛, 중음용 유닛, 저음용 유닛을 조합한 멀티 웨이 스피커 시스템에서 입력 신호의 주파수 대역을 분할하기 위해서 저항(R), 코일(L), 콘덴서(C)를 이용하여 구성한 필터

〈참조〉 네트워크 필터, 멀티 웨이 스피커 시스템

- **LE lateral efficiency**

25~80ms 사이에 도래하는 옆 방향 반사음 에너지와 0ms~80ms까지의 모든 방향 에너지와 비로서 다음 식으로 정의된다.

$$LE = \int_{25}^{80ms} p_b^2(t)dt / \int_0^{80ms} p^2(t)dt$$

여기서 p(t)는 모든 방향의 반사음의 순시 음압을 나타내고, 무지향성 마이크로 측정한다. $p_b(t)$는 옆 방향에서 도래하는 반사음의 순시 음압을 나타내고, 양지향성 마이크로 측정하고 측벽을 향해 설치한다. 음악 홀에서 LE 값은 0.2~0.3 이상이 바람직하다.

〈참조〉 확산감, IACC, RR

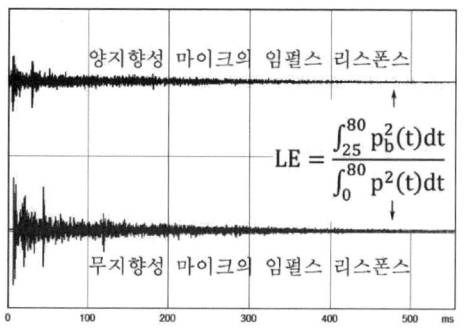

- **leader tape 리더 테이프**

필름이나 테이프를 감기 시작한 부분을 리더라고 한다. 녹음 테이프를 감기 시작한 부분에 연결되어 있고, 자성체가 없는 테이프를 말한다. 감기가 끝난 부분에 부착되어 있는 것도 있다. 테이프를 리코더에 장착할 때 신호가 기록되어 있는 부분이 파손되지 않고, 장착하기 쉽게 하기 위한 것이다.

- **LED Light Emitting Diode**

발광 다이오드의 약자로 반도체의 발광 소자이다. 파일롯 램프, 레벨 미터, 전자 계산기 등에서 이용되고 있다. 발광색은 적.녹.황색이 있다.

- **LEDE** ☞ Live-End Dead-End

- **Leq** ☞ 등가 음압 레벨

- **Leslie loudspeaker**

Harmond B3 오르간용으로 개발된 스피커. 1940년에 Don Leslie에 의해 개발된 스피커로서 도플러 음향 효과를 내기 위하여 혼을 회전시킬 수 있도록 만들었고, 1960년대와 1970년대 음악의 특징을 나타내기 위하여 피치가 소용돌이 치는 것처럼 들리는 효과를 내기 위한 스피커이다.

- **LF low frequency**
① 장파
② 주파수가 30~300kHz의 전파 대역
③ 음향 기기에서는 저음역의 주파수

- **LFE low frequency effect**
5.1 채널 서라운드 시스템에서 0.1 채널의 저주파수 효과 채널을 말하고, 대역은 20~120Hz이다.
〈참조〉 5.1 채널 서라운드

- **LFO low frequency oscillator**
모듈레이션 전용 저주파 발진기. 발진기는 사람의 귀에는 들리지 않은 1초에 1~2회 정도의 아주 낮은 주파수를 낸다. 이것을 이용하여 음량이나 음정 등이 변하게 만든다. 실제로 LFO로 모듈레이션을 걸 때 파형, 변조의 깊이, 주파수의 3가지 요소에 의해 모듈레이션을 거는 정도가 달라진다.

- **Light Emitting Diode** ☞ LED

- **limiter** ☞ 리미터

- **linearity** ☞ 선형성

- **linear scale**
가로 축이 선형 스케일인 그래프
〈참조〉 log scale

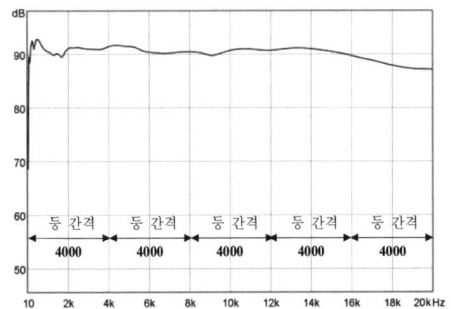

- **line array speaker** ☞ 라인 어레이 스피커

- **line input** ☞ 라인 입력

- **line level** ☞ 라인 레벨

- **line microphone**

라인 마이크는 직경 2cm 정도의 파이프 내면에 많은 얇은 슬릿을 만들고, 한 쪽에 트랜스듀서를 부착한 마이크로서 파이프의 안 쪽을 통하는 음파와 바깥 쪽을 통하는 음파와의 위상차를 이용해서 좁은 지향성을 만든다.

〈참조〉 건 마이크

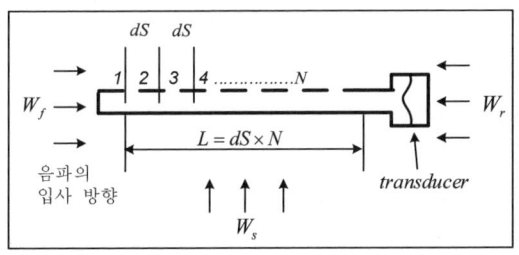

- **linear sweep** 선형 스윕

주파수가 단위 시간당 일정한 주파수 율로 증가되는 것이고, 스펙트럼은

백색 잡음과 같이 평탄한 특성이다.
〈참조〉 log sweep

- **line out** ☞ 라인 출력

- **line sound source** ☞ 선 음원

- **Linkwitz-Riley filter**
Butterworth 필터 2개를 케스케이드로 연결한 것이다. 따라서 차단 주파수가 -6dB가 된다.
〈참조〉 차단 주파수, Bessel filter, Butterworth filter, Chebychev filter, topology

- **lip synchronization**
영상과 음성을 일치 시키는 것. 인간의 감각은 영상보다 음성이 선행하면 확실하게 지각되고, 1 프레임(1/30초)의 차이도 판별할 수 있다.

- **Lissajous pattern** ☞ 리사주 패턴

- **live** ☞ 라이브

- **live-end dead-end, LEDE**
음원 쪽은 반사성(live)으로 마감 처리하고, 객석 쪽은 흡음성(dead)으로 처리하는 실내 마감 처리 방식이다.
〈참조〉 dead-end live-end

- **liveness** 라이브니스
공간에서 울림의 양을 나타내는 정도

- **live recording** 라이브 리코딩
극장이나 홀에서 관객이 있는 상태에서 공연한 내용을 녹음하는 것. 관객

의 반응과 같은 음향 분위기도 픽업한다.

● **live sound** ☞ 생음

● **load** ☞ 부하

● **localization** ☞ 음상 정위

● **log scale**
가로 축이 대수 스케일인 그래프를 로그 스케일이라고 하고, 균등하게 배분되어 있는 것을 선형 스케일이라고 한다.
〈참조〉 linear scale

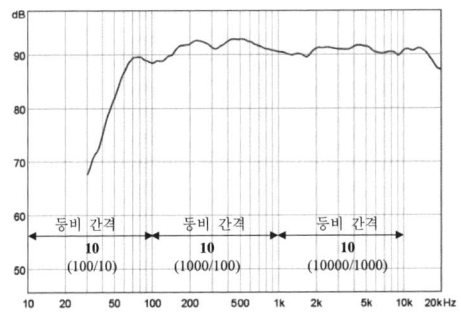

● **log sweep 로그 스윕**
주파수가 단위 시간당 옥타브 비율로 증가되고, 스펙트럼은 핑크 잡음과 같은 특성을 가지고 있다.
〈참조〉 linear sweep

● **longitudinal wave** ☞ 종파

● **long path echo**
지연 시간이 아주 긴 에코. 주로 야외 운동장에서 발생된다.

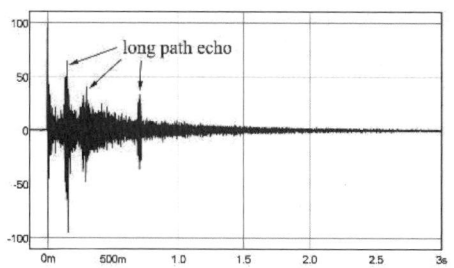

- **loop 루프**
① 회로에서 폐회로
② 파형에서 어느 범위를 계속해서 반복 재생하는 것

- **loudness** ☞ 라우드니스, 음의 크기

- **loudness meter** ☞ 라우드니스 미터

- **loudspeaker** ☞ 스피커

- **low frequency oscillator** ☞ LFO

- **low shelving** ☞ 쉘빙 이퀄라이저

- **Lo Z low impedance**
일반적으로 2,000 Ohm 이하의 임피던스
〈참조〉 Hi Z

- **LPF low pass filter** ☞ 저역 통과 필터

- **LP record Long Playing record**
재생 시간이 긴 레코드 판. 미국의 콜롬비아 사와 CBS 연구소가 개발하여 1948년에 상품화되었다.

M

• **MADI multi channel audio digital interface**
멀티 채널 대응의 AES/EBU 규격이며, 광 케이블이나 동축 케이블을 사용하여 48 채널이나 64 채널의 디지털 오디오 신호를 전송할 수 있다.

• **magnetic circuit** ☞ 자기 회로

• **main amplifier** ☞ 파워 앰프

• **maskee 마스키**
마스킹 현상에서 듣고자 하는 목적 음을 말한다.
〈참조〉 마스킹, masker

• **masker 마스커**
마스킹 현상에서 방해하는 음을 말한다.
〈참조〉 마스킹, maskee

• **masking** ☞ 마스킹

• **masking noise system** ☞ 마스킹 노이즈 시스템

• **mass law** ☞ 질량의 법칙

• **mastering 마스터링**
여러 곡의 녹음이 끝나고, 한 장의 음반에 들어가는 곡의 음색과 음량을 일률적으로 보정하는 작업

• **matching** ☞ 매칭

- MC master of ceremonies
사회자

- ME music effect
효과음으로 이용되는 음악

- mean free path ☞ 평균 자유 경로

- medley 메들리
두 곡 이상의 곡을 계속해서 연주하는 것

- mel scale ☞ 멜 척도

- MF mid frequency
① 중파
② 주파수가 300kHz~3MHz의 전파 대역으로서 라디오 방송에 이용된다.
③ 음향 기기에서는 중음역의 주파수

- MHz Mega Hertz
1,000,000Hz=1MHz

- mic level ☞ 신호 레벨

- MIDI ☞ 미디

- mil
1/1,000 인치

- mini plug 미니 플러그
3.5mm 폰 잭
〈참조〉 1/4" TRS

- missing fundamental ☞ 주기성 피치

- mix down ☞ 믹스 다운

- MLS Maximum Length Sequence

+1과 −1 신호로 구성되고, 주기성을 가지고 있는 잡음이다. 주기성이 있는 신호이므로 반복 측정하여 S/N 비를 높일 수 있으며, 음향 측정에 사용한다. 이 신호의 스펙트럼은 평탄한 주파수 특성을 가지고 있다. 백색 잡음은 주기가 없는 랜덤한 신호이지만, MLS 신호는 일정한 규칙성을 가진 주기 신호이므로 의사 백색 잡음이라고 한다.

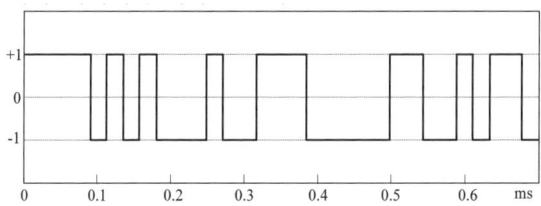

- modal analysis 모달 해석

음향 진동체의 진동 모드를 컴퓨터 시뮬레이션에 의해 3차원적인 선도로 그린 것. 주파수별로 진동 형상을 볼 수 있고, 스피커의 진동판과 인클로저 설계에 활용되고 있다.

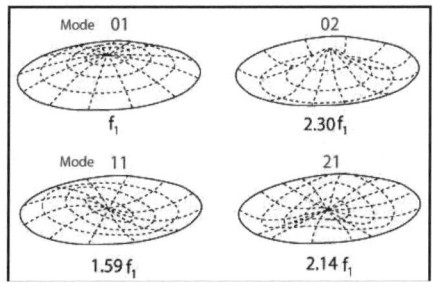

- modulation ☞ 변조

- monaural ☞ 모노럴

- monitor ☞ 모니터

- monitor distributor
4~8 채널 정도의 믹서 기능과 헤드폰 앰프 기능이 있는 기기로서 부스에서 가수나 연주자가 오케스트라 음악을 자신이 원하는 밸런스로 들을 수 있도록 조정하는 기기이다. 큐 박스라고도 한다.

- monologue 독백
혼자서 자문 자답하거나 상대 없이 이야기 하는 것

- monophonic 모노포닉
하나의 마이크로 녹음하여 하나의 스피커로 재생하는 것
〈참조〉 모노럴

- MOS Mean Opinion Score 평균 오피니언 점수
MOS 3.0은 일반인 50% 이상이 보통(평점 3) 이상이라고 평가하는 통화 품질이다.
〈참조〉 opinion test

- mother tape 모 테이프
마스터 테이프로부터 대량 복사용의 원판으로 만들어진 테이프

- MP3 MPEG1 Audio Layer 3
MPEG1에서 규정된 디지털 지각 부호화 압축 방식의 하나. 압축율이 높고 음질도 좋다. 인터넷에 의한 음악 배포, 반도체 메모리의 음악 플레이어 등에 이용되고 있다.
〈참조〉 지각 부호화, MPEG

- **MPEG Moving Picture Expert Group**

오디오와 비디오의 디지털 고능률 부호화와 다중 방식에 대한 국제 규격을 표준화 하는 working group이다. 압축률의 차이에 따라서 MPEG1, MPEG2가 있다. MPEG1에서는 영상 정보를 1/100까지 압축할 수 있고, 영상 품질은 VHS 정도이다. MPEG에서는 영상 속에서 움직이지 않은 것과 움직이는 것을 구별하여 움직이는 것은 벡터로서 생각하여 정보를 압축한다. DVD는 MPEG2 규격이 사용되고 있다.

〈참고〉 지각 부호화, AAC, JPEG, MP3

- **M-S stereo microphone**

스테레오 픽업 방식으로서 정면을 향한 단일 지향성 마이크(M)와 교차하는 양지향성 마이크(S) 출력의 합과 차 신호를 left와 right 신호로 하는 스테레오 픽업 방식. 두 마이크가 동축 상에 놓여 있으므로 시간차와 위상차가 없고, 2개 마이크의 지향성 차이에서 발생되는 레벨 차에 의해서 스테레오 신호를 얻어내는 방식이다.

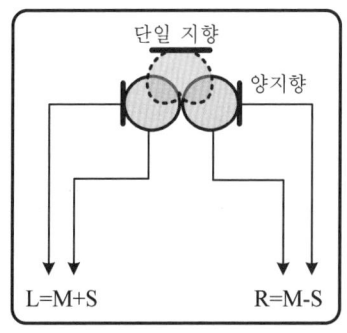

- **MTF Modulation Transfer Function**

강당, 체육관 등에서 음성의 명료도를 잡음, 잔향, 에코 등의 영향을 포함하여 평가하는 방법이 MTF-STI(speech transmission index)법이다. 이 방법은 음성을 모델화한 신호로서 밴드 노이즈를 정현파로 100% 변조한 음을 방사하여 실내의 전파 과정에서 잔향이나 에코, 잡음 등의 영향을 받아 수신 신호의 변조된 정도를 음원 신호와 비교하여 변화된 정도로 명료도를 계산하는 것이다.
〈참조〉 RASTI, STI

- **MTR multi track recorder** ☞ 멀티 트랙 리코더

- **multi-amplifier system** ☞ 멀티 앰프 시스템

- **multi cable**
마이크 케이블을 여러 개 묶어서 1개의 케이블로 만든 다심 케이블이다.

- **multi celluar horn** ☞ 멀티 셀룰러 혼

- **multi connector box**
멀티 케이블 양단을 연결하여 사용하는 박스

- **multi microphone recording** ☞ 멀티 마이크 녹음

- **multipath**
방송 전파가 송신점에서 수신점에 직접 도달하는 경로 이외에 건물이나 산 등에 반사되어 시간 지연을 가지고 도달하는 경로가 있는 전반 형태를 말한다. TV 전파의 경우에는 영상이 2중 3중의 고스트 장해가 생긴다.
〈참조〉 고스트

- **multi-tone 멀티 톤**
혼변조 왜곡 측정 데이터는 2개의 톤으로 구성된 신호를 사용하여 측정하지만, 실제로 음악은 많은 주파수 성분으로 구성되어 있으므로 현실적이지 않다. 따라서 40개의 톤으로 구성된 multi-tone 신호를 사용하여 혼변조 왜곡을 측정하는 방법도 있다. 그림에는 multi-tone 신호의 스펙트럼과 왜곡된 스펙트럼을 나타낸다. 파형은 음악이나 음성 신호와 비슷하

다. 이 신호를 스피커에 입력했을 때 톤 사이에 나타나는 신호가 고조파 왜곡과 혼변조 왜곡이고, 이것들이 적을수록 왜곡이 적은 것이다.

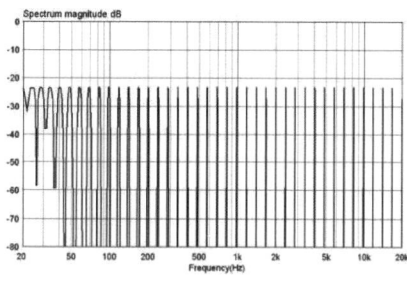

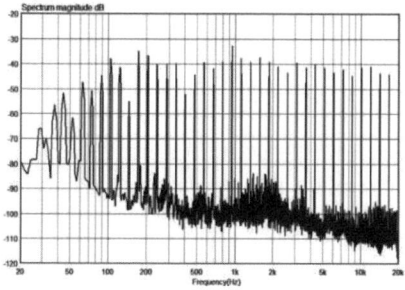

- multi track recording ☞ 멀티 트랙 녹음

- Musical Instrument Digital Interface ☞ 미디

- music power ☞ 뮤직 파워

- mute ☞ 뮤트, 약음기

N

• **NAB** National Association of Broadcasters
방송 기기의 규격을 제정하는 미국 방송 사업자 단체이다. 테이프 리코더의 상호 호환성을 가지기 위한 릴 사이즈, 트랙 패턴, 재생 이퀄라이저 등의 규정이 있다.

• **narration 해설**
라디오, TV, 연극, 영화 등에서 해설의 의미. 역사적 배경이나 상황, 등장 인물의 심정을 해설하는 것

• **NBC** National Broadcasting Company
TV 네트워크의 하나로서 미국 최대 방송 조직이다.

• **NC curve** Noise Critreria curve
실내의 허용 소음 레벨을 나타내는 척도로서 소음 레벨을 옥타브 대역마다 레벨을 측정하여 최대 레벨이 되는 값이 NC 값이 된다.

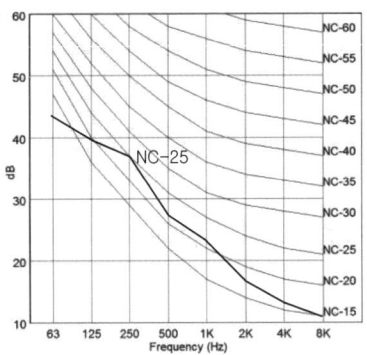

• **near field monitor 근거리 모니터**
1m 정도의 근거리에서 모니터하는 것이고, direct field monitoring이라

고도 한다. 이 모니터의 목적은 가정의 리스닝 룸과 같은 곳에서 작은 음량으로 청취하는 상황을 모니터하기 위한 것이다.

〈참조〉 close field monitor

- **near sound field** ☞ 근거리 음장

- **network filter** ☞ 크로스오버 네트워크 필터

- **Neutrik Speakon**

스피커 시스템용 커넥터이다. 4단자형과 8단자형의 2종류가 있다. 2웨이 스피커 시스템은 4단자형, 4웨이 스피커는 8단자형을 사용하면 하나의 커넥터로 간단하게 접속할 수 있다. 1회선으로 30A까지 연속 동작이 가능하고, 납땜을 하지 않고도 결선할 수 있다.

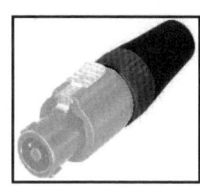 

- **NG no-good**

'좋지 않음'이라고 하는 의미의 단어이다. 원래는 영화 용어이지만, 무대나 방송 등에서 연기, 연출, 기술 등에서 실패했다는 의미로서 만족스럽지 않은 것을 NG라고 한다.

- **node 노드**

정재파의 진폭이 최소가 되는 지점

〈참조〉 정재파, antinode

- **noise** ☞ 소음, 잡음

- **Noise Criterion Curve** ☞ NC curve

- **noise floor**

음악을 연주하거나 녹음할 때, 악기의 전기 잡음이나 공조 소음 등을 말한다.

- **Noise Reduction Coefficient NRC**

흡음률은 주파수에 따라서 다르므로 하나의 수치로 흡음률을 나타내기 위한 척도로서 250, 500, 1,000, 2,000Hz 흡음률의 평균 값으로 나타내는 것이다. NRC 값이 높을수록 흡음률이 높은 것을 의미한다. NRC는 같지만, 흡음 특성은 전혀 다른 점에 유의해야 한다. 흡음재의 두께가 두꺼울수록 저음까지 흡음률이 높아진다. 또, 다공질 흡음재의 흡음률은 부착하는 방법에 따라서 달라진다.
〈참조〉 흡음 기구

- **noise shaping 잡음 정형(整形)**

신호의 부호화에서 양자화 잡음의 스펙트럼 특성을 청각적으로 지각되지 않게 정형하는 기술이다. 일반적으로 파형 부호화에서 양자화 잡음은 스펙트럼이 평탄하므로 신호 레벨이 낮은 곳에서는 양자화 왜곡이 지각된다. 따라서 양자화 잡음의 스펙트럼을 신호의 스펙트럼과 유사하게 만들어 주파수 영역에서 마스킹 효과를 이용하여 잡음이 지각되지 않게 부호화 하는 것이다.

- **NOM number of microphone**

실내에 두 개의 마이크가 있다고 가정한 경우에 하나의 마이크를 사용하면 확성된 음성이 스피커에서 나오고 두 개의 마이크로 입력되게 된다. 두 마이크의 이득이 같으면 피드백 양이 한 개의 마이크의 경우보다 1.4배(3dB) 많아진다. 마이크 수가 배가 될 때마다 피드백 양이 3dB 많아진다. 따라서 마이크가 2개이면 하울링 마진이 3dB 떨어지고, 4개가 되면

6dB, 8개가 되면 9dB 떨어진다.

- **nondirectional 무지향성**
지향성이 없다는 의미
〈참조〉 omnidirectional

- **nonlinear** ☞ 비선형

- **nonlinear quantization** ☞ 비선형 양자화

- **NOS stereo microphone**
두 개의 단일 지향성 마이크를 90도 교차되도록 배치하고, 헤드가 30cm 떨어지게 배치한 스테레오 마이크 픽업 방식
〈참조〉 ORTF stereo microphone

- **notch filter** ☞ 노치 필터

- **NRC** ☞ Noise Reduction Coefficient

- **NR system Noise Reduction System** ☞ 돌비 잡음 저감 회로

- **NTSC National Television System Committee**
흑백 TV의 양립성을 목적으로 규정한 아날로그 컬러 TV 방식이다. 한국, 미국, 일본, 멕시코 등에서 이 방식을 채택하고 있다.
〈참조〉 PAL, SECAM

- **null angle**
마이크의 지향성 패턴에서 감도가 최소가 되는 각도를 말한다. 단일 지향성 마이크의 null angle은 180도이고, 양지향성은 좌우 90도, super cardioid는 125도, hyper cardioid는 110도이다.

〈참조〉 단일 지향성 마이크, 양지향성 마이크, 초지향성 마이크

- **number of microphpone** ☞ NOM

- **Nyquist frequency** ☞ 나이퀴스트 주파수

O

• **octave 옥타브**
주파수가 2배의 관계가 있는 것을 옥타브라고 한다. octave는 그리스어로 8이란 의미이고, 음악에서는 8도 음정을 말한다.
〈참조〉 옥타브

• **octave band** ☞ 옥타브 대역, 1옥타브 대역 분석

• **Ohm 옴**
전기 저항의 단위

• **off 오프**
① 음원이 마이크에서 멀리 떨어져 있는 것을 말한다.
② 음이 먼 거리에서 발생되고 있는 것처럼 들리는 것을 표현하는 것을 말한다.
③ 기기의 스위치를 차단하는 것을 말한다.

• **off mic** ☞ 오프 마이크

• **omnidirectional 무지향성**
지향성이 없다는 의미이며, 마이크의 경우에는 모든 방향에서 도래하는 음을 똑 같은 감도로 픽업하고, 스피커의 경우에는 모든 방향으로 똑 같은 음압 레벨로 음을 방사하는 것이다.
〈참조〉 무지향성 마이크, 무지향성 스피커

• **on 온**
① 음원이 마이크에 가까이 있는 것을 말한다.
② 음이 가까운 곳에서 발생하고 있는 것처럼 표현하는 것을 말한다.

③ 기기의 스위치를 켜는 것을 말한다.

• **on air monitor**
전파를 실제로 수신하여 방송 상태를 감시하는 것

• **onboard 온 보드**
믹싱 콘솔에 탑재되어 있는 효과기
〈참조〉 outboard

• **on mic** ☞ 온 마이크

• **one point microphone pick up** ☞ 한 점 픽업

• **one third octave filter** ☞ 1/3 옥타브 필터

• **OP amp operational amplifier**
전기 신호의 가감산과 미적분 등의 선형 연산 및 비선형 연산에 사용하는 증폭기

• **open air headphone** ☞ 오픈 에어 헤드폰

• **open stage** ☞ 오픈 스테이지

• **operator 운영자**
음향 시스템 운영자를 말한다. 운영자는 단순히 믹서를 조작하는 일 뿐만이 아니라 공간 음향 및 음향 기기 전반에 대한 지식을 가지고 그 때 그 때 상황에 맞추어 기기를 재배치하는 작업이나 마이크 배치 작업에 관한 일을 전반적으로 할 수 있어야 한다.

- **opinion test 오피니언 테스트**

전화의 통화 품질을 기준 통화 시스템과 비교하여 평가하는 것이 아니고, 사용자의 직접적인 품질 평가를 알기 위하여 실시하는 품질 평가 시험이다. 평가 대상의 음성을 피험자에게 단독 제시하여 5단계 또는 7단계의 평정 척도로 품질을 평가하는 것

〈참조〉MOS

품질	열화도
5 아주좋다	5 열화를 검지할 수 없다
4 좋다	4 열화는 검지되지만 거슬리지 않는다
2 보통이다	3 약간 거슬린다
2 별로 좋지 않다.	2 거슬린다
1 나쁘다	1 아주 거슬린다

3 아주 좋다
2 좋다
1 약간 좋다
0 같다
-1 약간 나쁘다
-2 나쁘다
-3 아주 나쁘다

- **optical sound recording**

영화 필름에 음향 신호를 기록하는 방법이고, 신호 레벨의 변화를 빛의 세기의 변화로 변환하여 필름에 기록한다.

- **orchestra pit** ☞ 오케스트라 피트

- **ORTF stereo microphone**

두 개의 단일 지향성 마이크를 110도 교차하도록 배치하고, 마이크 헤드가 15cm 떨어지게 배치한 스테레오 픽업 방식

〈참조〉NOS stereo microphone

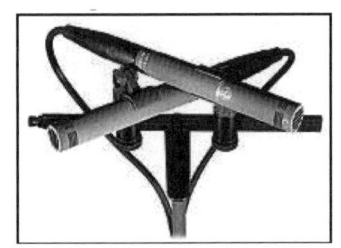

- oscilloscope 오실로스코프

전기 신호의 파형을 관측하는 계측기

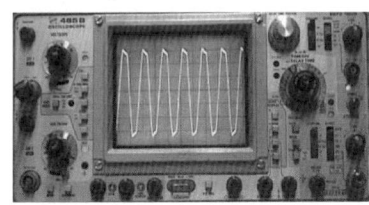

- OSS miking optimum stereo signal miking

스위스 방송 협회가 클래식 음악을 픽업하기 위해 개발된 스테레오 마이크이다. 이 방식은 마이크 간격을 165mm로 하는 한 쌍의 무지향성 마이크 사이에 흡음판을 설치한 것이다.

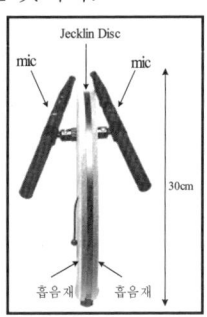

- OTL output transformerless circuit

파워 앰프 출력 단의 트랜스가 없는 회로 방식. 진공관 앰프는 출력 임피던스가 높으므로 낮은 임피던스 스피커를 연결할 경우에 트랜스를 사용해야 하지만, 트랜지스터 앰프는 출력 임피던스를 낮으므로 스피커를 직접 연결할 수 있고 출력 트랜스가 필요없다.

● **outboard 아웃 보드**
믹싱 콘솔에 탑재(onboard라고 함)되어 있지 않은 효과기를 말한다. 아웃 보드는 마이크 프리 앰프, 이퀄라이저, 컴프레서.리미터, 익스팬더.노이즈 게이트, 딜레이, 리버브 등이 있다.
〈참조〉 onboard

● **out of phase 역위상**
두 신호의 위상이 180도 다른 것
〈참조〉 동위상, 역위상, 위상

● **output** ☞ 출력

● **output impedance** ☞ 출력 임피던스

● **over drive**
기기의 허용 입력 이상으로 입력 신호가 가해진 상태

● **over dubbing** ☞ 오버 더빙

● **overhead microphone**
천장에 매단 마이크를 말하고, 일반적으로 합창의 픽업에 사용하는 마이크이다.
〈참조〉 suspension microphone

● **overlap 오버랩**
앞의 음에 중복되면서 뒤의 음이 나타나는 것

- **overload** ☞ 과부하

- **overall level** ☞ 전대역 레벨

- **oversampling 오버 샘플링**
A/D 컨버터 회로에서 보통 샘플링 주파수보다 높게 샘플링 하는 것. 샘플링 주파수를 높게 하여 저역 통과 필터를 샘플링 주파수보다 높게 설정하면, 불필요한 고주파 잡음을 차단시켜 음질을 향상 시킬 수 있다.

- **overtone** ☞ 배음

- **overtone in the ear**
귀의 비직선 왜곡 때문에 생기는 고주파수 음. 왜곡의 정도는 주파수에 따라서 다르지만, 귀의 직선성은 800Hz에서 70dBSPL이고, 80dBSPL 이상이 되면 비직선 영역이 된다.

- **overwrite**
기록한 것 위에 중복시켜 녹음하는 것. 보통 리코더는 소거 헤드로 녹음된 내용을 지우고 기록하지만, overwrite에서는 소거 헤드가 없다.

- **Oxigen Free Copper** ☞ 무산소동

P

- **Pa** ☞ Pascal

- **PA Public Address**

확성 장치로 정보를 대중에게 전달하는 것을 의미하며, 단순한 안내 방송에서 콘서트의 확성까지 넓은 의미로 이용되고 있다.
⟨참조⟩ 확성, SR

- **pad** ☞ 패드

- **paging** ☞ 페이징

- **pair microphone**

한 쌍의 마이크로 구성된 스테레오 픽업 방식
⟨참조⟩ A-B stereo mic, NOS stereo mic, ORTF stereo mic, X-Y stereo mic

- **PAL phase attenuation by line**

NTSC의 결점인 위상 왜곡을 개선하기 위한 아날로그 컬러 TV 방식. 독일, 이탈리아 등 유럽과 중국에서 채택하고 있다.
⟨참조⟩ NTSC, SECAM

- **PAM Pulse Amplitude Modulation 펄스 진폭 변조**

간격이 일정한 펄스 열을 반송파로 하고, 그 진폭을 전송하고자 하는 아날로그 신호의 표본치로 변조하는 방식

- **panning delay**

지연기를 여러 대 사용하여 음상을 이동시키는 효과기. 딜레이 음상이 좌우로 왔다 갔다 하므로 핑퐁 딜레이(ping pong delay)라고도 한다.

- **pan pot panorama potentiometer**

모노 음향 신호를 좌우로 분배하여 좌우로 보내는 신호의 레벨 차이로 음상을 정위시키는 회로이다. 팬의 위치가 중앙에 있으면 좌우로 배분되는 신호 레벨이 같으므로 음상은 중앙에 정위된다. 또, 팬이 오른쪽에 있으면 오른쪽에 음상이 정위되고, 왼쪽에 있으면 왼쪽에 음상이 정위된다.
〈참조〉 음상 정위

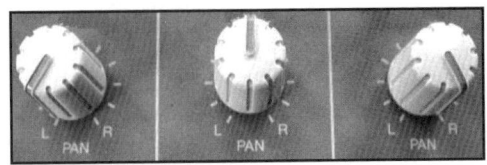

- **parallel connection** ☞ 병렬 접속

- **parametric equalizer** ☞ 파라메트릭 이퀄라이저

- **Pascal 파스칼**

압력의 단위. 1Pa은 $1m^2$에 1N(약 0.1kg)의 힘이 가해진 상태이다. 1기압은 1,013hPa이다.

- **pass band** ☞ 통과 대역

- **passive device** ☞ 수동 소자

- **passive filter** ☞ 수동 필터

- **passive network filter** ☞ 수동 네트워크 필터

- **passive radiator** ☞ 패시브 라디에이터

• pause 포즈

① 테이프 리코더를 일시 정지 시키는 것
② 무용이나 연극에서 동작을 정지하는 것

• PCM Pulse Code Modulation

PCM 방식은 아날로그 신호를 단 시간마다 샘플링하여 그 레벨에 대응된 부호(코드)로 변환하는 방식이다. 막대 모양으로 하나씩 잘라 내는 것을 샘플링이라고 하고, 이것을 부호로 변환하는 것을 양자화라고 한다. AD 변환이란 이 샘플링과 양자화 처리하여 아날로그 신호를 디지털 신호로 변환하는 것이다. DA 변환이라고 하는 것은 디지털 신호를 아날로그의 신호로 복원하는 것이다. PCM의 장점은 1과 0으로 판별하는 디지털 신호이므로 잡음에 강하다. 또, 부호화 할 때에 정정 신호를 부가하여 일부의 신호가 빠져도 완전하게 복원할 수 있다. 디지털 신호로 복사나 더빙을 반복해도 음질 열화가 없다.

〈참조〉 샘플링, 샘플링 주파수, 양자화, 펄스 코드 변조

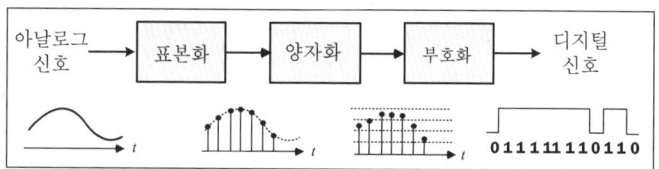

• peak 최대치

① 시간에 따라서 크기가 변하는 신호에서 진폭이 가장 큰 부분
〈참조〉 peak to peak

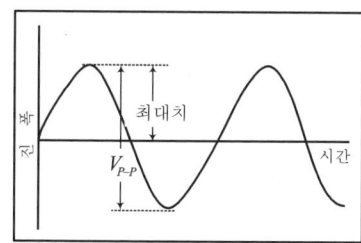

② 어느 특정 주파수에서 이득이 증가되는 것
〈참조〉 dip

- **peak factor** ☞ 피크 팩터

- **peak meter** ☞ 피크 미터

- **peaking equalizer** ☞ 피킹 이퀄라이저

- **peak to peak**
교류의 + 최대치부터 - 최대치까지의 값
〈참조〉 peak

- **PEQ** ☞ 파라메트릭 이퀄라이저

- **perceptual coding** ☞ 지각 부호화

- **phantom power** ☞ 팬텀 전원

- **phase** ☞ 위상, unwrapped phase, wrapped phase

- **phase diagram 위상도**
벡터 화살표로 양의 크기와 방향을 나타내는 그림. 그림a는 동위상, 그림b는 90도 위상차, 그림c는 180도 위상차가 있는 경우의 위상도이다.
〈참조〉 위상

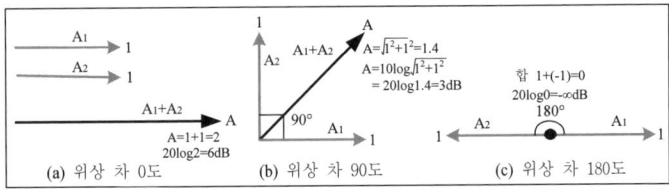

- **phase distortion** ☞ 위상 왜곡

- **phase modulation** ☞ 위상 변조

- **phase shifter** ☞ 위상 변환기

- **phon 폰**

음의 크기를 나타내는 단위. 어느 음에 대해서 그 음과 같은 크기로 들린다고 판단한 1,000Hz 순음의 음압 레벨로 나타낸다. Phon 값이 같으면 같은 크기로 들린다.
〈참조〉 등 라우드니스 곡선, 라우드니스

- **phone 폰**

접미어로 사용하는 소리의 의미. 예를 들어 microphone, headphone과 같이 사용한다.

- **phone plug connector** ☞ 1/4" TRS

- **pick up 픽업**

① 악기음을 마이크로 수음하는 것
② 악기음을 전기적으로 증폭할 때 이용하는 것으로서 음향 신호를 전기 신호로 변환하는 것

- **piezo-electric**

기계적인 힘을 가하면 전압이 유도되는 물체 또는 전압을 가하면 물리적인 힘이 생기는 물체
〈참조〉 압전 효과

- **pin mic** ☞ 핀 마이크

- **ping pong delay** ☞ panning delay

- **ping pong recording** ☞ 핑퐁 녹음

- **pink noise** ☞ 핑크 잡음

- **pistone phone** ☞ 피스톤 폰

- **pitch** ☞ 음고, 피치

- **pitch shifter** ☞ 피치 이동기

- **plain wave** ☞ 평면파

- **play back 플레이 백**
녹음된 음을 재생하는 것. 또는 스튜디오에서 녹음한 음을 그 현장에서 재생하여 들려 주는 것

- **PM phase modulation** ☞ 위상 변조

- **point source** ☞ 점 음원

- **polarity** ☞ 극성

- **polar pattern** ☞ 폴라 패턴

- **polyphony 폴리포니**
단선율이 아니고, 다성부 선율로 구성된 음악
〈참조〉 선율

● pop

입으로부터의 공기의 흐름이 마이크 진동판을 칠 때 생기는 파열 호흡음이다. 일반적으로 'p', 't', 'b'를 발음할 때 생긴다.

〈참조〉 pop filter

● pop filter 팝 필터

pop noise를 제거할 때 사용하는 필터이다.

〈참조〉 wind screen

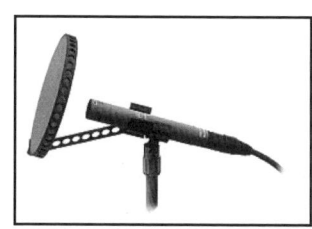

● pop noise

마이크에 바람이나 숨소리가 가해진 경우에 발생되는 '북북' 하는 잡음을 말한다. 마이크를 야외에서 사용하거나 정면에 입 가까이 대고 사용하는 경우에 발생되는 잡음이다. 특히, p, b, t 등의 자음과 파열음이 발생될 때, 입 근처에 근접한 마이크에서 발생되기 쉬운 잡음이다. 호흡 잡음은 일반 잡음보다는 큰 값이며, 풍속이 순간 20m/s에 달하는 경우도 있다.

〈참조〉 pop filter, wind screen

● port 포트

저음 반사형 인클로저에서 인클로저 내의 음이 새어 나오도록 만든 덕트

〈참조〉 저음 반사형 인클로저

● post 포스트

음향 시스템 체인에서 무엇인가의 '뒤'라는 접두사이다.

〈참조〉 pre

- **post production** 포스트 프로덕션
수록한 비디오 소재를 편집 등 가공하여 완성품을 만드는 것

- **power** ☞ 전력

- **power amplifier** ☞ 파워 앰프

- **powered mixer** 파워드 믹서
파워 앰프가 내장되어 있는 믹서

- **powered speaker** 파워드 스피커
파워 앰프가 내장된 스피커 시스템. 앰프와 스피커를 접속하는 케이블이 짧으므로 케이블에 의한 파워 손실과 음질 열화가 적다. Active speaker 라고도 한다.

- **pre** 프리
음향 시스템 체인에서 무엇인가의 '앞'이라는 접두사이다.
〈참조〉 post

- **pre amplifier** ☞ 프리 앰프

- **precedent effect** ☞ 선행음 효과, 하스 효과

- **pre delay**
잔향기의 반사음 패턴에서 직접음 후에 초기 반사음이 도달하는 시간. pre delay를 가변하면 공간의 크기의 느낌을 가변할 수 있다.
〈참조〉 잔향기, initial delay time

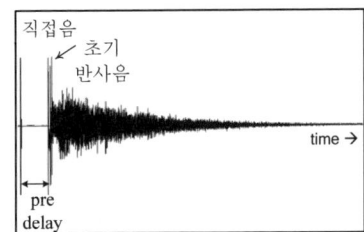

- pre-emphasis ☞ 프리 엠퍼시스

- pre fader/post fader ☞ 프리 페이더/포스트 페이더

- pre scoring
노래나 대사를 미리 녹음하여 두고, 가수나 출연자가 그 음에 맞추어서 입을 움직일 뿐이며, 소리를 내지 않고 연기하는 것

- presence 현장감
스테레오 재생음이 마치 연주 홀에 있는 것 같은 느낌이 드는 경우에 현장감 있다고 한다.

- presence peak
마이크의 주파수 특성을 2,000~6,000Hz 대역을 부스트 시켜 명료도를 올리는 것
〈참조〉 보컬 마이크

- pressure zone microphone ☞ PZM

- prima donna 프리마 돈나
오페라에서 제 1의 여성의 의미이며, 주역의 여성

- primo uomo 프리모 우오모
오페라에서 제 1의 남성의 의미이며, 주역의 남성

- probe microphone 프로브 마이크
음장의 한 점에서의 음압을 그 주위의 음장을 산란시키지 않고 측정하기 위하여 콘덴서 마이크에 프로브를 부착하여 만든 마이크이다. 마이크에 의해 음장에 영향을 주지 않거나 마이크를 설치하기 어려운 장소에서의 측정이나 음압 분포의 미세한 측정 등에 사용한다. 마이크에 프로브 튜브

를 부착하면 특성이 변하므로 프로브마다 교정해야 한다.

• **proportional Q equalizer**
주파수 대역이 부스트 정도에 비례하여 변하는 이퀄라이저
〈참조〉상수 Q

• **protection circuit** ☞ 보호 회로

• **protocol** ☞ 프로토콜

• **proximity effect** ☞ 근접 효과

• **pseudorandom noise** ☞ MLS

• **pseudo stereo** 의사 스테레오
모노로 녹음된 신호에 지연이나 잔향을 부가하여 스테레오처럼 들리도록 하는 것

• **psychoacoustics** 심리 음향학
소리의 지각에 관한 분야를 연구하는 음향학

• **pulse** ☞ 펄스

• **pulse code modulation** ☞ PCM

• **punch in punch out** ☞ 펀치 인 펀치 아웃

• **pure tone** ☞ 순음

• **purple(violet) noise**
주파수가 2배씩 증가되면 레벨이 6dB씩 증가되는 잡음. f^2 잡음이라고

도 한다.
〈참조〉 백색 잡음, 핑크 잡음, brown noise

● push pull amplifier

앰프에서 큰 출력을 얻기 위하여 신호의 플러스 신호와 마이너스 신호에 각각 증폭 소자를 할당하여 증폭하는 회로 방식이다.
〈참조〉 크로스오버 왜곡, B class amplifier

● PZM pressure zone microphone

미국의 크라운사가 개발한 제품으로서 음을 반사하는 플레이트 위에 마이크 유닛을 밀착시켜 픽업하는 마이크
〈참조〉 바운더리 마이크, BLM

Q

- Q Quality factor ☞ 품질 팩터

- Q ☞ 지향 계수

- Q sound
2채널로 입체 음향을 재생하는 기술

- quad cable 4심 마이크 케이블
4가닥의 케이블로 구성하여 잡음과 힘이 유도되지 않도록 만든 케이블로서 자기 유도의 상쇄 효과를 높인 것이다. 내부의 4심 중에서 대각선상으로 배치되어 있는 같은 색끼리 병렬로 접속하여 사용한다. 자기 유도 상쇄 효과는 hot 선과 cold 선 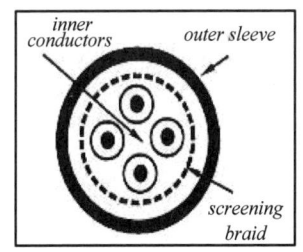 이 가까울수록 높고, 또, 케이블을 꼬아서 2선을 더 밀착시켜 효과를 높이고 있다. Hot 선과 cold 선이 4심으로 구성되어 있고, hot 선과 cold 선의 밀착성을 좋게 하여 자기 상쇄 효과를 더 높인 것이다.

- quality factor ☞ 품질 팩터

- quantization ☞ 양자화

- quantization noise ☞ 양자화 잡음

- quarter-inch jack ☞ 1/4" TRS

R

- **radial horn** ☞ 레이디얼 혼

- **RAM random access memory**

컴퓨터나 디지털 기기의 기억 회로의 일종. 사용자는 RAM에 기억되어 있는 정보를 이용할 수 있을 뿐만 아니라 기억되어 있는 정보를 소거하거나 새롭게 써 넣을 수 있다.
⟨참조⟩ ROM

- **random noise**

랜덤의 의미는 무작위 또는 불규칙하다는 의미로서 크기와 주기 등이 완전히 불규칙한 잡음이다.
⟨참조⟩ 백색 잡음, 핑크 잡음

- **RASTI Rapid Speech Transmission Index**

RASTI는 STI를 간략화 하여 중심 주파수 500Hz와 2,000Hz로 한정하여 측정 결과를 구한다.
⟨참조⟩ MTF, STI

- **rate converter**

저작권을 보호하는 목적으로 샘플링 율이 다른 기기 사이에는 디지털 녹음이 되지 않는다. 예를 들면, 44.1kHz의 CD를 디지털로 48kHz의 DAT에 복사할 수 없다. 샘플링 주파수가 다른 기기 간에는 디지털로 복사하기 위해서 샘플링 율을 변환하는 것을 말한다.
⟨참조⟩ sample rate converter

- **ratio**

컴프레서의 threshold 이상에서 원래 신호를 압축하는 정도를 나타낸다. 비를 2:1로 설정한 경우에 10dB가 입력되면 출력은 1/2인 5dB가 출력된다.

〈참조〉 컴프레서

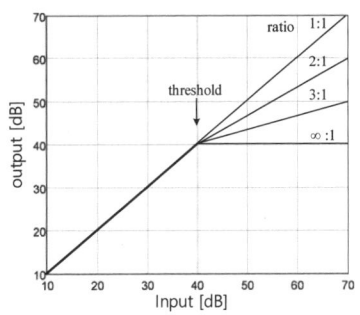

- **rayl 레일**

음향 임피던스의 단위로서 공기 중의 표준 상태에서 415rayls(kg/m² • s)이다. 매질의 음향 임피던스는 음속과 밀도의 곱으로 구한다.

〈참조〉 음향 임피던스

- **RCA connector**

RCA(Radio Corporation of America)사가 개발한 커넥터로서 pin jack이라고도 하고, 주로 가정용 오디오 기기들을 연결할 때 사용한다.

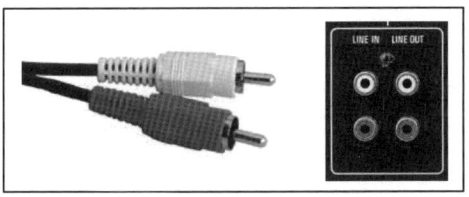

- **reactance 리액턴스**

AC 회로에서 전류의 흐름을 방해하는 저항과 같은 성분. 리액턴스는 용량성 리액턴스(X_C)와 유도성 리액턴스(X_L)의 두 종류가 있다. 리액턴스

값은 주파수에 따라서 변한다.
〈참조〉유도성 리액턴스, 용량성 리액턴스

• **real time 실시간**
컴퓨터로 오디오 신호를 처리하는 경우에 처리 명령 후에 기다리는 시간 없이 곧바로 실행되는 것을 실시간 처리한다고 한다.

• **real time analyzer; RTA 실시간 분석기**
신호의 주파수 스펙트럼을 실시간으로 분석하는 분석기이다. 측정은 핑크 잡음을 음원으로 사용하면 RTA상의 특성이 주파수 특성이 된다. 스피커의 주파수 특성과 실내의 음향 특성을 포함한 전송 주파수 특성을 측정하는데 사용한다.
〈참조〉스펙트럼, 핑크 잡음

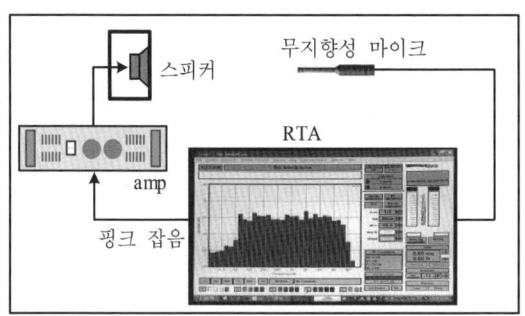

• **rechargable**
몇 번이고 충전할 수 있다는 의미이다.

• **recital 리사이틀**
독창회 또는 독주회

• **rec out**
톤 컨트롤 회로는 거치지 않고, 또 앰프의 볼륨도 통과하지 않고 출력되

는 단자

• **Rectangular window** ☞ 시간 창

• **rectifier circuit** ☞ 정류 회로

• **reed 리드**
관악기의 진동원이 되는 부분으로 입으로 불면 진동한다. 한 장으로 되어 있는 싱글 리드(클라리넷, 색소폰)와 두 장으로 되어 있는 더블 리드(오보에, 바순)가 있다.

• **reflection** ☞ 반사

• **refraction** ☞ 굴절

• **rehearsal 리허설**
음악이나 연극의 공연 전에 연습하는 것

• **release time 릴리즈 타임**
컴프레서와 리미터에서 제어 동작이 해제되어 정상 상태로 되돌아 가기까지의 시간을 말한다. 회복 시간(recovery time)이라고도 한다. 그림에는 릴리스 타임에 따라 컴프레션된 음이 원래 레벨로 복귀되는 상태를 나타낸다.
〈참조〉 컴프레서

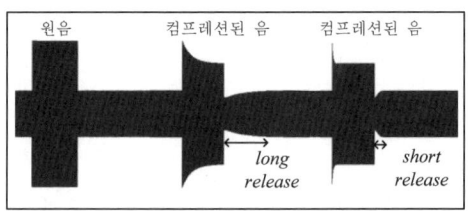

- **reset 리셋**

현재 설정 또는 선택한 기능을 해제하고, 원래의 상태로 복귀 시키는 것

- **residual noise** ☞ 잔류 잡음

- **resistance** ☞ 저항

- **resonator 공명기**

유리병과 같이 작은 개구부와 큰 공동을 갖는 것은 그 공동의 크기와 형상, 재질 등에 따라서 결정되는 공진 주파수를 가지고 있다. 이와 같은 용기는 공진 주파수의 음을 일부 흡음하므로 흡음 구조로서 사용한다. 또, 반대로 용기 자체가 진동하기 쉬운 구조나 소재로 만들면, 그 음이 강조된다. 현악기의 통은 이러한 원리를 이용한 것이다.
〈참조〉 헬름홀츠 공명기

- **response 응답**

응답 또는 반응의 의미이고, 주파수 응답 특성을 나타내는데 사용된다.
〈참조〉 주파수 특성

- **return 리턴**

믹서에서 잔향기와 같이 외부 기기로 신호를 내보내어 신호 처리한 후에 다시 믹서로 들어 오는 것
〈참조〉 send

- **reverb**

reverberation의 약자

- **reverberant field** ☞ 잔향 음장

- **reverberation** ☞ 잔향

- **reverberation chamber** ☞ 잔향실

- **reverberation time** ☞ 잔향 시간

- **reverberator** ☞ 잔향기

- **rewind**
테이프를 다시 되감는 것

- **RF radio frequency 무선 주파수**
1kHz에서 1THz 주파수의 전파이다. 또, 무선 통신에 사용되는 전파의 의미이다.

- **RIAA Record Industrial Association of America**
미국 레코드 공업회. RIAA 녹음 특성의 의미로 사용되기도 한다.

- **ribbon microphone** ☞ 리본 마이크

- **rigging**
의장, 장비의 의미이며, 스피커 시스템이나 조명 기구를 거는 장치 등에 붙이는 것

- **ringing**
시스템의 입력 신호가 없어질 때 생기는 과도 현상. 또 정재파가 생기는 주파수는 감쇠가 느려지는 링잉이 생긴다.
〈참조〉 워터폴 특성

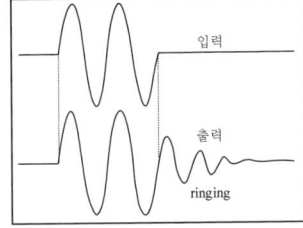

* **ripple** ☞ 리플

* **rise time** ☞ 상승 시간

* **RLC network** ☞ passive network

* **rms** ☞ 실효값

* **rolloff** ☞ 롤 오프

* **rolloff frequency** ☞ 차단 주파수

* **ROM read only memory**
컴퓨터나 디지털 기기의 기억 회로의 일종. 사용자는 ROM에 기억되어 있는 정보를 이용할 수 있을 뿐이며, 기억되어 있는 정보를 소거하거나 새롭게 써넣을 수 없다.
〈참조〉 RAM

* **room constant** ☞ 실내 정수

* **room curve 룸 커브**
음향 시스템의 바람직한 전송 주파수 특성으로서 청감적으로 평탄한 주파수 특성을 말한다. 스피치용, 음악용, 스튜디오용 등 여러 종류가 있지만, 현재 국제적으로 사용되고 있는 것은 영화 음향 시스템용 X-curve이다. 그림에는 록 뮤직용 룸 커브를 나타낸다.
〈참조〉 X-curve

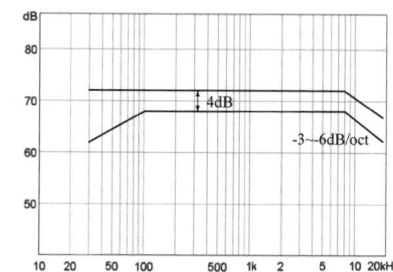

- **room equalization** ☞ 룸 튜닝

- **room tuning** ☞ 룸 튜닝

- **root mean square** ☞ 실효값

- **royalty**
저작권 사용료, 특허권 사용료, 기술 사용료

- **royal box**
홀이나 경기장에 설치되어 있는 특별석 또는 귀빈석

- **rpm revolution per minute**
1분간의 회전 수의 단위. 예를 들어 LP 레코드의 회전수는 33rpm이다.

- **RR Room Response**
콘서트 홀의 공간감을 나타내는 파라미터로서 다음 식으로 정의된다. $p_b(t)$는 양지향성 마이크, $p(t)$는 무지향성 마이크로 측정한 신호이다.

$$RR = \frac{\int_{25}^{80} p_b^2(t)dt + \int_{80}^{160} p^2(t)dt}{\int_{0}^{80} p^2(t)dt}$$

〈참조〉 확산감, LE

- **RTA** ☞ real time analyzer

- **RT 10**
음원이 정지된 후에 음압 레벨이 -5dB에서 -15dB까지 감쇠되는 시간에 6배 하여 잔향 시간을 구한 것.
〈참조〉 초기 감쇠시간

- **RT 20**

음원이 정지된 후에 음압 레벨이 -5dB에서 -25dB까지 20dB까지 감쇠되는 시간에 3배 하여 잔향 시간을 구한 것

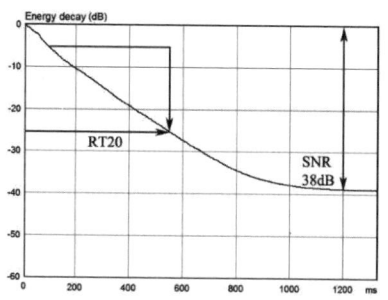

- **RT 30**

음원이 정지된 후에 음압 레벨이 -5dB에서 -35dB까지 30dB까지 감쇠되는 잔향 시간이고, 이 값에 2배 하여 잔향 시간을 구한 것

- **RT 60**

음원이 정지된 후에 정상 상태의 음압 레벨이 -60dB까지 감쇠되는 시간
〈참조〉 잔향시간

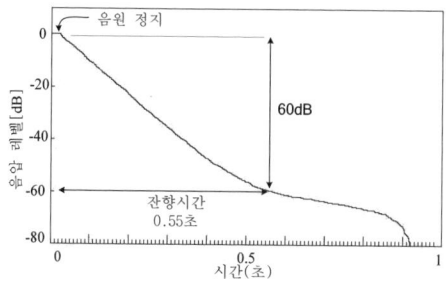

- **rumble noise 럼블 잡음**

턴 테이블의 회전축 진동을 픽업하여 나오는 낮은 주파수의 잡음

S

• **Sabine**

① 잔향 이론을 정립한 하버드 대학 물리학과 교수

〈참조〉잔향시간

② 실내 흡음의 정도를 나타내는 척도로서 음이 완전히 흡음되는 등가 면적으로 나타낼 수 있으며, 이 등가 면적을 Sabine이라고 하고, 단위는 m^2 이다.

〈참조〉등가 흡음 면적

• **SACD super audio compact disc**

SACD는 샘플링 주파수 2.8224MHz이고, 1비트 AD 변환기로 변조한 데이터를 직접 CD에 기록하는 DSD(direct stream digital) 방식이다. 이 방식은 PCM 방식과 달리 음향 신호의 크기를 1 비트의 디지털 펄스의 밀도로 표현하므로 회로 구성이 간단하다. 디스크는 CD와 같은 크기이며, 주파수 재생 대역이 100kHz이고, 다이내믹 레인지는 120dB이다. 구조는 CD와 SACD가 2중으로 되어 있고, 얕은 층은 CD, 깊은 층은 SACD 이고, 각각의 층을 전용 픽업으로 읽는다. 이렇게 하여 1장의 디스크로 CD와 SACD를 기록 재생할 수 있다. CD 플레이어에서는 CD를, SACD 플레이어에서는 CD/SACD 양쪽을 재생할 수 있고 호환성도 있다.

〈참조〉DSD

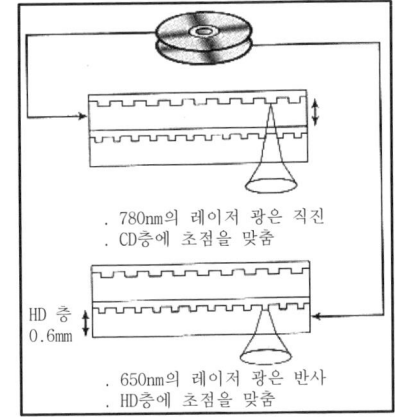

- **sampler 샘플러**

녹음한 디지털 음원으로부터 필요한 부분만을 끄집어 내어 음정이나 음색을 바꾸거나 반복시켜 음색을 가공하는데 사용한다. 미디 기능을 이용하여 악기나 컴퓨터로도 제어 가능하고, 키보드의 음원으로서도 사용할 수 있다.

- **sampling** ☞ 샘플링

- **sampling rate converter 샘플링 율 변환기**

샘플링 주파수가 서로 다른 신호는 직접적으로 녹음하거나 전송할 수 없으므로 샘플링 주파수를 원하는데로 변환하는 기기

〈참조〉 rate converter

- **sampling frequency** ☞ 샘플링 주파수

- **saturation level** ☞ 포화 레벨

- **satellite speaker**

체육관이나 운동장과 같이 대형 공간에서 메인 스피커로 커버되지 않는 지역을 커버하기 위해서 설치한 분산 보조 스피커

- **sawtooth wave** ☞ 톱니파

- **scattering** ☞ 산란

- **Schroeder curve**

잔향 시간 측정은 대역 잡음(band-pass-filtered noise)을 실내에 방사하고, 잔향 신호를 레벨 리코더에 기록하여 그 감쇠 곡선의 기울기로부터 잔향 시간을 구하면, 음원 정지 후 여기(exciting)되는 실내의 고유 진동 상태가 다르므로 측정할 때마다 잔향 감쇠 곡선이 달라진다. 따라서

측정자에 따라서 측정치가 다르므로 정확한 잔향 시간 계측이 어렵다. Schroeder 곡선은 임펄스 리스폰스 데이터를 역으로 적분하는 방식, 즉 backward integration 방식(room impulse response에서 각각의 값을 제곱하여 역방향으로 적분하여 구한 감쇠 곡선 또는 데이터의 끝에서부터 왼쪽을 향하면서 각각의 샘플들을 더하는 방법)을 사용하여 잔향 감쇠 곡선의 엔벌로프를 구하는 것이다. 이렇게 하면 잔향 감쇠 곡선이 부드러워지고 잔향 시간을 구하기 쉬워진다.

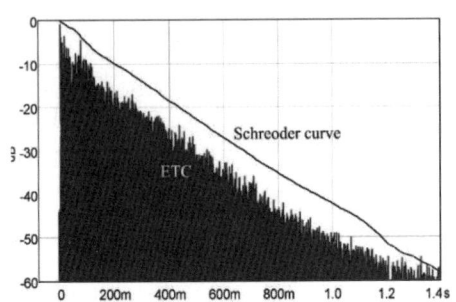

- **Schroeder diffuser**

반사면을 정해진 수학적인 순서에 따라서 깊이가 다른 조각으로 만든 음향 확산판. 확산 음장을 만들거나 공간 전체의 흡음력을 증가시키지 않으면서 에코가 발생되는 것을 방지하기 위해서도 사용된다.

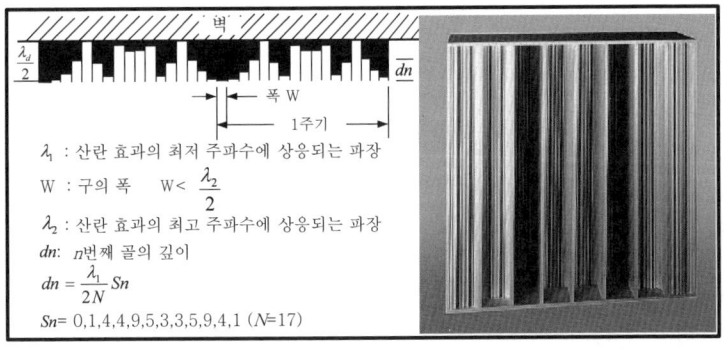

λ_1 : 산란 효과의 최저 주파수에 상응되는 파장
W : 구의 폭 $W < \dfrac{\lambda_2}{2}$
λ_2 : 산란 효과의 최고 주파수에 상응되는 파장
dn : n번째 골의 깊이
$dn = \dfrac{\lambda_1}{2N} Sn$
Sn = 0,1,4,4,9,5,3,3,5,9,4,1 (N=17)

• **SCMS Serial Copy Management System**
디지털 데이터를 연속해서 복사하는 것을 제한하는 기구이다. CD 플레이어의 디지털 음향 신호를 제1 세대 또는 2 세대에 한해서 디지털 복사가 가능하도록 하는 방식이다. 디지털 복사는 아날로그 복사와는 달리 음질이 전혀 열화되지 않으므로 1장의 CD를 무한대로 디지털 복사가 가능하면 창작의 권리가 훼손되므로 이것을 방지하기 위해서 개발된 장치이다. 디지털 소스에 복사 방지 코드가 기록되고, 다시 디지털 복사하는 것을 방지하는 것이다. 프로용 디지털 리코더에는 이 장치가 들어 있지 않다.

• **SCR noise**
조명용 SCR을 이용한 조광기에서 발생되는 잡음. 마이크 케이블이 조명 케이블과 근접되어 있으면 '씨'하는 잡음이 발생된다. 음향 기기과 조광기를 같은 계통의 전원으로 사용하면 발생되는 경우가 있다. 이 잡음을 방지하기 위해서 마이크 케이블과 조명 케이블을 멀리 띄어 놓거나 실드 케이블을 사용한다.

• **SDDS Sony Digital Dynamic Sound**
Sony사가 개발한 35㎜ 영화 필름용 디지털 사운드 트랙 방식이다. 7 채널(L, Le, C, Re, R, Sr, Sl)의 풀 레인지와 LFE 0.1 채널로 구성된 7.1 방식이다.

• **SDIF2 Sony Digital Interface 2**
Sony사의 프로용 디지털 오디오 입출력 규격

• **SE sound effect**
음향 효과

- **sealed enclosure 밀폐형 인클로저**

  〈참조〉인클로저

- **SECAM Sequential Couleur a Memoire**

  프랑스에서 제안한 아날로그 컬러 TV 전송 방식. 화상이 안정되고, 전송 경로에서 생기는 왜곡에 강한 것이 특징이다. 프랑스 및 동유럽에서 채용하고 있다.

  〈참조〉NTSC, PAL

- **self noise 자체 잡음**

  마이크에 아무런 신호를 가하지 않은 상태에서 출력되는 고유 잡음을 말한다.

- **semi free field** ☞ 반자유 음장

- **semi tone** ☞ 반음

- **send 센드**

  믹서에서 잔향기와 같이 외부 기기로 신호를 내보내는 출력

  〈참조〉return

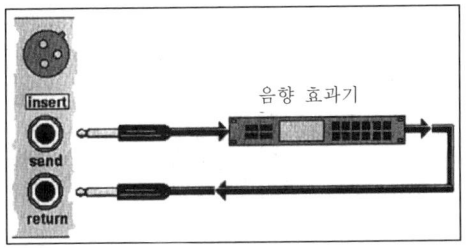

- **sensitivity** ☞ 마이크 감도, 스피커 감도

- **SEPP single ended push-pull circuit**

push pull 회로는 2개의 증폭 소자를 한 쌍으로 하여 서로 반 사이클씩 동작하는 회로 방식

- **series connection** ☞ 직렬 접속

- **series-parallel circuit** ☞ 직병렬 회로

- **shaped response microphone**

어느 특정 주파수에 피크나 딥이 있는 마이크를 변형형 마이크라고 한다. 이 마이크는 어느 특정 주파수 대역을 강조하여 특정한 음색으로 만들거나 원하지 않은 주파수를 제거하는데 사용한다. 일반적으로 변형형 마이크는 보컬용으로 사용한다. 특히, 목소리의 주파수 범위를 제한하거나 중음역을 강조하여 presence를 향상 시키기 위한 경우에 사용한다. lapel 마이크나 lavaliere 마이크도 변형형 특성이 많다. 드럼이나 키타 앰프와 같은 악기 음 픽업에서는 변형형 특성이 적절하다.
〈참조〉보컬 마이크, flat response microphone, gooseneck mic

- **shelving equalizer** ☞ 쉘빙 이퀄라이저

- **SHF super high frequency**

주파수가 3GHz~30GHz의 전파 대역의 극 초단파이고, 위성 방송 등에 사용한다.

- **shield cable** ☞ 실드 선

- **shoebox type** ☞ 홀의 형상

- **sibilance** ☞ 치찰음

- **side lobe 사이드 로브**

음향 신호를 FFT 분석할 경우에 연산에 필요한 데이터 수는 유한 개이므로 시간축 신호를 어느 구간 T만 잘라내어 그 부분만을 연산하는 방식을 취하여 생기는 불필요한 성분

〈참조〉 선 스펙트럼, 시간 창

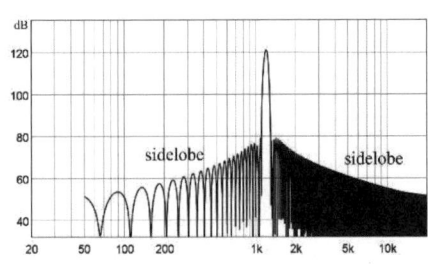

- **side fill** ☞ 사이드 필

- **sidetone** ☞ 측음

- **signal processor**

전기 음향 신호를 가공하는 신호 처리 장치. 그래픽 이퀄라이저, 파라메트릭 이퀄라이저, 딜레이 머신, 리버브, 노이즈 게이트, 리미터, 컴프레서 등이 있다.

- **signal to noise ratio** ☞ 신호 대 잡음 비

- **simulation 시뮬레이션**

모의 실험의 의미이고, 실내 음향 시뮬레이션과 음향 시스템 시뮬레이션이 있다.

- **simultaneous masking 동시 마스킹**

방해음과 목적음이 동시에 존재하는 경우에 생기는 마스킹 효과

〈참조〉 마스킹

- **sine wave** ☞ 정현파, 사인파

- **singer's formant** ☞ 성악가 포먼트

- **single tone 단일음**
단일 주파수의 정현파
〈참조〉순음

- **slapback echo 슬랩백 에코**
플러터 에코와 같은 의미이다.
〈참조〉플러터 에코

- **slave 슬레이브**
원래는 '노예'라는 의미이지만, 마스터 기기의 타임 코드를 기준으로 하여 몇 개의 기기를 컨트롤하는 시스템에서 컨트롤되는 측의 기기를 말한다.

- **slew rate** ☞ 슬루율

- **smoothing process** ☞ 평활화 처리

- **SMPTE Society of Motion Picture and Television Engineers**
미국의 영화기술협회의 약자이며, 영화나 TV 기술의 국제적인 연구 기구이다. 영화나 TV에 관한 각종 음향 기준을 제정하고 있다.

- **SMPTE code**
SMPTE에서 제정한 비디오 화면의 각 프레임마다 붙인 부호를 말한다. 컴퓨터에 의한 VTR 전자 편집 작업 시에 편집 개소를 설정하는데 유용하다. MA 작업 시에 VTR과 오디오 리코더는 SMPTE 코드로 동기시켜 일체화되고, 동일 기능으로서 취급된다.

- **snake in**

눈치 챘을 때 언제가 음이 정상적으로 나오도록 음량을 천천히 높여 가는 음량 조작 기법

- **snake out**

눈치 챘을 때 언제가 음이 사라지고 없어지도록 음량을 천천히 줄여 가는 음량 조작 기법

- **SNR signal to noise ratio** ☞ 신호 대 잡음 비

- **soffit 소피트**

flush mount 모니터 스피커를 설치하기 위한 벽을 가르키는 용어이다.
〈참조〉 flushing mounting

- **soft knee** ☞ hard knee

- **solo 솔로**

① 단독이라는 의미이며, 음악 형태의 하나로서 독주나 독창을 의미한다.
② 믹서에 솔로 스위치를 누르면 그 채널만 소리가 난다. 그 채널에 케이블이 잘 연결되어 있거나 잡음이 있는지 없는지 확인하는데 사용한다.

- **sonar** ☞ 소나

- **sone scale 손 척도**

음의 크기의 비교 척도이다. 음압 레벨 40dB의 1,000Hz 순음을 1 sone으로 정의한다. 1sone의 2배의 크기로 들리는 음의 크기는 2 sone, 1/2 크기로 들리는 음의 크기는 0.5 sone이 된다. 이것들을 음압 레벨로 나타내면, 각각 50dB, 30dB가 되고, 10dB 증가되면 약 2배의 크기로 들린다.

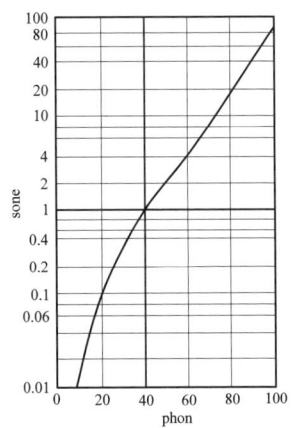

- **sonic** 소닉
① 소리와 관련된
② 음속의 속도로 움직이는

- **sonority**
음성이나 악기 음의 음질이 좋다는 의미

- **sound** ☞ 음

- **sound effector** ☞ 음향 효과기

- **sound field** ☞ 음장

- **sound field control** ☞ 음장 제어

- **sound focus** ☞ 음향 초점

- **sound image** ☞ 음상

- **sound level meter** ☞ 사운드 레벨 미터

- **sound localization** ☞ 음상 정위

- **sound only**
음성만 수록하는 것 또는 영상은 그대로 두고 음성만 인서트 편집하는 것

- **sound on sound**
2개 이상의 리코더 트랙에 동시에 음을 중복시켜 녹음하는 것. 1 트랙에 녹음되어 있는 음을 재생하면서 그것에 다른 음을 더해서 2 트랙에 녹음하는 것. 예를 들면, 오케스트라 반주에 보컬을 믹싱하는 것을 말한다.
〈참조〉 sound with sound

- **sound pressure** ☞ 음압

- **sound pressure level** ☞ 음압 레벨

- **sound ray** ☞ 음선

- **sound reinforcement** ☞ SR

- **sound shadow** ☞ 소리 그늘

- **sound track** ☞ 사운드 트랙

- **sound with sound**
1 트랙의 음을 엔지니어가 헤드폰으로 음을 들으면서 다른 음을 2 트랙에 녹음하는 것으로서 2개의 음을 믹싱하지 않는 것이다.
〈참조〉 sound on sound

- **source** ☞ 소스

- **spatial distortion 공간 왜곡**
공간의 음향 특성에 의해서 음이 왜곡되는 것. 과다한 잔향, 에코, 콤필터 왜곡, 정재파 등이 공간 왜곡이다.
〈참조〉 에코, 잔향, 정재파, 콤필터 왜곡

- **spatial impression** ☞ 공간감

- **Spatializer**
Spatializer Audio Labs사가 개발한 입체 음향 제어기

- **SPDIF Sony Philips Digital Interface**
Sony(S)와 Philips(P)가 제정한 Digital(D) 인터페이스(IF)로서 가정용 디지털 음향 기기의 규격이다. 커넥터는 RCA 핀 잭이고 동축이다.

- **speaker controller** ☞ 스피커 컨트롤러

- **speaker wire, speaker cable**
스피커와 앰프를 연결하는 케이블

- **Speakon** ☞ Neutrik Speakon

- **spectrum** ☞ 스펙트럼

- **spectrum analyzer** ☞ real time analyzer

- **speed of sound** ☞ 음속

- **spherical wave** ☞ 구면파

- **SPL sound pressure level**

음압 레벨을 데시벨로 표시하는 경우에 dB 뒤에 SPL을 붙여 [90dBSPL]과 같이 표시한다.

〈참조〉 음압 레벨

- **splay 스플레이**

스피커를 옆으로 쌓는 것. 스피커를 스플레이 하는 이유는 출력 음압 레벨을 크게 하고, 지향각을 넓히는 것이 목적이지만, 스피커 간의 간섭이 생겨서 음질이 나빠지는 경우가 많다.

〈참조〉 stack

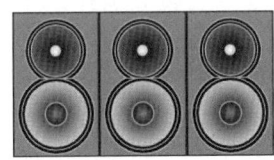

- **split console** ☞ 스플릿 콘솔, 인 라인 콘솔

- **splitter**

하나의 신호를 여러 개의 신호로 분기하는 회로

- **SP record Standard Playing Record**

1분에 78 회전하는 레코드를 말한다.

- **squawker 스쿼커**

중음 재생용 스피커 유닛

- **square wave** ☞ 사각파

- **SR sound reinforcement**

극장이나 홀에서 콘서트나 연극에서 음을 증폭하여 확성하는 것을 의미한다. 악기 음이나 음성을 마이크로 픽업하고, 그것을 증폭하여 스피커로 보내어 음을 보강하거나 음질을 보정하여 음악적으로 균형을 갖도록 하는 것을 말한다.
〈참조〉 확성, PA

• **SRS Sound Retrival System**
미국 SRS사의 virtual surround 기술

• **stack 스택**
스피커를 위로 쌓는 것
〈참조〉 splay

• **standing wave** ☞ 정재파

• **step signal 스텝 신호**
어느 순간 이후에 크기가 1이 되는 신호
〈참조〉 스텝 리스폰스, 스텝 신호, step response

• **step response 스텝 리스폰스**
스텝 신호를 가한 후 얻어진 리스폰스. 일반적으로 스피커 유닛 간의 시간 정렬 상태(time coherence)를 관측하기 위한 것으로서 삼각파 형태로 나타나면 유닛 간의 시간 정렬이 된 특성이다.
〈참조〉 스텝 리스폰스, time coherence

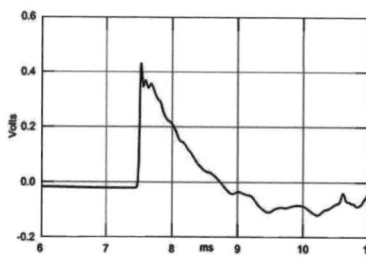

• **stereo** ☞ 입체 음향, 스테레오포니

• **stereo microphone** 스테레오 마이크
두 개 마이크를 한 쌍으로 구성한 것으로서 one point 스테레오 녹음 마이크를 말한다.
〈참조〉 A-B stereo microphone, M-S stereo microphone, ORTF stereo microphone, X-Y stereo microphone

• **stereophony** ☞ 스테레오포니

• **STI Speech Transmission Index**
잡음과 잔향에 의해 음성이 변조된 정도로 명료도를 평가하는 척도이다. 이 방법의 원리는 모델화한 신호로서 밴드 노이즈를 정현파로 100% 변조한 음을 방사하여 잔향이나 소음에 의해 변조되는 정도를 측정하여 명료도를 예측한다. 실내 공간의 소음과 잔향이 많아서 음원이 변조되는 정도가 크면 변조 지수가 작아지고, 음성 명료도가 낮아진다. STI 0.75 이상이면 excellent, 0.6 이상이면 good, 0.45 이상이면 fair, 0.35 이상이면 poor, 0.35 이하이면 bad이다. STI와 음질의 좋고 나쁨과는 관계가 없다. 즉, STI가 높으면 명료도는 높아지지만, 음질과는 상관이 없다.
〈참조〉 MTF, RASTI

• **stiffness** 스티프니스
외부에서 가해진 힘에 의해서 신장 및 압축, 동시에 외부의 힘과 반대 방향의 힘이 생기는 것이고, 스프링이 전형적인 예이다.
〈참조〉 compliance

• **stop band** ☞ 차단 대역

• **streaming 스트리밍**
인터넷과 같은 네트워크 상에서 음악이나 영화 등을 배포하는 기술. 데이터를 다운로드하면서 실시간으로 재생한다.

• **strings 스트링스**
현악기의 총칭. 또는 현악기의 연주를 말한다. 관현악곡에서는 바이올린, 비올라, 첼로, 콘트라베이스로 구성되어 있다.

• **subsonic filter** ☞ 서브 소닉 필터

• **subwoofer 초저음 스피커**
스피커 시스템에서 저음 재생 대역을 확장하기 위하여 사용하는 시스템이다. 재생 대역은 30~120Hz 정도이다.
〈참조〉서브우퍼

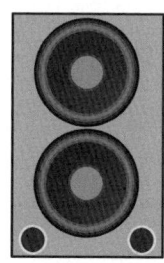 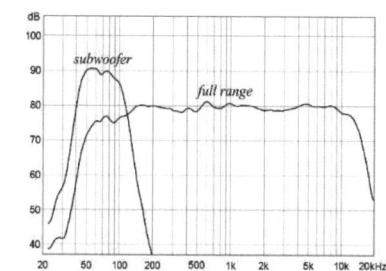

• **super cardioid** ☞ 초지향성 마이크

• **super-sonic 슈퍼 소닉**
인간의 귀에 들리지 않은 초음파를 말한다.
〈참조〉초음파

• **super tweeter 슈퍼 트위터**
스피커 시스템에서 고음 스피커를 트위터라고 하고, 슈퍼 트위터는 트위

터보다 더 높은 영역의 주파수를 재생하는 고음 스피커이다. 보통 20kHz 이상을 재생하는 스피커를 말한다.

● **supra-aural headphone**
헤드폰의 이어피스가 귀바퀴를 덮는 형태로 만들어진 것
〈참조〉 오픈 에어 헤드폰

● **surge current 과도 전류**
기기에 전원을 넣은 후에 콘덴서나 모터 등에 순간적으로 흘러 들어 오는 과도 전류를 말한다. 예를 들면, 콘덴서 입력형의 정류 회로에서는 전원를 넣은 직후 또는 콘덴서가 충전되어 있지 않으므로 충전을 위해 과도 전류가 흐른다.

● **surround system** ☞ 서라운드 시스템

● **surround microphone** ☞ 서라운드 마이크

● **suspension mic 서스펜션 마이크**
와이어로 마이크를 아래로 매단 것. 일반적으로 홀의 객석 앞 부분의 천장에 설치되어 있고, 수동 또는 전동으로 와이어의 길이를 조절하여 마이크의 높이를 조절한다. 클래식 음악 녹음의 메인 마이크로 사용된다. 1포인트, 2포인트, 3포인트 방식이 있다.

- **sustain 서스테인**

ADSR(attack, decay, sustain, release)의 하나의 과정으로서 어택에서 음이 감쇠된 후에 일정 기간동안 음의 레벨이 유지되는 과정을 말한다.
〈참조〉엔벌로프

- **sustainer**

컴프레서의 사용 방법의 한 예로서 컴프레서의 threshold를 높게 설정하면 레벨이 높은 부분만 억제되지만, threshold를 낮게 걸면 음이 계속해서 억제되게 되고, 디케이가 오르간 음과 같이 지속되는 음으로 변하게 된다. 이러한 사용 방법으로 제품화된 것을 sustainer라고 한다.

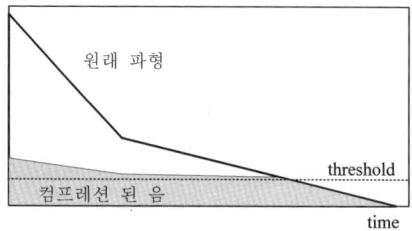

- **sweep 스윕**

주파수 분석을 위해서 측정 주파수를 어느 범위에 걸쳐서 연속적으로 변화시키는 것
〈참조〉 linear sweep, log sweep

- **sweepable EQ 스윕 이퀄라이저**

중심 주파수와 레벨을 가변할 수 있는 피킹 이퀄라이저

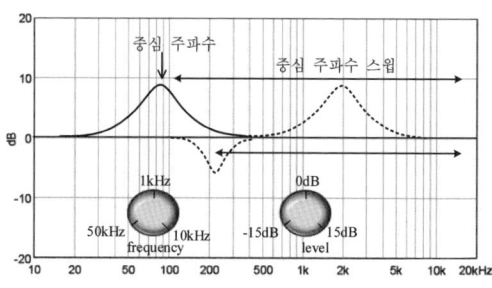

- **sweet spot 스윗 스폿**

2채널 스테레오 시스템에서 두 스피커에서 등거리에 위치하는 최적 청취 지점

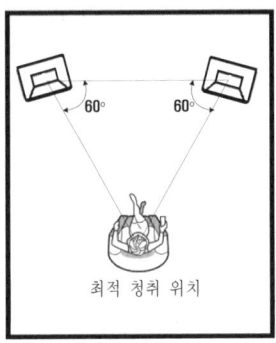

- **SWG standard wire gauge** ☞ AWG

- **synchronization** ☞ 동기

- **synthesizer** ☞ 신시사이저

T

- **tactile sound**

음파의 진동을 피부로 느끼는 음

- **talk back** ☞ 토크 백

- **tempo** ☞ 템포

- **temporal masking 시간 마스킹**

방해음과 목적음이 시간적으로 다르게 존재하는 경우에 생기는 마스킹
〈참조〉 마스킹

- **test tone 테스트 톤**

오디오 시스템을 테스트하기 위한 1kHz 순음

- **THD total harmonic distortion** ☞ 고조파 왜곡

- **THD+N**

고조파 왜곡 측정에서 출력에 나타나는 왜곡 성분 뿐만이 아니라 험, 잡음, 버즈 등 모든 잡음(Noise)을 포함한다.
〈참조〉 고조파 왜곡

- **The 1/4 wave-length rule**

흡음재의 최대 흡음 효과는 흡음재 위치에서 음압이 최대일 때 생긴다. 벽과 흡음재 사이의 거리가 파장의 1/4과 3/4의 주파수에서 흡음률이 가장 높다. 흡음재가 벽에서 85cm 떨어지면 100Hz(파장은 3.4m이고, λ/4는 85cm)까지 흡음된다.

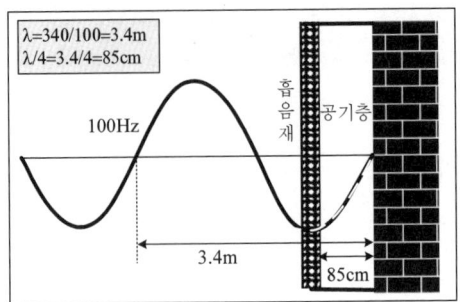

• Thermister 서미스터

온도가 올라가면 저항 값이 낮아지는 부의 온도 특성을 갖는 열/전기 변환 소자이다.

• three way speaker

저음, 중음, 고음의 스피커로 구성된 복합형 스피커 시스템

〈참조〉 복합형 스피커, two way speaker

• three side stage

오픈 무대의 일종으로서 사각형 무대이고, 정면과 좌우 세 방향으로 객석이 만들어진 형태의 홀

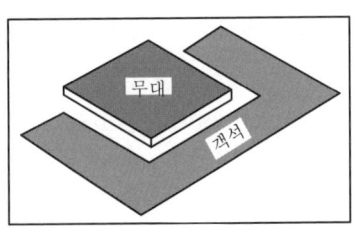

- **threshold**

문턱 또는 시작점이라고 하는 의미이다. 컴프레서나 리미터, 노이즈 게이트 등과 같은 기기의 입력 신호가 어느 레벨에 도달하여 목적으로 하는 동작이 시작되는 레벨을 threshold 레벨이라고 한다.

〈참조〉 리미터, 컴프레서, hard knee

- **throat**

혼 스피커 시스템에서 드라이버와 혼을 결합시키는 부품이다. 혼과 마운팅 하기 위한 것으로서 스피커의 능률과 주파수 특성에 영향을 준다.

〈참조〉 혼

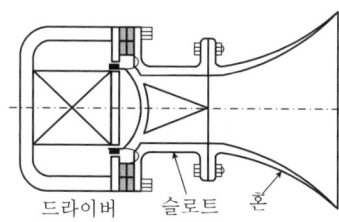

- **thrust stage**

오픈 무대의 일종이고, 무대의 일부분이 객석의 중앙까지 나와 있는 형태

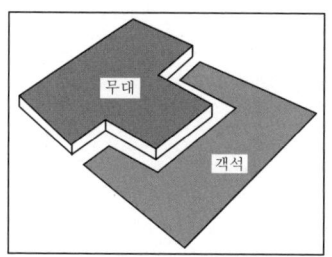

- **THX Tomlinson Holman Experiments**

Lucas 필름사에서 제안한 영화관 음향 규격으로서 음향 시스템 기준, 재생 음향 표준, 녹음 환경 기준, 음향 기기 기준이 있다. 실내 음향에 관한

기준은 잔향 시간과 배경 소음, 차음 내장 재료이다. 잔향 시간은 500Hz 옥타브 밴드의 잔향 시간이 그림a에 나타내는 한계치 내에 들어 가야 한다. 그림 b에는 권고하고 있는 잔향 시간 주파수 특성을 나타낸다. 배경 소음은 NC-30을 넘지 않아야 하며, NC-25를 권고하고 있다. 스피커 시스템은 직접 방사형 우퍼와 고음은 정지향성 혼을 조합하여 차단 특성이 -24dB/oct 필터를 이용한 THX 네트워크를 사용하고 있다. 스크린용 스피커 시스템은 스크린 뒤의 대형 배플 보드에 설치하도록 되어 있다. 서라운드 스피커는 모든 관객에게 일정하게 들리도록 배치하고, 서라운드 채널의 음압 레벨은 스크린 채널의 재생 음압 레벨과 같도록 한다. 표준 재생 레벨은 91dB(C)이다.

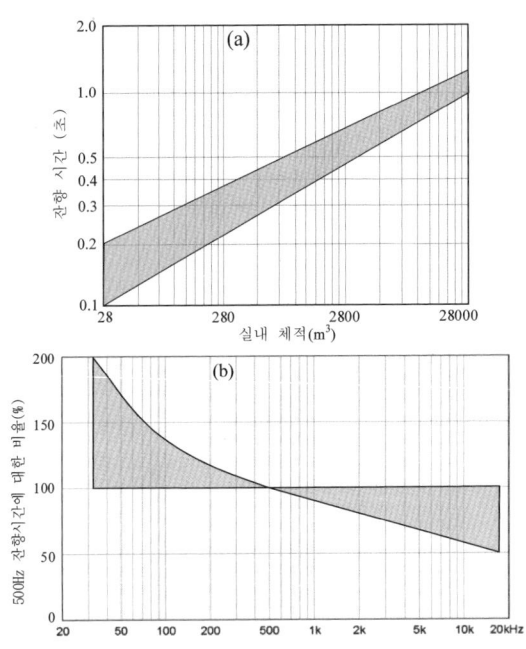

• timbre ☞ 음색

• time alignment ☞ 시간 정렬

- **time code** ☞ 타임 코드

- **time coherence**

복합형 스피커 시스템에서 여러 유닛에서 방사된 음이 시간적으로 정렬되어 있는 정도를 나타낸다.
〈참조〉시간 정렬, 스텝 리스폰스, step response

- **time domain** ☞ 고속 푸리에 변환

- **time constant** ☞ 시정수

- **time window** ☞ 시간 창

- **TOC table of content**

직역하면 목차라는 의미이다. CD에는 디스크의 제일 첫 부분의 신호 기록 영역에 그것이 CD라는 것을 비롯하여 수록 곡의 시간이나 곡의 머리 위치 등의 정보가 기록되어 있다. 디스크를 세트하면 CD 플레이어는 우선 이 데이터를 메모리에 읽어 두고, 재생 시작이나 곡의 머리 찾기, 디스플레이의 동작 표시 등을 제어한다.

- **tone** ☞ 톤

- **tone burst** ☞ 단음

- **tone color** ☞ 음색

- **tone control 톤 컨트롤**

음향 기기에서 저음 및 고음의 음질 조정기
〈참조〉톤 컨트롤

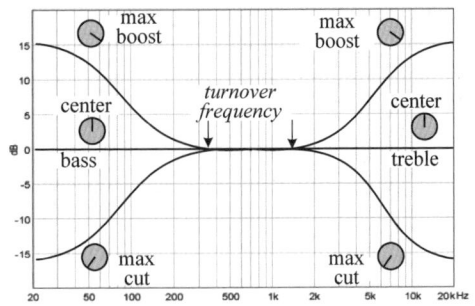

- **tonguing 텅잉**

관악기를 취주할 때, 혀를 마우스 피스 또는 리드에 붙였다 떼면서 소리를 내는 기법

- **Tons äulen**

컬럼 스피커를 말한다.
〈참조〉 컬럼 스피커

- **total harmonic distortion** ☞ 고조파 왜곡

- **touch 터치**

건반 악기 연주자가 건반을 두드릴 때, 그 물리적 양상 또는 연주자가 주관적으로 느끼는 감각. 후자의 경우는 건반, 액션, 현 등의 발음 메커니즘의 기계적 성질에 의해 좌우된다.

- **topology 토폴로지**

필터의 토폴로지는 차단 주파수 부근에서 필터가 rolloff 되는 형태로 정의된다. 현재 전기 필터에서 가장 많이 사용되고 있는 토폴로지는 Butterworth, Bessel, Linkwitz-Riley 필터가 있다. Butterworth 필터는 통과 대역 내에서 리플이 없는 최대 평탄 특성을 가진 필터이다. 지연 특성은 Bessel 필터보다는 좋지 않다. Bessel 필터는 차단 주파수 이상에서 기울기가 완만하지만, 위상 특성이 좋다. 파형의 왜곡을 최소화하고 신호의 고역 주파수를 차단하는데 사용한다.
〈참조〉 Bessel filter, Butterworth filter, Linkwitz- Riley filter

● **touch noise** 터치 잡음
마이크를 손에 잡고 사용할 때, 진동 잡음이 신호로서 입력되어 나는 잡음이다.

● **track** ☞ 트랙

● **track down** ☞ 믹스 다운, 트랙 다운

● **transducer** ☞ 변환기

● **transfer function** ☞ 전달 함수

● **transformer** ☞ 트랜스

● **transient distortion** 과도 왜곡
음악 신호와 같이 레벨 변화가 심한 신호가 음향 기기에 입력될 때 발생되는 동적 왜곡이다.
〈참조〉 과도 특성

● **transistor** 트랜지스터
반도체 소자로서 1948년 미국의 벨 연구소에서 발명한 3극 진공관 대신에 증폭 등의 역할을 갖는 소자

● **transverse wave** ☞ 횡파

● **treble** 트레블
고주파 음

• **treble ratio**

2kHz와 4kHz의 잔향 시간의 합을 500Hz와 1kHz 잔향 시간 합으로 나눈 값이고, BR과 같이 잔향음의 음색을 나타낸다.

$$TR = \frac{RT_{2000} + RT_{4000}}{RT_{500} + RT_{1000}}$$

〈참조〉 bass ratio

• **tremolo** ☞ 트레몰로

• **tri-amp system 트라이 앰프 시스템**

tri란 세 개의 의미이며, 스피커 시스템에서 low, mid, high 유닛을 별도의 3대의 앰프로 구동하는 시스템을 말한다.
〈참조〉 멀티 앰프 시스템, 바이 앰프, 트라이 앰프

• **triangle wave 삼각파**

파형이 삼각파 형태의 파
〈참조〉 삼각파, 파형

• **triangular window** ☞ 시간 창

• **trigger 트리거**

원래 총의 방아쇠를 의미하고, 전자 회로에서 동작을 시작하게 하는 펄스를 말한다.

• **trill 트릴**

떤 꾸밈음. 악보에 쓰여진 음과 그 2도 위의 음의 빠른 연속적인 반복으로 이루어진다. *tr*의 기호로 표시한다.

- **trim 트림**

믹서의 입력 신호 레벨을 미세하게 조정하는 손잡이로서 입력 페이더가 0dB에 위치할 때 입력이 왜곡되지 않도록 최대 레벨로 설정한다.

- **TRS phone plug**

1/4인치 잭으로서 끝에서부터 T(tip), R(ring), S(sleeve)로 되어 있고, 밸런스형 회로용과 스테레오용으로 사용할 수 있다. 3P 폰 플러그라고도 한다.

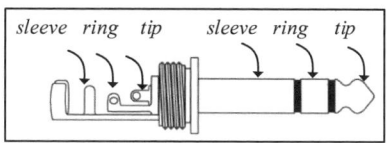

- **TS phone plug**

1/4인치 잭으로서 끝에서부터 T(tip), S(sleeve)로 되어 있고, 언밸런스형 회로나 모노용으로 사용한다.

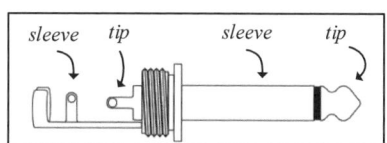

- **TTS Temporary Threshold Shift** ☞ 일시성 역치 변동

- **tuning fork** ☞ 음차

- **turnover frequency**

톤 컨트롤 회로에서 주파수 특성이 부스트되거나 커트되기 시작하는 주파수

〈참조〉톤 컨트롤

• **tweeter 트위터**
고음 재생용 스피커 유닛

• **two way speaker**
저음 스피커와 중고음 스피커로 구성된 복합형 스피커 시스템.
〈참조〉복합형 스피커 시스템, three way speaker

U

- **UHF ultra high frequency**
300~3,000MHz 주파수 대역

- **ultrasonic** ☞ 초음파

- **μ-law**
전화 통신에서의 오디오 압축에 관한 CCITT 표준 G.711이다. A-law와 유사하며, 인코딩 포맷은 16 bit 원음을 8 bit로 압축한다. μ-law는 8 bit PCM보다 S/N 비는 높지만, 16 bit 오디오보다는 왜곡이 많다. 인코딩과 디코딩 속도가 빠르다.
⟨참조⟩ A-law

- **unbalanced cable** ☞ 불평형형 케이블

- **unity gain 단일 이득**
음향 신호를 증폭하거나 감쇠되지 않도록 음향 기기의 이득이 1이 되도록 조정하는 것. 예를 들어, 이퀄라이저의 슬라이더가 전부 0에 위치할 때 이퀄라이저의 이득은 1이지만, 음향 조정을 하기 위해서 슬라이더를 조정하면 1이 되지 않으므로 슬라이더 조정 후에 이퀄라이저 이득이 1이 되도록 조정하는 것을 말한다.

- **unwrapped phase**
위상 각도의 범위가 한정되어 있지 않고, 불연속성을 보이지 않는 위상 특성
⟨참조⟩ wrapped phase

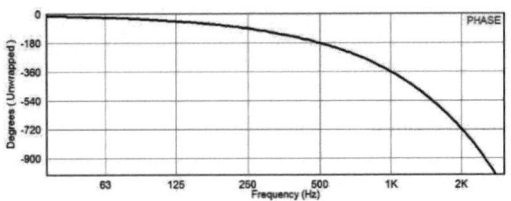

• upright piano ☞ 업라이트 피아노

V

- **VCA voltage controlled amplifier**

직류 전압의 크기에 따라서 증폭도를 변화시키는 전압 제어 증폭기이다.

- **velocity of sound** ☞ 음속

- **vented loudspeaker** ☞ 저음 반사형 인클로저

- **VHF Very High Frequency**

30~300MHz의 주파수 대역을 말한다. 90~108MHz 대역은 FM 방송에 사용하고, 170~222MHz 대역은 TV 방송에 사용하고 있다. VHF의 파장은 10m~1m이므로 미터파라고도 한다.

- **vibrato** ☞ 비브라토

- **virtual surround** ☞ 가상 서라운드

- **vocal** ☞ 보컬

- **vocal microphone** ☞ 보컬 마이크

- **vocoder 보코더**

보이스 코더(voice coder)의 약어이다. 음성 파형 부호화 기술은 파형 자체에 대한 정보를 전송하는데 비하여 보코더는 음성 신호에 포함된 특성을 모델링하여 이 모델의 각종 파라미터들을 전송하고, 수신측에서는 수신된 파라미터들을 이용하여 다시 음성 신호를 복원하는 방식이다. 4~10kbps 비트 율로 동작하는 보코더는 16~64kbps 파형 부호화보다는 약간 음질이 저하되지만, 10kbps 이하의 낮은 비트 율에서는 파형 부호화보다 음질이 좋다.

- **voice coil** ☞ 보이스 코일

- **voice over 보이스 오버**
화면에 나타나지 않은 해설하는 목소리 또는 말없는 인물의 심중을 말하는 목소리

- **voltage** ☞ 전압

- **volume 볼륨**
신호 레벨 또는 음의 세기를 나타내는데 사용되는 용어

- **VOM Volt Ohm Milliameter**
전압, 전류, 저항을 측정하는 계측기

- **VU meter VU 미터**
Volume Unit의 첫 머리 글자이다. VU 미터와 피크 미터 표시 값의 차이는 프로그램 내용에 따라서 다르지만, 음악에서는 일반적으로 VU 미터는 피크 미터보다 4~9dB 낮은 값을 가리킨다. 그림에는 정현파와 펄스파에 대한 VU 미터와 피크 레벨 미터의 반응에 대한 비교를 나타낸다.
〈참조〉 peak meter

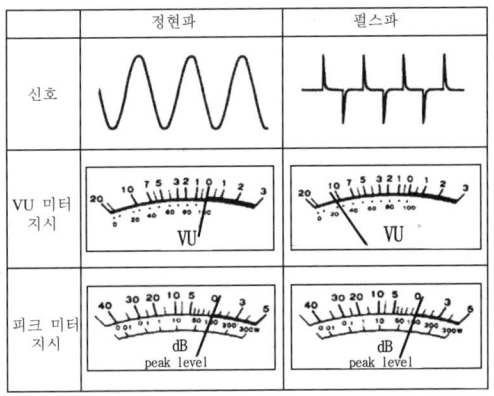

W

• **wall speaker** ☞ 벽 스피커

• **warble tone**
주파수가 어느 범위내에서 연속적이고 주기적으로 변하는 음이고, 순음을 주파수 변조시켜 만든다.

• **warmth**
공간의 음향 특성을 평가하는 주관 평가 척도의 하나로서 어느 공간의 음이 얼마나 따뜻한 느낌을 주는가를 나타낸다. 일반적으로 500Hz 이하의 저음역의 잔향 시간이 중음과 고음의 잔향 시간보다 긴 경우에 warmth 하다는 표현을 사용한다.

• **waterfall response** ☞ 워터폴 특성

• **watt 와트**
전력의 단위
〈참조〉전력

• **W/ch watt per channel**
파워 앰프의 채널 당 출력(W)

• **wav**
PCM 방식으로 코딩하고 압축하지 않은 음원
〈참조〉PCM

• **wave** ☞ 파동

- **waveform** ☞ 파형

- **wave front** ☞ 파면

- **wavelength** ☞ 파장

- **Weber's law 베버 법칙**

일반적으로 감각과 그것에 대응하는 자극이 연속적으로 변화할 때, 감각 상으로 같은 변화로 느끼도록 하기 위해서는 자극을 일정한 비로 변화시켜야 한다. 이 법칙을 베버 법칙이라고 한다.

- **weighting 웨이팅** ☞ 청감 보정, dB(A), dB(C)

- **whispering gallery**

반사성의 큰 곡면에 의해서 곡면 부근에서 발생된 음이 곡면을 따라서 멀리까지 잘 전달되는 현상

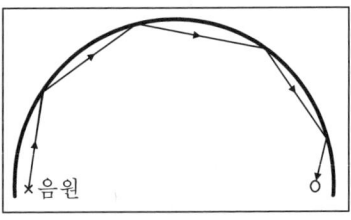

- **white noise** ☞ 백색 잡음

- **wind screen 윈드 스크린**

마이크의 진동판에 바람이 부딪히어 잡음이 발생되는 것을 방지하는 투음 재료로 만들어진 필터로서 발성할 때 음성의 바람 소리를 차단하는데 사용한다. 마이크의 진동판에 바람이 부딪히면 음성에 의해서 받는 것보다 훨씬 큰 음압을 받게 되므로 아주 큰 잡음이 발생된다. 윈드 스크린은 주로 금속 망으로 만든 케이스 내면에 천 또는 투음성 있는 발포 플라스

틱 등의 재료를 겹쳐서 마이크 진동판까지 바람이 투과하지 않도록 한 것이다. 또, 마이크를 야외에서 사용할 때, 바람의 영향을 막아 주는 필터로도 사용한다.
〈참조〉 pop filter

- **window** ☞ 시간 창

- **wireless inear monitor**
모니터를 위해서 믹싱된 음을 무선으로 가수나 연주자가 몸에 지닌 수신기로 수신하여 이어폰으로 듣는 무선 모니터 기기이다. 특히 넓은 영역을 이동하면서 노래하거나 연주할 때 유용하다.

- **wireless microphone** ☞ 무선 마이크

- **wolf tone 울프 톤**
현악기에서 진동하는 악기 몸체와 파동 운동을 하는 현과 비선형 결합에 의해 생기는 가청 비트 현상으로서 바이올린 계열의 현악기에서 공통적으로 생긴다. 특히 첼로에서 잘 일어나는 현상으로서 앞판의 공진 주파수 부근에서 판의 공진과 현의 진동이 결합되어 한 음을 연주하는 동안에 음높이가 불안정하게 흔들리는 것을 말한다.

- **woofer 우퍼**
저음 재생용 스피커 유닛
〈참조〉 우퍼, 스쿼커, 트위터

- **word clock 워드 클럭**
디지털 음향 시스템에서 디지털 신호를 주고 받는 기기 상호의 동기를 취하기 위한 신호

- **word sync 워크 싱크**

워드 클럭에 의해 디지털 기기 간의 동기를 취하는 것이다. 복잡한 시스템에서는 마스터 클럭에 의한 워드 싱크 시스템으로 구축해야 한다.

- **wow flutter 와우 플러터**

테이프 리코더의 속도나 레코드 플레이어의 회전이 어느 주기로 변동하는 것을 회전 얼룩이라고 한다. 일반적으로 4~6Hz보다 긴 주기적 변동을 와우, 짧은 주기적 변동을 플러터라고 한다.

- **wrapped phase**

위상이 180~-180°에 한정되어 있어서 급격한 불연속성으로 보이는 위상 특성

〈참조〉 unwrapped phase

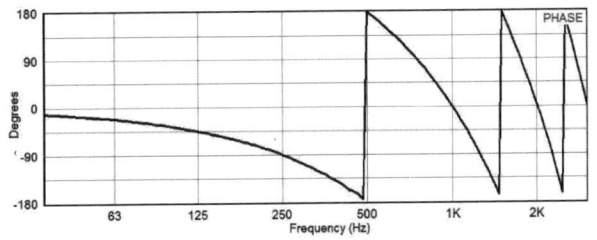

X

• X Curve

영화 음향 시스템의 room curve로서 ISO 2969(motion picture audio standard)에 제정되어 있다. 주파수 특성은 60Hz에서 2kHz까지 평탄하고, 60Hz 이하와 2kHz부터는 -3dB/oct로 감쇠되고, 10kHz부터는 -6dB/oct로 감쇠되는 특성이다.

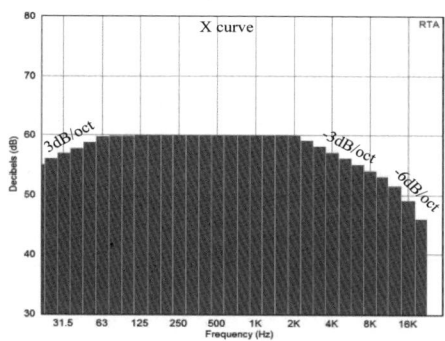

• XLR

ITT Cannon의 상표

〈참조〉 Cannon connector

• X-Y stereo microphone

두 개의 단일 지향성 마이크를 120도로 배치하여 두 마이크 간의 시간차와 위상차가 없이 레벨 차만으로 픽업하는 원 포인트 스테레오 마이킹 방식이다.

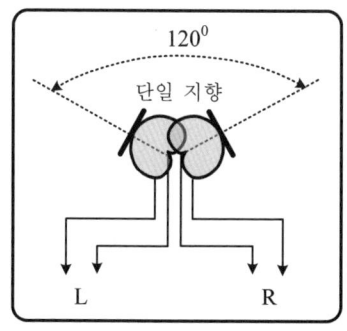

Y

- Y ☞ 어드미턴스

- **Y connector, Y cord**

하나의 터미널에서 나온 신호를 두 개로 분리하여 다른 기기로 연결하는 케이블

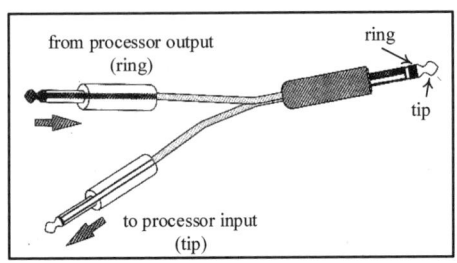

Z

- **Z**

임피던스의 전기 기호

- **Zc** ☞ 음향 임피던스

- 0dB SPL

20μPa를 기준으로 하는 음압 레벨

〈참조〉 음압 레벨

- 1 옥타브 대역 분석 1 octave band analysis

음의 주파수 별 특성을 알기 위하여 주파수 분석할 때 20Hz에서 20kHz까지 주파수 범위를 옥타브 대역으로 분할하여 각 대역별 크기를 측정한다.

〈참조〉 1/3 옥타브 분석

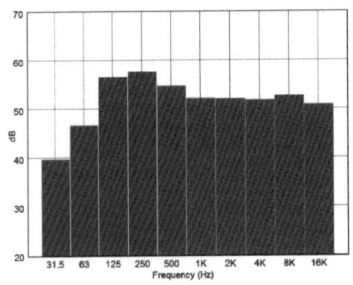

- 1/3 옥타브 대역 분석 one third octave band analysis

음의 주파수 별 특성을 알기 위하여 주파수 분석을 할 때 20Hz에서 20kHz까지 주파수 범위를 1/3 옥타브 대역으로 분할하여 각 대역별 크기를 측정한다.

〈참조〉 1 옥타브 대역 분석

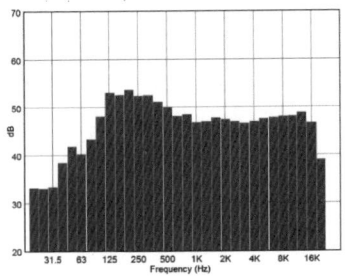

• 1/3 옥타브 필터 one third octave filter

신호를 통과시키는 대역폭이 1/3 옥타브인 밴드 패스 필터이다. 예를 들면 중심 주파수가 1kHz이면, 870Hz에서 1,130Hz까지 통과시키는 필터이다.

〈참조〉 옥타브 대역

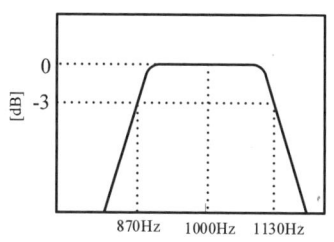

• 1/4 인치 마이크 quarter inch mic

외경이 1/4인치(6.35mm)인 콘덴서 마이크. 감도는 -45dB(기준 감도 1V/Pa) 정도이고, 주파수 특성이 평탄한 범위가 4Hz~100kHz이며, 저주파수에서 초음파까지 계측하는데 사용한다. 대표적인 마이크로서 B&K 4135가 있다.

• 1/f noise

파워 스펙트럼이 주파수 f에 반비례하는 핑크 잡음을 말하고, flicker noise라고도 한다.

〈참조〉 핑크 잡음

• 2.1 채널 서라운드

5.1 채널 서라운드를 left, right, subwoofer로 똑 같은 효과를 내는 서라운드 방식

〈참조〉 가상 서라운드

● 3 to 1 rule

여러 개의 음원을 마이크로 픽업할 때, 어느 하나의 음원이 여러 개의 마이크로 픽업되지 않게 마이크를 배치하는 방식으로서 그림과 같이 음원과 마이크 거리의 3배 위치에 이웃하는 마이크를 배치하는 방식을 말한다. 이것은 콤필터 왜곡을 최소화하기 위한 것이다.

〈참조〉 콤필터 왜곡

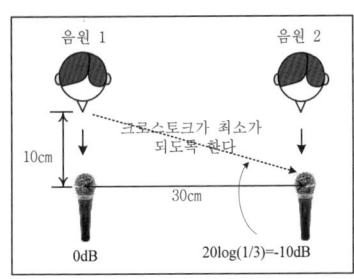

● 3D sound three dimensional sound

2채널 스테레오와 구분하기 위한 3차원 입체 음향

● 3dB

주파수 특성을 측정하여 대역 폭을 정의할 때 사용하는 레벨. 예를 들어 50~8,000Hz(±3dB)와 같은 주파수 특성은 기준 주파수 레벨보다 3dB 높거나 낮은 레벨의 주파수 범위를 말한다.

〈참조〉 주파수 특성

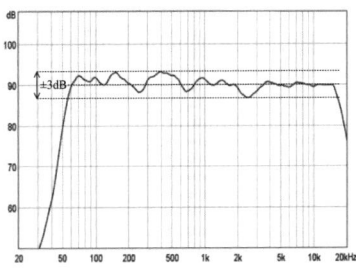

• **3dB down point**

필터의 응답 특성에서 통과 대역보다 -3dB 떨어지는 주파수를 말한다.
〈참조〉주파수 특성, 차단 주파수

• **-3dB/doubling distance**

음원으로부터 거리가 2배씩 증가하면 -3dB씩 감쇠되는 특성
〈참조〉선음원

• **4 track**

녹음 테이프에 4개 트랙을 설정하여 이용하는 방식으로서 4개를 단독으로 사용하면 4트랙이라고 한다.
〈참조〉트랙

• **5.1 채널 서라운드**

좌, 우, 중앙, 두 개의 서라운드 채널, LFE 0.1 채널로 구성된 시스템을 말한다. 5.1 채널 포맷은 Dolby Digital, DTS가 있다.

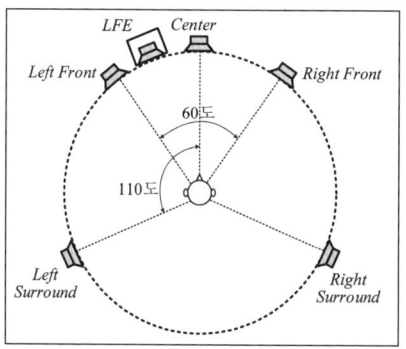

• **-6dB/doubling distance**

점 음원으로부터 거리가 배가 되면 음압 레벨이 6dB 감쇠되는 역자승 법칙을 말한다.
〈참조〉구면파, 역자승 법칙, 점음원

- **6.1 채널 서라운드**

좌, 우, 중앙, 그리고 2개의 서라운드 채널과 LFE 0.1 채널 우퍼로 구성된 서라운드 시스템(5.1 채널)에 180도 방향에 서라운드 스피커가 추가된 시스템

- **7.1 채널 서라운드**

좌, 우, 중앙, 그리고 2개의 서라운드 채널과 LFE 0.1 채널 우퍼로 구성된 서라운드 시스템(5.1 채널)에 rear left surround와 rear right surround 스피커가 추가된 시스템

- **70V line** ☞ 정전압 전송

부록

음향 공식

음향 공식

• 음압 레벨

$$SPL = 20\log_{10} \frac{p}{p_0} \text{ [dB]}$$

p; 순시 음압(Pa), p₀; 기준 음압(20μPa)

예제 기준 음압이 20μPa이고, 순시 음압이 1Pa이면 음압 레벨은?
☞ $SPL = 20\log(1 / 20 \times 10^{-6}) = 94dB$

• 무상관 음의 합성

$$L_T = 10\log(10^{L1/10} + 10^{L2/10} + \cdots + 10^{Ln/10}) \text{ [dB]}$$

예제 레벨이 80dB, 84dB인 무상관 음원의 합성 레벨은?
☞ $L_T = 10\log(10^{80/10} + 10^{84/10}) = 85.5dB$

• 상관 음원의 합성

$$L_T = 20\log(10^{L1/20} + 10^{L2/20} + \cdots + 10^{Ln/20}) \text{ [dB]}$$

예제 레벨이 84dB, 86dB인 완전 상관 음원의 합성 레벨은?
☞ $L_T = 20\log(10^{84/20} + 10^{86/20}) = 91dB$

• 주파수와 파장

$$f = c/\lambda \text{ [Hz]}, \quad \lambda = c/f \text{ (m)}, \quad T = 1/f \text{ (s)}$$

f; 주파수(Hz), c; 음속, T; 주기(s), λ; 파장(m)

예제 음파의 주기가 5ms이면 주파수와 파장은 얼마인가?
☞ 주파수 $f = 1/T = 1/5ms = 200Hz$, 파장 $\lambda = c/f = 340/200 = 1.7m$

• 점음원의 거리 감쇠

$$10\log \frac{1}{r^2} = 20\log \frac{1}{r} = -20\log r \,[dB]$$

r ; 거리(m)

[예제] 반사가 없는 공간에서 점음원으로부터 1m 지점에서 90dB일 때, 10m 떨어진 거리에서의 음압 레벨(SPL)은?

☞ SPL=90-20logr=90-20log10=70dB

• 선음원의 거리 감쇠

$$10\log \frac{1}{r} = -10\log r \,[dB]$$

r ; 거리(m)

[예제] 반사가 없는 공간에서 긴 선음원으로부터 거리가 10배가 되면 몇 dB 감쇠되는가?

☞ 감쇠량=10logr=10log10=10dB 감쇠된다.

• 콤필터 왜곡의 딥 주파수

$f_N = N/(2T_d)$, $N=1, 3, 5, 7,....$에서 dip이 생긴다

T_d; 지연 시간(s)

[예제] 직접음과 반사음 간의 시간 지연이 1ms이면, 첫 번째 dip이 생기는 주파수는?

☞ $f = N/(2T_d) = 1/(2 \cdot 0.001s) = 500Hz$

• 고조파 왜곡률

$$\text{THD} = \frac{\sqrt{V_2 + V_3 + \cdots}}{V_1} (\%)$$

V_1; 기본 주파수 전압, V_2; 제1 고조파 전압, V_3; 제2 고조파 전압

[예제] 기본파는 1V, 2차 고조파는 0.1V, 3차 고조파는 0.3V이면 고조파 왜곡률(THD)은?

☞ $\text{THD} = \frac{\sqrt{0.1^2 + 0.3^2}}{1} = 0.32 \rightarrow 0.32 \times 100 = 32\%$

• 스피커의 지향 지수(Q)와 지향 계수(DI)

$$Q = \frac{180°}{\arcsin(\sin H/2 \cdot \sin V/2)}, \quad DI = 10\log Q \, [dB]$$

[예제] 어떤 혼 스피커의 −6dB 커버리지 각도가 수평 40도, 수직 20도이면, Q와 DI는 얼마인가?

☞ $Q = \frac{180°}{\arcsin(\sin 20 \cdot \sin 10)} = 52.9$

DI = 10log52.9 = 17.2dB

• 옴의 법칙

$$E = I \cdot R \, (V)$$
$$P = E \cdot I = E^2 / R = I^2 \cdot R \, (W)$$

E;전압(V), I; 전류(A), R; 저항(W), P;파워(W)

[예제] 회로에 흐르는 전류는 몇 A인가?

☞ I=E/R=10/5=2A

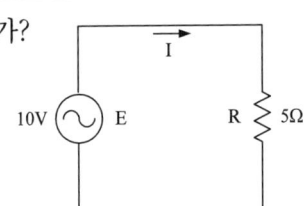

[예제] 4Ω의 저항에 8V의 정현파를 가한 경우에 이 저항에서 소비되는 전력은?

☞ $P = E^2/R = 8^2/4 = 12W$

• 최대치와 실효치

$$V_{rms} = \frac{V_p}{\sqrt{2}} = 0.707 V_p$$

V_{rms}; 실효치(V), V_P; 최대치(V)

[예제] 사인파의 피크 전압이 10V이면 실효값은?

☞ 실효치는 10×0.707=7.07V이다.

• 피크 팩터

$$F_c = 20\log(V_p/V_{rms})[dB]$$

V_{rms}; 실효치(V), V_P; 최대치(V)

[예제] 최대값이 80V이고, 실효 값이 50V인 신호의 피크 팩터는?

☞ $F_C = 20\log(80/50) = 4dB$

• 콘덴서의 리액턴스

$$X_c = \frac{1}{2\pi f C}[\Omega]$$

π; 3.14, f; 주파수(Hz), C; 콘덴서 용량(μF)

[예제] 10kHz의 교류를 10μF의 콘덴서에 흘린 경우 콘덴서의 리액턴스는?

☞ $X_C = 1/2 \times 3.14 \times 10000 \times 0.00001 = 1.6\Omega$

• 코일의 리액턴스
$X_L = 2\pi f L [\Omega]$
π; 3.14, f; 주파수(Hz), L; 코일 인덕턴스(mH)

예제 1kHz의 교류를 1mH의 코일에 흘린 경우 코일의 리액턴스는?
☞ $X_L = 2 \times 3.14 \times 1000 \times 0.001 = 6.28\Omega$

• 임피던스
$Z = \sqrt{R^2 + (X_L - X_C)^2}\ (\Omega)$
R; 저항(Ω), X_L; 코일 리액턴스(Ω) X_C; 콘덴서 리액턴스(Ω)

예제 다음 회로의 임피던스는?

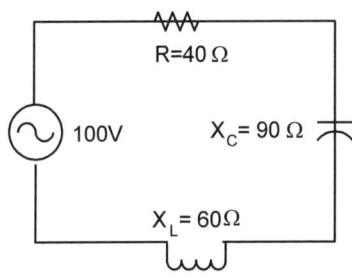

☞ $Z = \sqrt{R^2 + (X_L - X_C)^2} = \sqrt{40^2 + (60-90)^2} = \sqrt{40^2 + 30^2} = 50\Omega$

• 직렬 저항의 합성 저항
$R_T = R_1 + R_2 + R_3 + \cdots + R_n\ (\Omega)$

예제 8Ω 저항 4개를 직렬로 연결하면 합성 저항은?
☞ $R_T = 8+8+8+8 = 32\Omega$

• 병렬 저항의 합성 저항
$\dfrac{1}{R_T} = \dfrac{1}{R_1} + \dfrac{1}{R_2} + \dfrac{1}{R_3} + \cdots + \dfrac{1}{R_n} (\Omega)$

예제 8Ω 저항 4개를 병렬로 연결하면 합성 저항은?
☞ $1/R_T = 1/8 + 1/8 + 1/8 + 1/8 = 0.5\Omega \rightarrow R_T = 1/0.5 = 2\Omega$

• 전력 데시벨
$10\log \dfrac{P_2}{P_1} [dB]$

예제 1W 기준에 대한 50W의 파워 레벨은?
☞ $10\log(50/1) = 17dB$

• 전압 데시벨
$10\log \dfrac{V_2}{V_1} [dB]$

예제 2V와 10V의 레벨 차는 몇 dB인가?
☞ $20\log(10/2) = 14dB$

• 지연 시간과 위상
$t = \dfrac{\theta}{360} \times \dfrac{1}{f}, \qquad \theta = 360 \cdot t \cdot f$
T; 지연 시간(s), θ; 위상각(도), f; 주파수(Hz)

예제 500Hz에서 두 신호의 위상차가 180도이면, 두 신호의 시간 지연은?
☞ $t = \dfrac{\theta}{360} \times \dfrac{1}{f} = \dfrac{180}{360} \times \dfrac{1}{500} = 0.001s = 1ms$

• 실내의 정재파 주파수
$$f = \frac{c}{2}\sqrt{\left(\frac{p}{L}\right)^2 + \left(\frac{q}{W}\right)^2 + \left(\frac{r}{H}\right)^2} \ [Hz]$$
p, q, r; 모드, c; 음속(340m/s), L; 길이(m), W; 폭(m), H; 높이(m)

예제 실내 치수가 $7 \times 5 \times 3m^3$인 경우에 (1 1 1) 모드의 공진 주파수는?

☞ $f = 170\sqrt{\left(\frac{1}{7}\right)^2 + \left(\frac{1}{5}\right)^2 + \left(\frac{1}{3}\right)^2} = 70.4 Hz$

• 잔향 시간
$$RT = \frac{0.161 \cdot V}{S\bar{a}} (s)$$
V; 체적(m^3), S; 표면적(m^2), $\bar{a}$; 평균 흡음률

예제 체적이 $1680m^3$이고, 표면적이 $928m^2$, 평균 흡음률이 0.31인 경우에 잔향 시간은?

☞ $RT = \frac{0.161 \cdot V}{S\bar{a}} = \frac{0.161 \cdot 1680}{928 \cdot 0.31} = 0.94s$

• 실내 정수
$$R = \frac{S\bar{a}}{1-\bar{a}}$$
S; 표면적(m^2), $\bar{a}$; 평균 흡음률

예제 $20 \times 15 \times 5m^3$ 공간의 평균 흡음률이 0.2이면 실내 정수는?

☞ $R = \frac{S\bar{a}}{1-\bar{a}} = \frac{950 \cdot 0.2}{1-0.2} = 238 m^2$

• 임계 거리
$D_c = 0.14\sqrt{QR}$
Q; 음원의 지향 계수, R; 실내 정수

예제 길이 20m, 폭 10m, 높이 6m인 실내에 Q가 2인 음원이 있다. 평균 흡음률은 0.2이면 잔향 시간, 실내 정수, 임계 거리는 얼마인가?

☞ $V = 20 \times 10 \times 6 = 1200 m^3$,
　$S = (20 \times 10 \times 2) + (10 \times 6 \times 2) + (20 \times 6 \times 2) = 760 m^2$,

$RT = \dfrac{0.161 \cdot 1200}{760 \cdot 0.25} = 1s$

$R = \dfrac{S\bar{\alpha}}{1 - \bar{\alpha}} = \dfrac{760 \times 0.25}{1 - 0.25} = 253$

$D_c = 0.14\sqrt{Q \cdot R} = 0.14\sqrt{2 \cdot 253} = 3.2m$

Sound Engineering Glossary

음향기술 용어사전

발행일 | 2022년 6월 30일

저자 | 강성훈
발행인 | 한종수
발행처 | 사운드미디어
주소 | 경기도 고양시 일산동구 정발산동 1168
전화 | 031-924-0078
팩스 | 031-912-0937
이메일 | www.pamagazine@naver.com

ISBN | 978-89-94314-09-9
정가 | 25,000원

이책의 저작권은 본자및 본사에 있습니다 무단 전제나 복제는 법에의해 금지됩니다.